工业设计专业系列教材

U0744308

# 体验解码

## ——交互设计全面洞察

夏进军　主编

范正妍　范苗苗　张雨萌　副主编

电子工业出版社·
**Publishing House of Electronics Industry**
北京·BEIJING

## 内容简介

本书以交互设计开发的全流程为基础，涵盖了设计师在设计方案中的所有环节。本书共7章，循序渐进地讲解了交互设计的流程，涉及交互设计、用户体验设计、SWOT分析模型、PEST分析模型、竞品分析、定性定量研究、用户访谈、问卷调研、用户画像、用户体验地图、KANO模型、原型的制作工具、可用性测试、A/B测试、眼动测试、交互验证及综合案例。本书将交互设计中系统的理论知识和设计方法与案例融合，详细讲述了作者在教学过程中指导学生的部分获奖作品，包括PPE脱卸交互系统设计（获2021年IF设计奖、2021年东莞杯国际工业设计大赛 DiDAward 金奖、2020年国际用户设计大赛全国金奖）和家用凝血检测服务系统设计（获2021年智博杯工业设计大赛金奖、2020年红星奖银奖、2019年国际用户设计大赛全国一等奖），使读者能全面提升交互设计水平，真正达到学以致用的目的。

本书适合于本科生、研究生相关的交互设计课程使用，也可供初入交互设计职场的设计师和爱好者参考。

**图书在版编目（CIP）数据**

体验解码：交互设计全面洞察 / 夏进军主编.

北京：电子工业出版社，2025. 3. -- ISBN 978-7-121 -49982-1

Ⅰ. TP11

中国国家版本馆CIP数据核字第2025CN0010号

责任编辑：赵玉山

印　　刷：北京利丰雅高长城印刷有限公司
装　　订：北京利丰雅高长城印刷有限公司
出版发行：电子工业出版社
　　　　　北京市海淀区万寿路173信箱　　邮编：100036
开　　本：787×1092　1/16　印张：15.75　字数：403千字
版　　次：2025年3月第1版
印　　次：2025年3月第1次印刷
定　　价：79.00元

凡所购买电子工业出版社图书有缺损问题，请向购买书店调换。若书店售缺，请与本社发行部联系，联系及邮购电话：（010）88254888，88258888。

质量投诉请发邮件至zlts@phei.com.cn，盗版侵权举报请发邮件至dbqq@phei.com.cn。

本书咨询联系方式：（010）88254556，zhaoys@phei.com.cn。

# 前 言

 有人的地方，就存在交互。交互行为的产生和人紧密相关，人和人之间、人和物之间都可以产生交互行为。现在我们所说的交互设计，主要是指设计交互式数字产品、环境、系统及服务。真正让交互设计这个岗位大放异彩的是至今我们仍然身处其中的信息革命。随着互联网技术的发展，交互设计越来越被重视，这与用户体验和交互式产品的易用性是紧密相关的。与此同时，越来越多的同学开始对交互设计感兴趣，其中可能是个人兴趣使然，也可能是大家对于用户体验意识的增强，但不知道如何下手。

 设计与艺术不同，设计是一个更偏理性层面的概念，因此设计流程、方法等尤为重要。对于交互设计初学者而言，掌握相关设计流程、方法是很好的入门指导，它可以指导你的设计，让你下意识地去使用它，下意识地去控制页面，通过不断地实践再去反复理解、验证。

 基于以上所述，本书以交互设计开发的全流程为基础，结合编者在教学过程中指导学生的部分获奖作品，包括设计实践的广泛思考，尝试为交互设计初学者提供有效实用的设计流程和方法。本书讲述了如何理解和定义交互设计和用户需求，如何进行需求探索，如何进行用户研究，如何分析需求并将需求落地，最后再进行交互测试和验证。本书所涉及的设计流程、方法十分重要，但它们只是一种"设计指导"，在遇到特殊问题，特别是复杂问题时不能死守规则、生搬硬套。

 参与本书构思及编写的还有王静文、杨成宇、王紫萱、孙远、杨振天、李亚、吴迪等，感谢他们思维的碰撞，使得本书最终能够成书。

 本书适合于本科生、研究生相关的交互设计课程使用，也可供初入交互设计职场的设计师和爱好者参考。

# 目　录

V

# 第6章

## 交互验证 ……………………… 159

# 第7章

## 综合案例 ……………………… 181

# 第 1 章

# 理解交互设计

## 1.1 什么是交互设计

1984 年，设计师比尔·莫格里奇（Bill Moggridge）首先提出了"交互设计"的概念，但在此之前，实际上"交互设计"已经存在并被使用。

### 1.1.1 交互设计的定义

在学习交互设计之前，我们需要了解什么是交互设计。可以说有人的地方，就存在交互，这就是交互设计的由来，因此交互的产生是和人紧密相关的。交互设计从人类诞生之初就产生了，人和人之间、人和物之间都可以产生交互行为。我们所说的交互设计，主要指人和物之间的交互手段、交互行为、交互方式的设计。

古人手持棍棒钻木取火，手持长矛投掷猎物，都与"物"有交互行为。材料的选择，棍的长度和厚度，矛的材料和尺寸，切割黑曜石的角度和方法，都可以归入交互设计的范畴。

随着人类社会的不断发展和进步，人类能与之互动的"东西"已经从最简单的武器和工具变成了技术复杂的机器。像犁这样的基本农具几千年来在形状上都没有太大的变化。如图 1.1 所示为工业革命时期人与机器的交互。

图 1.1　工业革命时期人与机器的交互

随着工业革命的到来，产品的标准化、均匀性极大地提高了生产力，使产品更统一地面向销售对象，也就是说，用户不必局限于生存需要，有了各种各样的选择。当时，产品的要求是便于使用，这是易用性第一次被提升到与可用性同等重要的位置，成为用户选择商品的标准。此时，交互设计作为一个独立的过程和角色，迫切需要被纳入产品开发流程中。

1984 年，比尔·莫格里奇在东京旅行期间为儿子买了一块电子表。就像当时其他类似的产品一样，这款电子表很难使用，以至于他的妻子用锤子砸坏了它。这使他意识到设计师需要面对一个新的挑战：随着电子技术取代机械控制系统，他们必须设计出使用计算机芯片的产品。他最初将设计命名为"软面"（Soft Face），让人联想到当时流行的"卷心菜娃娃"（Cabbage Patch Doll），后来又将其命名为"交互设计"。这个概念被提出后，交互设计受到越来越多的公司和行业的重视，并真正地纳入产品研发流程中。

交互设计中的"交互"一词来源于英文单词"Interaction"和"Interactive"，意思是两者之间的交互和影响。从产品设计的角度来看，交互可以认为是作为服务消费者的用户与服务提供者的产品之间的行为交互和信息交换的过程。"交互"一词中的"互"是指互动，互动的基本特征是：两个或两个以上的参与者；对象之间的交互与信息交换。交互是用户和产品之间的行为。

我国交互设计行业起源于互联网时代，网站从最早的网站开发＋平面设计、网站开发到后台开发＋前端开发、界面设计，到如今发展成为一个包含后台开发、前端开发、用户研究、产品设计、信息架构设计、交互设计、界面设计的模式。随着交互设计的发展和电子设备的进步，中国的交互设计已经从"网页交互设计"发展成为一门涉及多个领域的设计学科。但不同的人对于交互设计的定义也不同：

（1）Helen Sharp：设计支持人们日常工作和生活的交互产品。更具体地说，交互设计是关于创建新的用户体验，以增强和扩展人们的工作、交流和交互方式。

（2）Winnogard：将交互设计描述为"人类沟通和交互空间的设计"。

（3）Alan Cooper：交互设计是对工件、环境和系统的行为以及传达这种行为的外观元素的设计和定义。交互设计首先计划和描述事物的行为方式，其次描述传达这种行为的最有效形式。

## 1.1.2　交互设计的特征

无论定义是什么，交互设计都呈现出与其他设计不同的特点：传统设计更注重形式和内容，而交互设计更注重行为。传统设计，如平面设计，一般涉及图形、文字处理和形式设计；工业设计、服装设计的兴起，使人们开始注重内涵、趋势。然而，随着软件和数字产品的出现，用户和产品之间有更多的交互，设计的重点自然落在行为上。忽略行为会导致设计失去重点，根本无法满足用户目标。关注行为的这一特征要求交互设计"理解使用其的人的目标、动机和期望"。为了适应这些目标，设计的工件必须有它们自己的行为叙述，并且这些行为必须成功地符合用户的期望。与只有简单行为的大多数机械产品不同，软件和其他数字产品由于其行为的潜在复杂性，需要交互设计。

在现代生活和工作中，人们与产品的交互行为无处不在，如使用 ATM 取款（如图 1.2 所示）、使用手机接打电话、使用微波炉烹调食物、使用数码相机拍照以及收看电视节目等，这些行为都是在交互过程中完成的。交互行为的目的是达到用户的特定目标，只要使用产品就离不开交互行为和信息交流。

图 1.2　使用 ATM 取款

## 1.1.3　什么是人机交互

人机交互（Human Computer Interaction，HCI）主要指人与计算机之间的交互，它是"设计、评估和实现供人类使用的交互式计算系统的科学，以及与这方面相关的主要现象的研究"。人机交互的主要应用领域与计算机科学相关，其重点关注软件系统的用户界面。人机交互的目的是解决由复杂计算技术支持的软件系统的可用性问题。而交互设计是针对人与机器交互的目的、过程、体验进行设计，是指设计应注重人与产品之间的精神互动，要考虑用户的背景、使用经验以及在操作过程的感觉，从而设计出符合用户的产品，也就是说，交互设计是指支持人们的日常工作、生活的互动产品。如果从技术适应人的角度来理解，交互设计也是一种将技术产品转化为智能产品的设计方法。

交互设计实质上也是一种系统设计,它由人(People)、行动(Activity)、场景(Context)和支持交互行为的技术(Technology)组成,在文献中称为 PACT。交互设计的过程围绕 PACT 这 4 个基本元素,旨在协调它们之间的关系。交互设计主张以系统理论贯穿整个设计过程,认为设计过程本身就是一个系统,各个环节彼此紧密相连,各要素以特定的目标为中心,即以人(P)为中心,使用正确的技术(T),支持用户(P)在不同的场景(C)中采取行动(A)。设计师可以用不同的学科分析和评估交互设计。

# 1.2 交互设计与周边学科

从用户角度来说,交互设计是一种让产品更易用、更能帮助用户达成目标,且有效而让人愉悦的技术。对于交互设计师而言,为达成用户的目标,需要综合运用多门学科知识,了解用户的生理习惯、心理特点、实际需求,并将其表现在产品的功能、性能以及形式等属性中。这其中涉及的学科包括认知心理学、生理心理学、人类学、美术学、工业设计、人因工程学、逻辑学等。

## 1.2.1 工业设计

工业设计中的设计流程、设计原则,都被应用到交互设计中。例如,设计需要理解和平衡业务、技术和人员,甚至有人认为交互设计是工业设计在软件上的延伸,很多交互设计从业者也由工业设计师转变而来,他们将知识和技能运用到交互设计中。此外,随着技术的不断发展,交互设计与工业设计、软件和硬件之间的界限逐渐模糊。

## 1.2.2 认知心理学

认知心理学主要研究人类的认知过程,包括注意、直觉、表征、记忆、思维、语言等。认知心理学的设计原则为交互设计提供了依据,这些原则包括心理模型、感知/现实映射、隐喻和启示。

## 1.2.3 生理心理学

生理心理学是心理学和生理学的交叉学科,主要研究心理活动对身体活动的影响和心与身的关系。其研究的最基本问题是心与身的关系,主要包括应激的心理生理学、多光谱测谎、工作量与心理工作量的关系等,研究的方法是控制对象的心理活动,或者将受试者受到不同形式的心理负荷作为独立变量,而将心率、血压、呼吸、皮电和脑电活动作为因变量。

### 1.2.4 人因工程学

人因工程学是一门新兴的、正在迅速发展的交叉学科，涉及多种学科，如生理学、心理学、解剖学、管理学、工程学、系统科学、劳动科学、安全科学、环境科学等，应用领域十分广阔。该学科的名称没有统一，其定义也没有统一。得到各国大多数学者所认同的是国际人类工效学学会（International Ergonomics Association）于2000年的定义："人因工程学（Ergonomics）是研究人在某种工作环境中的解剖学、生理学和心理学等方面的各种因素；研究人和机器及环境的相互作用；研究在工作中、生活中和休息时怎样统一考虑工作效率、人的健康、安全和舒适等问题的学科。"如图1.3所示，许多鼠标为了让用户获得更好的体验应用了人因工程学。

图 1.3　人因工程学鼠标

# 1.3　交互设计的发展

20世纪初期，交互设计还未出现，人们对它的需求几乎为零，产品中更多依赖于物理按钮来直接控制机械设备。例如，车床手柄的车削方向就是车床齿轮的车削方向，非常直观。也许当时大多数人在思考如何使设计更适合手掌抓握，但没有思考如何让用户理解这样的交互方式，思考这种模糊的界面设计到底扮演了什么样的角色，或者这种交互设计对产品品牌有什么影响。

早期的交互案例是打字机，如图1.4所示，一种文字处理器和打印机的超级混合，无须担心功率问题。打字机虽然在结构上完全机械化，但其键盘按键和输出之间存在一对一的关系。尽管如此，还是有一些人设想按键按一定的非线性顺序排列，以一种抽象的方式与实际使用英语的单词频率相结合。这些按键还考虑了触觉因素，如手指的平均距离和按键之间的距离。

图 1.4　打字机

这项科学创新在引入了迎合人类手指形状的专利——弯曲键帽之后，显得更加人性化。这就是人类早期交互式设计的典范，这个接近完美的设计历经140年从未发生改变。尽管打字机看起来是一个概念更为抽象的设备，但是其设计内核中所洋溢出来的那种自然、人性、简单和感性的特质值得人们学习、领会，并值得人们在之后的设计工作中融会贯通、加以应用。

## 1.3.1 信息革命

真正让交互设计这一工作脱颖而出的是我们正在经历信息革命，随着互联网技术的发展，在 2000 年之后，交互设计开始受到越来越多的关注，这也与用户的体验和易用性密切相关。计算机交互的三种模式如下。

早期的计算机批量接口（流行于 1945—1968 年）：所有输入数据在程序或命令行参数中预先配置。20 世纪中叶的计算机几乎可以做今天计算机能做的任何工作，但速度较慢。事后看来，处理速度并不是接受的障碍。

命令行界面（流行于 1969—1983 年）：如图 1.5 所示，用户通过键盘输入命令，计算机接收命令并运行。在信息革命的早期阶段，当个人电脑被发明出来的时候，用户体验和交互设计并不受重视，这受到当时技术的限制。当用户在命令行中输入命令后，按回车键计算机就会响应用户的命令。但是，这种交互并不直观，导致了较差的可用性和用户体验。

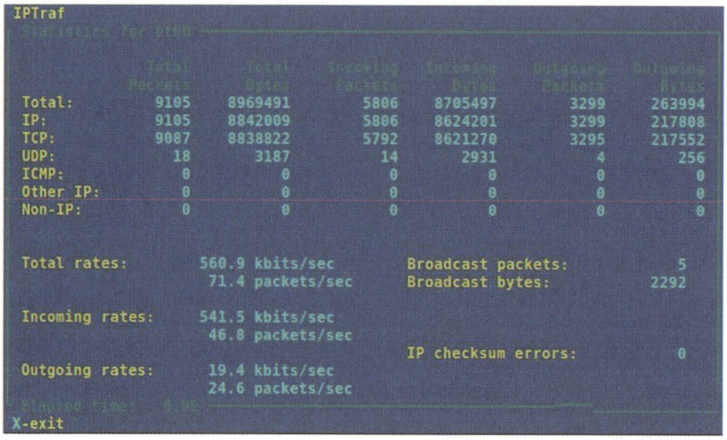

图 1.5　命令行界面

鼠标：在数字领域的突破源于 20 世纪 70 年代，是伴随着数字时代到来的一项伟大发明；它驯服了计算机的超级怪兽——图形用户界面（GUI），是人机交互设计史上最伟大的想法和产品。

## 1.3.2 GUI

1979 年冬天，乔布斯前往施乐帕克研究中心（PARC），该研究中心研发出了世界上第一个图形用户界面。施乐帕克研究中心的第一台个人电脑（PC）为现代计算奠定了基础，并影响了从联网办公室到平板电脑、图标、菜单和电子邮件的一切。乔布斯被施乐帕克研究中心的图形用户界面震惊到了，这是 GUI 被接受的开始，从那时起人们就一直用它来与计算机交互，称为键盘和鼠标交互。

在 GUI 中，计算机屏幕上显示 Windows、图标、按钮和其他图形，以表示不同目的的操作，用户通过指针设备（如鼠标）进行选择。其中，最著名的例子是苹果公司为麦金塔电脑创建的图形用户界面。

20 世纪 80 年代，当苹果的麦金塔电脑使用 WIMP（Windows、Keys、Forms 和鼠标）将 GUI 引入大众市场时，计算机用户界面革命开始了（如图 1.6 所示），它取代了早期计算机使用的命令行界面。微软在 20 世纪 90 年代早期发布的 Windows 3.0 巩固了这一变化。在工业领域，人机界面（HMI）也将传统的按键引入友好的触摸人机交互中。在工业中，用户界面（用户界面是人机界面的一种，但不是所有的人机界面都是用户界面）被简单地分为输入（Input）和输出（Output）。输入是指人工操作机器或设备，如把手、开关、门、指令（命令）发出或维修等，并输出由机械或设备发出的注意事项，如故障、警告、指示等进行提示。良好的人机界面将帮助用户更简单、更正确、更快速地进行机械操作，还可以使机械性能最大化，延长使用寿命。目前，狭义的人机界面是指具有人性化操作界面的硬件（如触摸屏）。

图 1.6　麦金塔电脑

现在有很多用户界面由原来的按钮、纸张和其他传统古老的接口直接进化，出现了各种各样新的图标，表达不同的功能。总而言之，GUI 特性包括以下四点：

第一，人机交互性。GUI 的主要功能是实现与计算机等电子设备的人机交互。它是用户和操作系统之间进行数据传输和交互控制的工具，用户可以通过一定的操作来控制电子设备。同时，电子设备会通过显示器反馈用户操作的结果。GUI 是电子信息产品使用过程中必不可少的一个环节，它实现了人与软件之间的信息交互。这种人机交互使得用户的操作更加方便。

第二，美观性。在日新月异的电子产品中，GUI 扮演着越来越重要的角色。美观友好的界面设计往往更能吸引客户，成为企业获得竞争优势的关键。GUI 结合了人因工程学、认知心理学、设计艺术、语言学、社会学、传播学等学科的知识，现已发展成为一门独立的学科。大气的外观、简洁的设计风格和良好的视觉效果日益成为影响用户体验的关键因素。由于图形用户界面是各种元素的组合，包括很多艺术和美学的设计元素，界面美观，这样良好的视觉体验可以让用户购买到相应的产品，也能提高企业的经济效益。

第三，实用性。GUI 的目的是实现人机交互。开发人员研究、设计出特定的用户界面，将晦涩难懂的计算机语言包装成简单易懂的图形，用户可以通过识别复杂的计算机语言背后所表达的内容来理解图形。图形化操作模式实用性强，方便了用户的使用，提高了使用效率。这种创造性的转变已经把冷的电子设备变成了可以从实验室搬到家里的东西。通过对图形用户界面的不断优化，开发人员使信息和数据的传递更加高效，操作结果和反馈更加方便、准确，也带来了良好的用户体验，使实用性更强。

第四，技术性。早期的电子产品图形用户界面采用的是字符界面，这对操作人员的专业性要求较高。文本转化为图形后，相应的数据信息也转化为图像。用户操作和接收的信息都是图形对象，因此不再需要背诵大量的命令符号，也不需要具备专业知识和操作技能来实现对电子产品的操作。然而，简化的操作过程并不意味着 GUI 不具有技术性。隐藏在图形对象背后的，是更专业的代码编写和相关操作。相反，它们背后的操作更具技术性。技术人员编写和设计代码，将字符界面转换为图形用户界面，以便用户可以使用图形用户界面来实现他们想要做的事情。这样的转换通常是高度技术性的。

不同用途和类型的图形用户界面有不同的视觉表现风格。设计良好的图形用户界面并没有一个固定的公式可以套用，但好的设计也会遵循一定的准则：

（1）界面风格一致的设计原则。图形用户界面的一致性主要是指常见的操作顺序、术语和信息的措辞、界面元素的布局、色彩搭配方案、排版风格等呈现给用户的一致性。高度一致的图形用户界面允许将信息组织在不同的部分，给用户一种清晰和完整的感觉。它可以帮助用户建立一个关于界面如何工作的准确的心理模型，从而减少培训和支持成本。

（2）界面布局的逻辑原则。界面布局应反映用户操作的一般顺序和使用频率。图形用户界面的布局应符合人们通常阅读和填写纸质表格的顺序。人们通常从左到右，从上到下阅读，但一些国家和民族有不同的阅读习惯。例如，阿拉伯语和希伯来语从右到左，从上到下阅读，所以图形用户界面的布局可以根据地域文化进行相应的修改。经常使用的图形用户界面元素应该放在显著位置，以便用户容易注意到它们。相比之下，一些不常用的元素可以放置在不显眼的地方，甚至允许用户隐藏，以扩大屏幕的可用区域。需要使用某些条件的元素应该以灰色状态显示，并在条件可用时更改为正常状态。一个特定的元素应该放置在它控制的数据附近，以帮助用户建立元素和数据之间的关系。影响整个对话框的元素应该与控制特定数据的元素分开，并且紧密相关的元素应该组织在同一个区域中。

（3）界面设计应该遵从人们的使用习惯。遵循使用习惯的界面不会直观地影响功能，也不会引起联想。图形用户界面易于使用的主要原因是它为用户定义了一组与系统交互的词汇表，通过指向、点击、拖动等整体动作和反馈机制形成基本词汇，可以形成一系列组合词汇，还可以形成更复杂的组合用法。例如，双击、单击、拖动按钮和复选框等操作。

## 1.3.3 触摸屏与触摸技术

鼠标在触摸屏幕和触摸操作技术尚未成熟之前，一直充当着人类手指在屏幕上的延伸和真实物理世界在二维屏幕上的投影，并且，人们还为鼠标操作方式定义了比真实物理世界更多的交互行为，这些交互方式在真实物理世界中并没有可对照的交互行为，但人们完全理解并接受这些交互方式。

再一次跨时代的改变发生在 2007 年 1 月 9 日，苹果公司推出了第一款 iPhone。那个时期的手机已经越来越接近个人电脑，移动电话已经完全超越了通信工具的范围，成为个人智能终端设备，如图 1.7 所示。

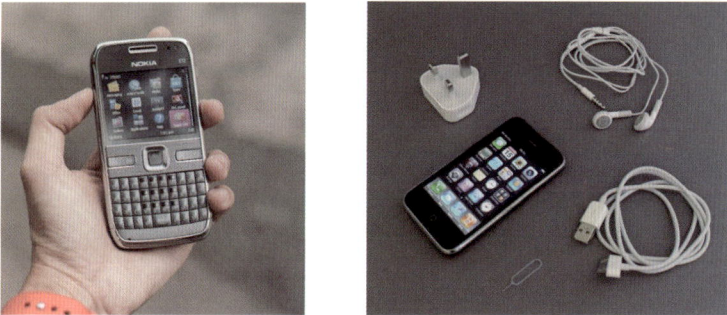

图 1.7　移动电话

在此之前，手机的触摸操作基本上是对手写笔的复制和模仿。对于鼠标指针来说，更有代表性的例子是 Windows phone，它取消了悬停交互，而是用长按来复制鼠标右键的功能。而乔布斯采用了一种新的天才的交互方式，即触摸交互。

虽然触摸交互开启了新时代的人机交互方式，但它并没有完全取代鼠标交互，只是在某些场景下打破了鼠标交互的垄断地位。而鉴于鼠标交互的一些优势，如像素级精准定位、右键可扩展性、可发现性较高，在日常工作等场景中，鼠标的使用仍处于主导地位。在过去大约 40 年的时间里，人们开发并探索了与图形用户界面交互的最佳方式，但技术的发展使人机交互并没有止步于此。

## 1.3.4　语音交互

随着 CPU 成本的降低，以及人工智能、互联网、无线网络技术的发展和普及，家用电器等各种硬件也有了自己的大脑——CPU。这些设备连接到无线网络后，逐渐变得越来越智能化。智能家居的概念虽然已经有一段时间了，但受到人工智能等技术的限制，一直没有很好的突破，真正改变行业格局的，是亚马逊的语音交互智能音箱——ECHO。语音交互具有以下特点：

（1）声音可以传达情感和个性。语言能引起人类即时的情感反应，并提供丰富的信息，如语气和意图。

（2）语音可以提高可访问性，不仅对视力或运动障碍的人，而且也可以加强人们的日常互动。

（3）由于交互的不可预测性，语音具有游戏般的交互质量。许多用户喜欢问问题，并期待从人工智能那里得到答案。

在设计语音用户界面（VUI）之前，人们需要了解语音是基于扁平的信息层次结构的，而 VUI 将所有菜单选项存储在一个级别上，用户可立即获得他们需要的信息和内容。而在视觉界面中，用户必须从多个位置移动才能找到他们需要的内容。例如，用户可以要求系统通过声音播放特定的歌曲，而在音乐网站上，用户需要多次点击才能播放特定的歌曲。使用语音命令来执行特定的操作非常方便，如将事件添加到谷歌日历中。

视觉界面非常适合一次性显示大量信息，从而可以减轻用户的认知负担。例如，在预订航班时，用户可以一眼看到时间、价格、持续时间和航班，这比等待语音宣布所有信息快得多。

在设计 VUI 时需要考虑环境因素，即根据使用场景选择语音系统（背景噪声、响应距离）；了解用户隐私级别，了解用户（不同的国籍、年龄、文化、教育程度等）平时如何进行语音交互；通过语音识别引擎了解用户意图，用户将在何时何地通过语音与系统进行交互。

VUI 中的颜色、字体和样式都是品牌标识的一部分，语音交互设备背后的声音也是品牌和产品的一部分。VUI 系统角色应该是用户喜欢与之交互的角色。为了创建一个 VUI 系统角色，需要关注一个人说话方式的所有元素，如口音、声音属性（年轻或年老、男性或女性）、语调和语言风格。

为了方便更好地理解 VUI，这里列出两种语音交互案例。目前，智能语音交互分为智能语音助手和智能音频语音交互。智能语音助手包括苹果的 Siri、微软的 Cortana、谷歌的 Assistant 等。

例如，Siri 允许用户通过语音命令和文本输入搜索餐馆、电影院和其他信息，允许用户查看相关评论，甚至预订功能。此外，Siri 基于位置的服务也非常强大，可以根据用户默认的家庭地址或位置来判断和过滤搜索结果。但其最大的特点在于人机交互方面，不仅有非常活跃的对话界面，用户要求的答案也不是不相关的回答，有时让人惊喜，例如，如果用户发出的语音指令是"喝"，则 Siri 会认为用户喝醉了，正回家，并自动建议是否要叫出租车。Siri 目前还有闹钟设置、天气查询、地图绘制、随机播放音乐等 11 项功能。

另一款语音交互设备 ECHO，其内置了亚马逊的智能语音助手 Alexa，用户可以用自己的声音与它互动，如点歌或询问天气。当打开亚马逊智能语音助手时，事情开始朝着一个意想不到的方向发展：人们可以用声音而不是触摸来告诉机器做任何事情！例如，命令 ECHO 来调节室温、开灯和关灯、调节灯光亮度、订餐、预订机票等，这就是 VUI 交互。

图 1.8　通过语音交互的音箱

而随着 ECHO SHOW 的出现，VUI 的交互方式产生了质的改进和飞跃，如图 1.8 所示。基于 VUI 本身的一些局限性，图形化可视化输出必然会弥补这种交互模式的一些不足。在可预见的未来，人们可以预期设备的开发和应用将以指数级的速度出现。VUI 允许用户通过语音与系统进行交互，人们通常通过交谈与周围的人互动。在很多情况下，说话是与他人交流最直接、最有效的方式。

### 1.3.5  手势交互

传统的触摸交互已经不能满足信息时代新设备的操作需求，而语音交互只能满足部分操作需求。为了实现和扩展这些设备的技术潜力，迫切需要一种新的交互模式——手势交互。

手势交互比触摸和语音交互更具有可扩展性和多样性。毕竟，我们有着一双灵巧的手，可以基于我们的手创造无限的交互组合。但这并不完全符合人类几个世纪以来与事物互动的方式，这些手势的含义和它们的组合是昂贵和困难的，因此手势交互还有很长的路要走。

从 1878 年的雷明顿 2 打字机，到 1984 年的第一台麦金塔电脑，到 2003 年黑莓推出的全键盘智能手机，再到 2007 年第一部 iPhone 智能手机的虚拟键盘，随着科技的进步，人与物之间的交互发生了很大的变化，从一开始没有界面，到后来的界面，到鼠标作为输入，到用触摸屏代替鼠标，再到 VUI 和手势交互，满足了用户在不同场景下的需求。随着触摸屏和传感器技术的发展，交互的机会越来越多，而手势通常被认为是与屏幕交互最自然的方式。

## 1.4　交互设计热门研究领域

了解国内外大厂商发布的一些新产品与未来技术的升级，不难发现，除了手势交互、人工智能（AI）语音交互是当今交互设计的热门领域外，数字设计不论是从产品、交互，还是从体验方面都正在成为未来的设计趋势。

### 1.4.1  折叠多任务处理

三星 Galaxy Fold 折叠屏手机在展开状态下是一块 7.3 英寸的超大屏幕，视野开阔的大屏同时也提供了强大的多任务处理解决方案。屏幕展开状态下可以同时运行三个应用，让用户"一心多用"。例如，用户可以一边编辑文档，一边打开浏览器的不同页面搜索信息；同时，用户还可以根据需求自由调整显示窗体的大小，真正提高了工作和生活效率，如图 1.9 所示。

图 1.9　折叠多任务处理

## 1.4.2 AR 技术

增强现实（Augmented Reality，AR）技术是一种将虚拟信息与真实世界巧妙融合的技术，广泛运用了多媒体、三维建模、实时跟踪及注册、智能交互、传感等多种技术手段，将计算机生成的文字、图像、三维模型、音乐、视频等虚拟信息模拟仿真后，应用到真实世界中，两种信息互为补充，从而实现对真实世界的"增强"。

AR 技术通过在现实环境中渲染虚拟数字信息，达到现实和虚拟的结合，以帮助用户完成某项任务和活动。AR 中的虚拟数字信息通过与现实环境以及用户的实时互动向用户传递有价值的信息。相比于传统的 2D 层面的交互（手机 App、Web 等），AR 可支持的是更加丰富的三维层面的交互方式，并且这种方式不再仅限于主动式的交互（如点击、滑动）方式，它还包括用户行为的被动触发，如图 1.10 所示。

图 1.10　AR HUD 交互界面

## 1.4.3 VR 技术

虚拟现实（Virtual Reality，VR）技术又称灵境技术，是 20 世纪发展起来的一项全新的实用技术。虚拟现实技术囊括了计算机、电子信息、仿真技术，其基本实现方式是计算机模拟虚拟环境，从而给人以环境沉浸感。随着社会生产力和科学技术的不断发展，各行各业对 VR 技术的需求日益旺盛，VR 技术也取得了巨大的进步，并逐步成为一个新的科学技术领域。

虚拟现实涉及广泛的学科、应用领域和系统类型，这是由其研究对象、研究目标和应用要求所决定的。VR 系统可以从不同的角度分为不同的类别。

### 1. 根据沉浸式体验的程度分类

沉浸式体验可分为非交互体验、人－虚拟环境交互体验和群体－虚拟环境交互体验。这种分类角度强调用户与设备的交互体验。

### 2. 按系统功能分类

系统功能分为规划设计、展示娱乐、运动锻炼。规划设计系统可用于新设施的实验验证，可大大缩短研发时间，降低设计成本，提高设计效率；展示娱乐系统适合为用户提供逼真的观看体验，如数字博物馆、大型 3D 互动游戏、影视制作等。

浸入式虚拟现实技术的主要特点是让用户感觉自己是环境的一部分，而浸入程度取决于用户的感知系统，当用户感知到虚拟世界的刺激，如触觉、味觉、嗅觉、运动感知，会产生思维共鸣、心理沉浸，感觉就像进入了现实世界。

在虚拟空间中，交互是指用户在模拟环境中操作对象的程度，以及用户从环境中得到反馈的自然程度。当用户进入虚拟空间时，相应的技术使用户能够与环境进行交互。当用户执行某些操作时，周围环境也会及时地做出某些反应。

当用户处于虚拟空间中，为用户提供多感官的体验意味着计算机技术应该具有多种感官，如听觉、触觉、嗅觉等。理想的虚拟现实技术应该具备人所具备的所有感知功能。由于相关技术，特别是传感技术的限制，虚拟现实技术的大部分感知功能仅限于视觉、听觉、触觉和运动。

在虚拟空间中，还可以为用户提供现实空间中没有的体验，创造出客观世界或不可能发生的环境中不存在的场景，扩大认知范围。用户进入虚拟空间，根据自己的感受和认知能力吸收知识，发散和拓展思维，创造新的概念和环境，并且这种新的概念和环境是具有自主性的，这种自主性可以使虚拟环境中的物体按照物理定律行动。

# 1.5 互联网中的交互设计

## 1.5.1 互联网产品开发流程

### 1. 市场调研

市场调研就是通过调研筛选出典型的客户，并对这些客户的需求进行总结和整理。典型的客户是以用户画像的形式描述的，对于现有产品，用户画像数据可以直接通过数据统计部门获取。用户画像一般是通过抽样的方法，随机抽取一批客户（如 1% 或 10 000 以下）进行问卷调查。

### 2. 客户需求分析

客户需求分析是将研究过程中涉及的需求信息按照需求的重要性进行分类，优先满足客户基础需求，也称为客户痛点。

### 3. 准备产品的建议

项目立项阶段主要是输出产品建议，提交公司的产品决策委员会进行决策。产品建议（业务需求文档）是基于业务目标或价值的业务需求描述，其核心目的是为企业高管在投入研发之前做出决策提供评估依据，内容涉及产品概述、市场需求、竞争环境、重要性、成功因素、营销策略、利润预测等，一般短小精悍，不含产品细节。

**4. 提交产品决策委员会评审**

提交的产品建议由公司的产品决策委员会进行评审，要确定以下几点：它是否与战略密切相关？这个产品有多少有价值？涉及多少资源？

## 1.5.2　产品设计

产品设计分为输出概念设计、确定产品功能组合、输出功能清单、输出需求概要文档、输出需求详情文档、需求评审等步骤。

**1. 输出概念设计**

概念设计是产品设计的一个非常关键的部分。简单明了的概念不仅让客户更容易理解，而且使产品开发过程清晰，少走弯路。此外，概念设计是软件架构师将产品概念转化为技术客观化模型的关键步骤。通过区分需求层次，产品交互体验的水平和强度自然就会显现出来。

**2. 确定产品功能组合**

确定产品功能组合是基于产品概念模型和需求优先级确定关键功能点。

**3. 输出功能清单**

将功能点作为需求点添加到项目管理系统中，以方便所有团队成员进行沟通和改进功能列表。功能列表的初稿形成后，产品经理需要与产品团队讨论并改进功能列表、找到操作团队与互动视觉团队并与其沟通，再与研发项目经理、研发人员、测试人员、运维人员等进行沟通。

这个过程不仅是帮助产品经理改进的过程，也是形成团队共识、激发团队积极性的过程。

**4. 输出需求概要文档**

概要文档描述一个功能模块的功能，通常是多个功能点。需求概要文档通常由产品经理编写，不包含功能细节。为了便于与产品设计师沟通，需求概要文档中可以包含主要功能界面的草图，通过原型草图可以更好地描述主要功能。

有了模块的需求概要文档，研发项目经理就可以组织团队交流需求。产品经理首先介绍需求大纲，其次允许其他团队成员提出他们自己的专业问题。会议开始前，产品经理会提前分享文档，收集并准备大家提出的问题。

**5. 输出需求详情文档**

需求详情文档由产品设计师编写。需求概要文档与需求详情文档不同，需求概要文档中的每个需求点都需要单独记录，而不是在一个文档中详细描述所有需求。若在需求概要文档中描述详细需求，会导致需求概要文档过于冗杂，导致之后的许多问题。

需求文档不是由一个单独的产品设计师在幕后编写的。产品设计师经常与交互、操作、可视化、用户体验研究（UER）、开发、操作等人员以及架构师、测试经理进行交流，沟通的过程更多的是产品设计师学习和整合每个角色思维的过程，也使每个角色的工作更加清晰。需求文档的编写一般分为以下几个步骤：

第一步：根据要求设计用户操作流程图。

第二步：把每个界面根据用户操作过程，画一个草图的主要接口，并将其添加到文档，然后描述每个接口的主要元素和功能点，并分别描述逻辑之间的交互接口，最后添加交互背后的业务逻辑。

第三步：找到运营沟通需求，根据运营人员的建议补充营销岗位、运营后台工具等内容。

第四步：与交互设计师沟通交互细节，根据交互设计师提出的问题，在界面中补充交互逻辑。在完成交互设计后，交互设计师会将交互设计的截图添加到文档中，并完善交互逻辑描述。

第五步：向视觉设计师传达视觉细节，提醒视觉设计师突出重点。视觉设计师在完成设计稿后，会对设计稿进行截图并添加到文档中，同时完善视觉界面描述。

第六步：与架构师沟通算法和技术逻辑，并基于架构师提出的问题细化业务逻辑。

第七步：与测试经理沟通测试用例，并基于测试经理提出的问题细化功能细节。因为测试经理需要编写基于需求文档的测试用例，如果需求文档不清楚，测试用例将是不完美的。因此，测试经理通常对产品设计师非常有帮助，甚至可能比产品设计师更了解产品细节。

第八步：使用 UER 进行功能性研究。UER 人员将需求文档转换为研究文档，然后通过产品体验组、面对面体验等方式识别产品设计中的问题。UER 人员向产品经理反馈信息，产品设计师将产品需求合并并优化为详细的文档。一些 UER 研究也由产品设计师承担，但这可能很难保证专业。

第九步：与产品经理、研发项目经理、运维部门确认需求文档，初步确定计划。

### 6. 需求评审

如果每个角色都通过上述过程进行了沟通，需求评审就会容易得多。否则，产品经理和产品设计师就会陷入无休无止的争论中。因此，对产品设计师来说，需求评审的关键是提前准备好评审所需的一切。所有材料都提前准备好，并提前发给所有团队成员。关键问题事先与各部门确认，并由产品经理和研发项目经理确认。

如果在会议中对任何有争议的问题没有做出结论，则应在 5min 后把它们写下来，然后分别讨论。如果问题太多，说明产品设计师没有想清楚，所以要尽快结束会议，重新安排评审。这可能会严重影响产品团队的声誉，因为这是每个人的时间。为了减少这种风险，提前 1 ～ 2 周进行需求评审是很重要的，而不是在开发的前夕。

## 1.5.3　交互设计

交互设计主要是将产品经理的功能设计，用原型图和交互流程的形式展现出来，方便与用户及团队进行沟通。交互设计原型图是将产品经理提供的产品原型草图具象化，可减少需求的不确定性，保证产品功能的可用性。交互设计的流程如下。

### 1. 交互设计需求分析

交互设计需求分析主要回答以下问题：

（1）需求分析应该关注哪些角色？交互式草稿涉及的角色很多，而且几乎每个角色都需要它。但是，只要有一个专业的、详细的互动草稿，就可以满足所有角色的需求。没有必要为每个人提供不同版本的交互式草稿。

（2）用户场景是什么？应确定进行交互设计的上下文，包括用户画像、主要功能流程等。

（3）以什么形式？交互式文档大多以线框草图的形式进行表达。

（4）需要满足什么标准？交互水平的一般衡量标准是整个功能运营过程的流量转化率。以注册和登录为例，可以通过抽样监控跟踪数据，完成从输入到登录的每一步，得到转化率数据值，然后与竞品或类似产品进行比较，不断提高转化率。

### 2. 功能交互设计

功能交互设计主要是将软件界面之间的跳转相关性表达清楚。

### 3. 交互细节设计

交互细节涉及很多点。不同的公司和不同类型的产品都有自己的交互设计风格和细节处理方法。为了保证产品交互细节的统一和规范，互联网公司一般会制定自己的交互设计规范来指导设计师完成交互设计。

交互细节设计一般涉及交互控制元素、交互文案、装饰图形等内容。每一个看似很小的功能细节，往往都需要花费大量的精力才能做好。为了节省资金，在开发了这样一个特性后，最好瞄准它并将其模块化，以便其他场景可以通过简单地调用该模块来快速创建类似的功能。

## 1.5.4　视觉设计

视觉设计的流程如下。

### 1. 视觉设计需求分析

视觉设计需求分析主要是明确视觉设计需要达到的目的。以 Logo 设计为例，最常见的需求要点有两个：明确表义、吸引视线。因此在设计过程中，可以把竞品和不同设计方案放到一起，以便找到最优的设计方案。

### 2. 视觉概念设计

视觉概念设计建立在视觉风格推导的基础上，用以描绘出产品视觉风格的基本方向。该步骤需要确定产品风格，为后续确定设计元素、明度、色调、质感等设计细节奠定基础。

### 3. 主界面设计

主视觉设计师拿到交互稿后，针对主界面设计风格定位稿。

### 4. 视觉细节设计

针对界面中的每个控件，都按照像素级标准进行绘制。每个控件的分层素材都需要通过 PSD（一种文件格式）文档进行保留，色块区域的颜色值需要标注，按钮的每个状态都需要单独设计，每个控件的尺寸也需要明确标注。交互设计中每个细节的设计状态，也都应该有对应的设计稿。

**5. 制定视觉设计规范**

与交互设计类似，视觉设计涉及的点也非常多。为了保证产品视觉细节上的统一和规范，互联网公司一般都会制定自己的产品视觉设计规范，以便指导设计师完成视觉设计。

此外，上线一个产品，还需要产品开发人员参与架构设计、创建版本计划、参与开发阶段和测试阶段以及线上阶段的工作。

# 1.6 交互设计的学习方法

## 1.6.1 界面基础

界面基础指的是控件、布局、流程，也就是在交互稿上肉眼可见的部分。

### 1. 控件

控件是界面上最小的有效单元，如图 1.11 中的"搜索框""单选按钮"所示。

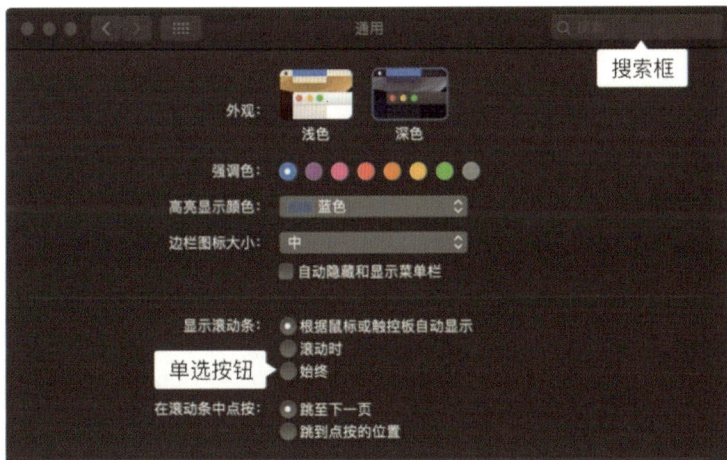

图 1.11 控件

1）认识控件

要掌握控件，首先应"认识控件"。认识控件比较体系的方法是去阅读各个平台的官方设计规范，如 iOS（如图 1.12 所示）、Android、MacOS、Windows（Desktop App/UWP）、小程序。注意：Web 端是没有官方规范的，因为其本身不是平台。Web 端的规范属于各自为政的状态，国内后台规范比较常见的是 Ant Design 和 Element UI。

2）控件的交互流程

很多控件都不是静态的，都会有各自的一套交互流程，如文本框（可参考图 1.13、图 1.14 所示流程）：用户单击后，会出现光标，且弹出键盘；输入第一个字符后，会出现"清空按钮"；输入很多字符后，会有截断效果；输入错误时，会报错。

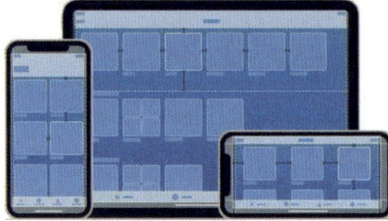

图 1.12　iOS 控件

**交互过程：**
文本框里应该提供"提示文案"，用来帮助用户输入，如格式说明、内容输入引导、输入示范。

**交互过程：**
用户单击文本框后(如场景允许，也可以进入页面后直接激活文本框)，光标开始闪烁。注意此时"提示文案"不应该消失。与此同时，键盘会被调出。调出的键盘类型必须标明，如数字键盘、URL键盘、邮箱地址键盘等。

**交互过程：**
用户输入第一个字符后，"提示文案"消失。注意此时键盘右下角的"完成按钮"应该被激活，文本框右侧出现"清除按钮"。
若用户单击"清除按钮"，文本框中的文字会被清空，此时"提示文案"重新出现。

**内容与样式：**
如当文本框处于激活状态并且文本框内有文本时，"清除按钮"显示；如果"清除按钮"比较小，必须提供单击热区，热区面积需要大于44×44 pt/dp(pt:点，绝对长度单位；dp:Android开发基本单位，1dp=1/160 inch)，从而让用户更容易点击。

**交互过程：**
当输入的文字太长时，从左侧隐藏超出的部分，这样可以让用户看到文本框右侧最新输入的文字。
可对字数进行限制，如用户输入的字数超出时，将不能继续输入。

**内容与样式：**
左侧的"隐藏蒙版"应刚好卡住半个字符，从而让用户知道有文字被隐藏了。

"清除按钮热区"和"文本"之间必须留有8pt/dp以上的间隙，以防用户误触。

图 1.13　iOS 控件流程 1

**交互过程：**
●用户在第4步中单击"完成按钮"后，键盘收起，注意此时"清除按钮"应该消失。
●提交后，如果数据需要在服务端校验，则提交过程会有短暂的加载(小概率)。

**内容与样式：**
如果文字数超过文本框宽度，应该将超出的部分做截断处理。在文本显示方面，焦点离开文本框后，文本应当优先展示最前方。当用户再次获取文本框焦点时，文本应当优先展示最后方，并且光标也处于最后方。

**交互过程：**
●如果提交的内容不符合要求，如格式错误，则给予错误提示，错误提示放在对应的文本框下方。如果有特殊需求，也可以采用其他提示形式，参考"通知反馈"部分。
●如果加载过程中出现网络中断等情况，则出现加载失败的toast(一种弹窗，主要指提示框)；如有特殊需求，也可以采用弹窗等其他错误提示形式。

**内容与样式：**
错误提示应该是对用户有帮助的内容，如告诉用户哪里出错了，应该怎么修改。文案尽量避免专业词汇和易混淆的词汇，如"特殊符号""字符"。

**交互过程：**
●如果提交的内容符合要求，则直接跳转到完成后的页面。
●如果当前场景下没有跳转页面的需求，也可以选择不跳转。

图 1.14　iOS 控件流程 2

了解控件如何交互可以帮助我们更好地理解控件。实际的交互绘图中往往详细描述了控件的交互流程。了解每个控件如何交互的一个简单方法是尝试一些成熟的产品，看看每个操作接下来会发生什么，然后复制它。对于移动终端，建议参考微信。因为微信是公认的控制水平最精致的产品，其设计规范和工具都比较齐全，如 WeUI 提供设计规范和小程序工具。

3）控件的属性

大多数控件都有自己的属性，或者可以理解为可配置参数。例如，"List"控件要求交互设计人员定义诸如排序、加载、刷新、调整、截断等属性。又如组成员列表中，"排序规则"可以按昵称的首字母、组顺序或角色进行排序。

交互稿是学习控件属性的最好途径。一个设计师的交互稿是否细致，开发能否很好地阅读，主要取决于设计师对"控件属性"的理解。

4）控件的使用

当了解了上面所有关于控件的内容后，设计师还需要知道什么时候该用什么控件。例如，当用户输入手机号错误时，需要给用户一个错误提示，提示方式所用的控件可以有很多种，如弹窗、toast、行内提示、气泡提示，如图 1.15 所示。

每种控件各有优劣，如弹窗的缺点是打扰性很强，优点是可以承载大段文字，用户到达率也更高；toast 的打扰性很小，但只能放很短的文字，用户很容易忽略。具体使用哪个控件要看实际情况，以及设计师想要什么样的效果。

打扰性小、指示明确，无法承载大量错误信息。

可以承载许多信息，指示性强，但可能遮盖其他内容，打扰性一般。

打扰性小、成本低，但无法承载大量错误信息，并且2s消失，指示性较弱。

指示性好、成本低，可以承载大量错误信息，但打扰性大。

图 1.15  控件的使用

### 2. 布局

从最简单的意义来说，布局就是将"控件"和"内容"放在界面的正确位置，并赋予其正确的视觉权重。在网络时代，版面设计非常重要。但在移动时代，版面设计就不那么重要了。主要原因是移动终端的布局设计比较相似，设计诉求和设计空间比较小，但它仍然是设计基础的重要组成部分。

1）布局设计的基本理论

布局设计的基本理论有格式塔原理、网格系统、"7±2 法则"、席克定律、费茨定律、奥卡姆剃刀原理、复杂性守恒定律。这些理论相对比较底层，很难直接告诉人们布局设计应该怎么做。但它们可以成为设计师心中的"标尺"和"依据"，可以融入平时的设计工作中。

2）布局设计的基本步骤

布局设计可以分为以下 4 个步骤：

（1）列举。将界面中所需要的元素列举出来，如商品图片、商品标题、价格、优惠券、收藏、分享等。

（2）归类。将上述列举的元素归为几类，每一类就是一个模块，如收藏、购买、加入购物车可以归为"操作模块"。

（3）排序。将上面归类好的模块进行排序，排序的依据一般是：用户场景中的浏览顺序、元素的重要性和业务期望。

（4）调整。布局排布的影响因素很多，需要综合其他因素对布局进行调整，并对各元素的视觉重量进行定义调整。

学会以上基本步骤后，可以通过"默写产品法"进行练习。例如，把某购物商场商品详情页的元素摘录下来，然后自行排布。最后与该商场的设计通过检验对比，进行验证。

### 3. 流程

界面中有两种元素：内容和功能。内容是静态的，就像产品的描述；功能是动态的，如"添加到购物车"就是一个功能。在交互草稿中,呈现特性的方法是"描述其交互流程"。例如,聊天 App 中"接收文件"的交互过程可以描述为:点开消息→查看文件→点击下载→下载完成并打开,如图 1.16 所示。

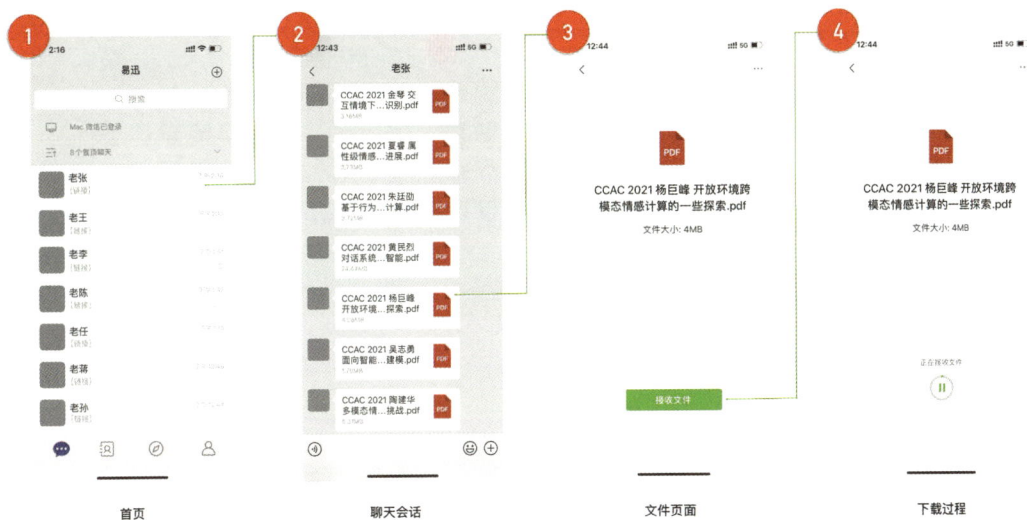

图 1.16 "接收文件"的交互过程

流程设计的基本步骤是:确定"任务";将"任务"拆成"动作";将"动作"对应成界面。如图 1.17 所示为将任务拆成动作示例。

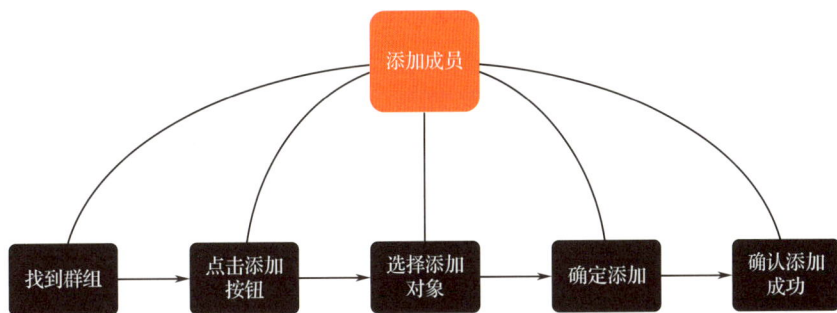

图 1.17 将任务拆成动作示例

例如,我们做一个"群聊"的功能,群聊功能中有一个"添加群成员"的小功能。我们可以把"添加一个成员"看作一个"任务",用户想要完成这个任务,就必须有一系列"动作",如找到这个群、找到添加入口、选择添加对象、确定添加、确认添加成功。列出这些动作后,我们再针对每个动作(或多个动作)设计相应的界面,就得到了交互流程,如图 1.18 所示。

实际的交互流程比这个例子复杂很多,其不仅有"一条主流程",还会有很多"支流程"。如上述例子中,用户"找到这个群"的方式有很多,可以通过搜索,也可以通过通讯录,还可以通过消息列表。用户"确认添加"过程中不一定会"添加成功",也可能中途突然反悔了,也可能网络突然断了。这些都属于流程中的一部分,都需要体现在最终的交互稿中。

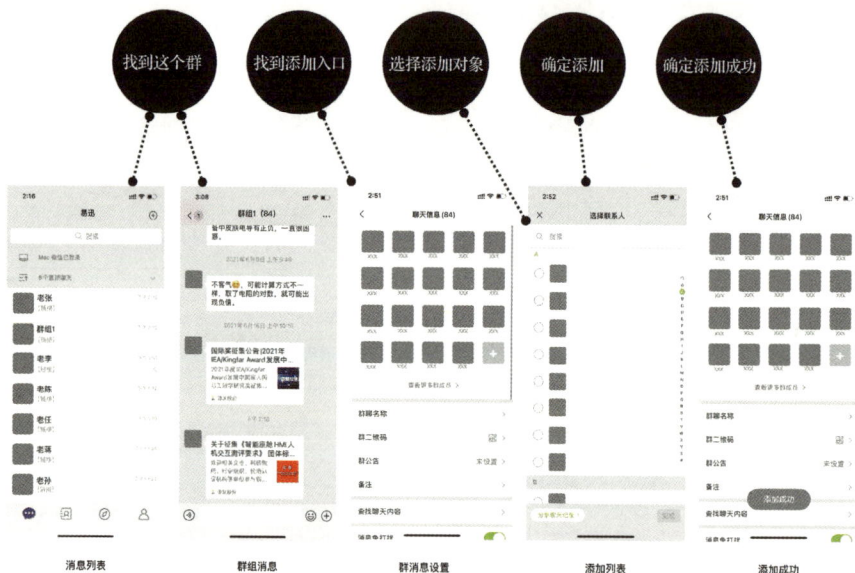

图 1.18　交互流程

对于复杂的交互流程，需要在绘制界面前搭建"流程图"，如图 1.19 所示，这样可以让设计师思路更加清晰，表达更加清楚。

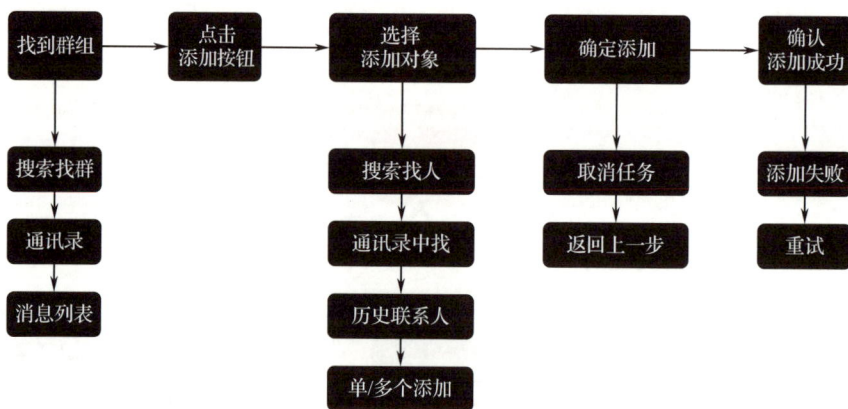

图 1.19　搭建"流程图"

## 1.6.2　用户研究

在了解了设计界面的一些基础知识后，下一个问题是：为什么要设计这样的界面？为什么样的用户设计这样的界面？设计师在设计过程中并没有"从用户的角度思考"，只是干涩地画出基本的交互，并没有考虑到"用户""目标""场景"。那么，什么是"用户""目标""场景"？我们又该如何去学习？

### 1. 用户

用户这个概念相对比较好理解，但真正了解用户却很难。各年龄、地区、阶层、文化的用户有着非常巨大的差异，所以在刚开始做某个产品时，最先应该做的事情就是去了解这个产品的目标用户。

那么，如何去了解呢？实际工作中，最基础的几个用户调研方法是：用户访谈、用户观察、问卷。通过这些方法我们可以收集到用户的基本信息，随后就可以对其进行分类。分类后可以进一步制定用户画像。用户画像可以简单地理解为将"一群人"抽象为"一个人"。之所以要制定用户画像，是因为在设计时很难去感同身受"一群人"的想法，但可以感同身受"一个人"的想法。

### 2. 目标

目标同样会影响设计，例如，同样是聊天 App 的"微信"和"钉钉"在设计上差异很大，微信打扰性很小且功能精简，钉钉打扰性很大、功能复杂。这是因为用户使用微信的目标是"生活中的轻松沟通"，而使用钉钉的目标是"工作中的高效沟通"。

在交互设计的体系中，目标可以细分为用户目标、业务目标，因为设计师不仅要为用户服务，也要为公司业务服务。用户目标可以再度细分为人生目标、最终目标、体验目标。

### 3. 场景

场景可以简单理解为"用户当时所处的情况"，如果交互设计师只能学习一个概念，那么一定是"场景"。

场景是设计师理解用户需求的最重要的一个工具。因为用户的需求是很难感同身受的，如果都不能感同身受，那么如何为用户做设计呢？于是就有了场景。设计师可以把自己代入"场景"中，去感同身受用户的想法，从而得到用户需求（细粒度的需求），如图 1.20 所示。

图 1.20　交互场景

一般而言，我们都会将"场景"和"用户""目标"整合到一起描述，也就是常说的"用户场景"。如图 1.21 所示，用户场景的通用结构是：谁？在什么情况下？想要什么？做了什么？结果如何？他的想法如何？

当设计师将自己代入场景中，在思考每一个场景的过程中便能产生大量的想法，设计的创新和细节也就出来了，且最终的结果往往也是相对符合用户真实需求的。

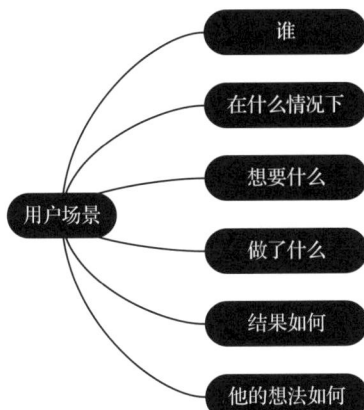

图 1.21　用户场景的通用结构

## 1.6.3  专业能力

在掌握了上面的基础知识后，便要开始掌握专业能力，成为真正专业的交互设计师了，如图 1.22 所示。

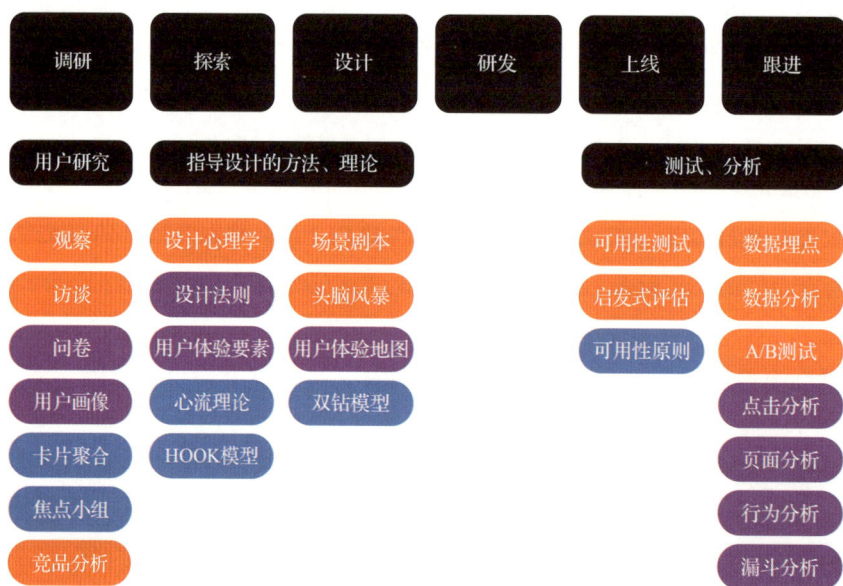

| 调研 | 探索 | 设计 | 研发 | 上线 | 跟进 |

| 用户研究 | 指导设计的方法、理论 | | | 测试、分析 | |

| 观察 | 设计心理学 | 场景剧本 | | 可用性测试 | 数据埋点 |
| 访谈 | 设计法则 | 头脑风暴 | | 启发式评估 | 数据分析 |
| 问卷 | 用户体验要素 | 用户体验地图 | | 可用性原则 | A/B测试 |
| 用户画像 | 心流理论 | 双钻模型 | | | 点击分析 |
| 卡片聚合 | HOOK模型 | | | | 页面分析 |
| 焦点小组 | | | | | 行为分析 |
| 竞品分析 | | | | | 漏斗分析 |

图 1.22  交互设计能力要求

专业能力主要指的是：用户研究、竞品研究、设计理论、设计方法、用户测试、数据分析。注意，这里所说的专业能力都是在实际工作中常用的。

每个人学习专业知识时都需要注意方法，最好是即学即用，也就是说理论应落实到实践中。另外，实际工作节奏非常快，在实践中必然会有很多的简化和改进，所以在学习的过程中一定要将理论知识与实践相结合。

# 第2章
## 需求探索

## 2.1 厘清产品定位

### 2.1.1 PEST 分析模型

PEST 分析模型是指宏观环境的分析，P 是政治（Politics）、E 是经济（Economy）、S 是社会（Society）、T 是技术（Technology）。PEST 分析模型是从这 4 个方面，基于公司战略的眼光来分析企业宏观环境的一种方法。公司战略的制定离不开宏观环境，而利用 PEST 分析模型能从各个方面比较好地把握宏观环境的现状及变化的趋势，有利于企业对生存发展的机会加以利用，对环境可能带来的威胁及早发现并避开。

**1. PEST 分析模型的概念描述**

PEST 分析模型是战略咨询顾问用来帮助企业检阅其宏观环境的一种方法。不同的行业和企业根据自身特点和经营需要，对宏观环境因素分析的具体内容会有差异。PEST 分析模型如图 2.1 所示。

（1）政治因素 P：包括对组织经营活动具有实际与潜在影响的政治力量和有关的法律、法规等因素，也包括一个国家的社会制度，执政党的性质，政府的方针、政策、法令等，还包括政府制定的对企业经营具有约束力的法律、法规。当政府发布了对企业经营具有约束力的法律、法规时，企业的经营战略必须随之做出调整。法律环境主要包括政府制定的对企业经营具有约束力的法律、法规，如反不正当竞争法、税法、环境保护法、外贸法规

図2.1 PEST 分析模型

等。政治环境、法律环境实际上是与经济环境密不可分的一组因素。企业在制定其发展战略的定位时，必须仔细研究其所处的政治环境，以及相关的政策和法规。

（2）经济因素 E：由于企业是处于宏观大环境中的微观个体，经济环境决定和影响其自身战略的制定，经济全球化还带来了国家之间经济上的互相依赖，企业在各种挑战的决策过程中还需要评估其他国家的经济状况。

经济环境主要包括宏观和微观两个方面的内容。

宏观经济环境：一个国家的人口数量及其增长趋势，以及国民收入、国内生产总值及其变化情况。通过这些指标能够反映国民经济发展水平和发展速度。

微观经济环境：企业所在地区或所服务地区的消费者的收入水平、消费偏好、储蓄情况、就业程度等因素。这些因素直接决定着企业目前及未来的市场大小。

其中，关键的经济因素包括：GDP、利率水平、财政货币政策、通货膨胀、失业率水平、居民可支配收入水平、汇率、能源供给成本、市场机制、市场需求等。

（3）社会因素 S：包括一个国家或地区的居民教育程度和文化水平、宗教信仰、风俗习惯、审美观点、价值观念等。文化水平会影响居民的需求层次；宗教信仰和风俗习惯会禁止或抵制某些活动的进行；价值观念会影响居民对组织目标、组织活动以及组织存在本身的认可与否；审美观点则会影响人们对组织活动内容、活动方式以及活动成果的态度等。

关键的社会因素包括：妇女生育率、人口结构比例、性别比例、结婚数、离婚数、人口出生、死亡率、人口移进移出率、社会保障计划、人口预期寿命、人均收入、生活方式、平均可支配收入、对工作的态度、购买习惯、对道德的关切、储蓄倾向、性别角色、投资倾向、节育措施状况、平均教育状况、对退休的态度、对质量的态度、对闲暇的态度、对服务的态度、对能源的节约、社会活动项目、社会责任、对职业的态度、对权威的态度、城市、城镇和农村的人口变化、宗教信仰状况等。

（4）技术因素 T：技术环境，不仅包括那些引起革命性变化的发明，还包括与企业生产有关的新技术、新工艺、新材料的出现和发展趋势以及应用前景。

技术因素除了要考察与企业所处领域的活动直接相关的技术手段的发展变化，还应及时了解：

（1）国家对科技开发的投资和支持重点。

（2）该领域技术发展动态和研究开发费用总额。

（3）技术转移和技术商品化速度、专利及其保护情况等。

### 2. PEST 分析模型的优缺点

1）PEST 分析模型的优点

（1）该模型的外部因素主要包括 P、E、S、T 4 个方面，作为战略决策依据，PEST可以从宏观角度全面地分析外部环境。

（2）利用不同的角度，从变动的因素上探求某个行业可能的发展潜能，对企业的发展前景有一个大的整体把握。

（3）对于各方面的变动可以及时地做出反应，制定出对应的改变策略。

2）PEST 分析模型的缺点

（1）变化因素大。

（2）企业决策需要考虑各种因素。

### 3. PEST 分析模型的扩展

PEST 分析模型有多种扩展，其中，SLEPT 分析模型是对社会、法律、经济、政策和技术的分析；STEEPLE 分析模型是对社会、技术、经济、环境、政策、法律和道德的分析；PESTLE/ PESTEL 分析模型是对政治、经济、社会、技术、环境、法律的分析；PESTLIED 分析模型是对政治、经济、社会、技术、法律、国际、环境、人口统计的分析。

PEST 分析模型的扩展如图 2.2 所示。

图 2.2　PEST 分析模型的扩展

### 4. PEST 分析模型的目标及应用

1）PEST 分析模型的目标

PEST 分析模型的目标是通过对政治、经济、社会和技术 4 个方面的研究，探讨、制定企业在发展战略的定位；或通过 PEST 的研究，发现企业战略定位的问题，制定进一步探讨的主题，找到解决方案。那么，何时使用 PEST 模型呢？主要在以下 6 个时机：

（1）对企业的战略定位做充分理解的时候。

（2）在探讨企业战略方面存在的问题的时候。

（3）在制定企业的战略或者中长期规划的时候。

（4）在对企业的整体行业地位做认真研究的时候。

（5）在对讨论的主题做充分理解，希望获得整体视图的时候。

2）PEST 分析模型的应用

PEST 分析模型相对简单，可通过头脑风暴法来完成。PEST 分析模型的运用领域有：公司战略规划、市场规划、产品经营发展、研究报告撰写。

**5. PEST 分析模型的步骤**

参与时长：60 分钟左右；

参与人数：2 ~ 10 人；

使用道具：每组 4 张 2 开的白纸，4 种颜色的便签纸（每人 4 种颜色各 10 张），每人一支黑色签字笔，一卷胶带。

参与步骤：

（1）每组将 4 张白纸上下各两张拼接在一起，将政治因素、经济因素、社会因素、技术因素标在不同的白纸上，并规定每个颜色对应的 PEST 因素，蓝色便签纸为政治因素、绿色便签纸为经济因素，黄色便签纸为社会因素，紫色便签纸为技术因素。

（2）小组每人一支黑色签字笔，4 种颜色的便签纸各 10 张。小组每个人探讨政治、经济、社会、技术的现状、发展趋势及影响，将自己对不同因素的观点和想法写在相对应的便签纸上，并贴在规定的位置，如图 2.3 所示。

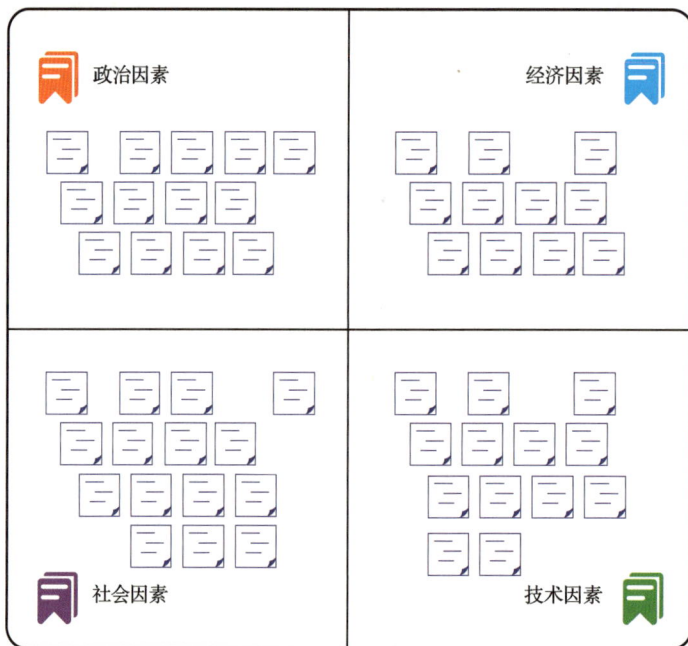

图 2.3　PEST 便签纸

（3）小组通过 PEST 分析法，分析出企业在社会中所面临的状况，从政治、经济、社会以及技术要素出发，发掘出企业现阶段发展的优劣，从而获得企业发展战略等。PEST

分析重要的不在于结果，而在于过程。

## 2.1.2 SWOT 分析模型

### 1. SWOT 分析模型概念描述

SWOT 分析模型是 20 世纪 80 年代初由美国旧金山大学的管理学教授海因茨·韦里克（Heinz Weihrich）提出的一种战略分析方法，是用于帮助企业（或部门、个人）清晰把握与企业（或部门、个人）发展目标相关的外部和内部的环境与资源的教练工具之一。它是将与研究对象密切相关的各种主要内部优势、劣势和外部的机会以及威胁等，通过调查列举出来，并依照矩阵形式排列，然后用系统分析的思想，把各种因素相互匹配起来加以分析，从中得出一系列相应的结论，而结论通常带有一定的决策性。运用这种方法，可以对研究对象所处的情景进行全面、系统、准确的研究，从而根据研究结果制定相应的发展战略、计划以及对策等。

其中，S（Strengths）是优势、W（Weaknesses）是劣势、O（Opportunities）是机会、T（Threats）是威胁，如图 2.4 所示。按照企业竞争战略的完整概念，战略应是一个企业"能够做的"（组织的强项和弱项）和"可能做的"（环境的机会和威胁）之间的有机组合。SWOT 分析表如表 2.1 所示。

图 2.4　SWOT 分析模型

表 2.1　SWOT 分析表

| 外部环境 | 内部环境 | |
| --- | --- | --- |
| | 优势（S） | 劣势（W） |
| 机会（O） | SO 战略<br>机会与优势组合<br>可以采取的方式：<br>最大限度的发展 | WO 战略<br>机会与劣势组合<br>可以采取的方式：<br>利用机会点避免劣势 |
| 威胁（T） | ST 战略<br>威胁与优势组合<br>可以采取的方式：<br>利用优势，降低威胁 | WT 战略<br>威胁与劣势组合<br>可以采取的方式：<br>降低威胁，改进劣势 |

S 和 W 描述的是企业内部的评估方式，也就是"自己的长处和短处"，如产品质量、品牌优势、资金等，作用是在报价、项目安排、产品设计、服务安排等方面取长补短。

O 和 T 描述的是企业外部的评估方式，如市场是否稳定、竞争对手的行为、政策性变化。机会只眷顾有准备的人，企业也要做好防损，这就是公司的价值。

S 和 W 是受控的，所以持久地利用 S 与 W 提升自己的产品及服务是必要的；O 和 T

是不受控的，但更应该分析清楚什么是触发器，提前准备预案，一旦触发器条件达成，就执行既定方案，才不会在机会和危险来临时手忙脚乱。

SWOT分析模型从某种意义上来说隶属于企业内部分析方法，即根据企业自身的条件进行分析。SWOT分析模型有其形成的基础，著名的竞争战略专家迈克尔·波特提出的竞争理论从产业结构入手对一个企业"可能做的"方面进行了透彻的分析和说明，而能力学派管理学家则运用价值链解构企业的价值创造过程，注重对公司的资源和能力的分析。

SWOT分析模型就是在综合了前面两者的基础上，以资源学派学者为代表，将公司的内部分析与以能力学派为代表的产业竞争环境的外部分析结合起来，形成了结构化的平衡系统分析体系。与其他的分析模型相比较，SWOT分析模型从一开始就具有显著的结构化和系统性的特征。就结构化而言，首先在形式上，SWOT分析模型表现为构造SWOT分析矩阵。其次在内容上，SWOT分析模型的主要理论基础也强调从结构分析入手，对企业的外部环境和内部资源进行分析。

**2. SWOT分析矩阵**

如图2.5所示，SWOT分析矩阵分为企业外部环境和企业内部环境，其中O和T为企业外部环境，而S和W是企业内部环境。SWOT分析矩阵从外部和内部对企业的资源和能力进行分析。

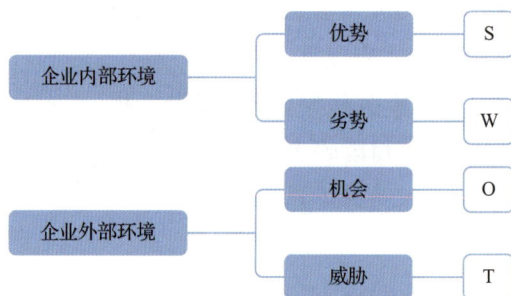

图2.5 SWOT分析矩阵

1）机会与威胁分析

企业的发展趋势分为两大类：一类表示环境机会，另一类表示环境威胁。环境机会就是对公司行为富有吸引力的领域，在这一领域中，该公司将拥有竞争优势；环境威胁指的是环境中一种不利的发展趋势所形成的挑战，如果不采取果断的战略行为，这种不利趋势将导致公司的竞争地位受到削弱。对环境的分析有不同的方法，例如，一种简明扼要的方法就是PEST分析模型，另外一种比较常见的方法就是波特五力分析法。企业外部环境如图2.6所示。

2）优势与劣势分析

一个企业、公司想要获得成功，就要有自己的竞争优势。所谓竞争优势，是指一个企业超过其竞争对手的能力，这种能力有助于实现企业的主要目标——盈利。但是，竞争优势不仅体现在公司盈利上，还体现在企业形象和品牌建立上，因为有时企业更希望增加市场份额、提高知名度等。

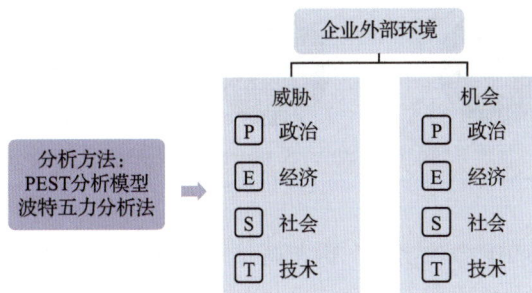

图 2.6　企业外部环境

企业的竞争优势可以是消费者眼中一个企业或它的产品有别于其竞争对手的任何优越的东西，它可以是产品线的宽度、产品的大小、质量、可靠性、适用性、风格和形象以及服务的及时、态度的热情、体验感等。企业内部环境如图 2.7 所示。

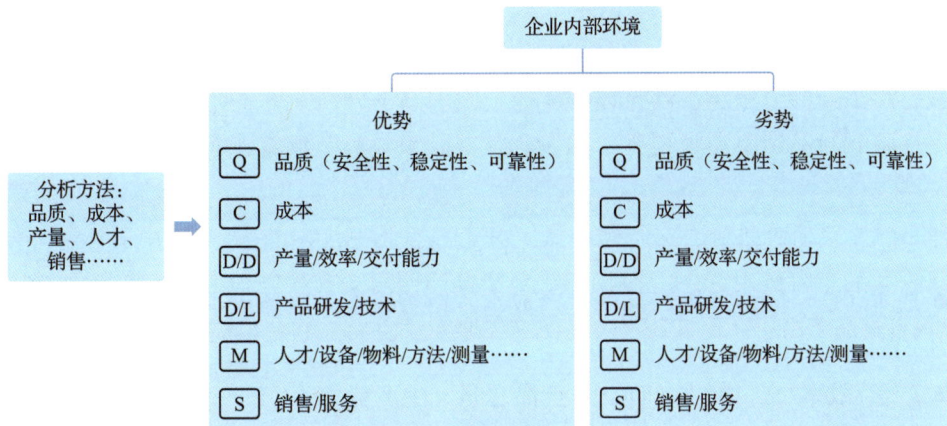

图 2.7　企业内部环境

由于企业是一个整体，而且竞争优势来源十分广泛，所以在进行优劣势分析时必须从整个价值链的每个环节上，将企业与竞争对手做详细的对比，如产品是否新颖、制造工艺是否复杂、销售渠道是否畅通、产品体验感或服务是否良好以及价格是否具有竞争性等。如果一个企业在某一方面或几个方面的优势正是该行业企业应具备的关键成功要素，则该企业具有较高的综合竞争力。值得注意的是，衡量一个企业及其产品是否具有竞争优势，要站在用户的角度上进行测量。企业在维持竞争优势的过程中，必须深刻认识自身的资源和能力，采取适当的措施。因为一个企业一旦在某一方面具有了竞争优势，势必会吸引到竞争对手的注意。一般来说，企业经过一段时间的努力建立起某种竞争优势，然后就处于维持这种竞争优势的态势，竞争对手开始逐渐做出反应。而后，如果竞争对手直接进攻企业的优势所在，或采取其他更为有力的策略，就会使这种优势受到削弱。因此，要及时地对企业内部环境进行优化和改进。

### 3. SWOT 分析模型的步骤

SWOT 分析模型分为三大步骤：首先是分析环境因素，其次是构造 SWOT 矩阵，最后是制定战略计划，如图 2.8 所示。

图 2.8  SWOT 分析模型的三大步骤

1）分析环境因素

（1）分析内部环境的优势与劣势。内部环境主要是从竞争优势和竞争劣势进行分析，图 2.9 所示为 SW 分析。

SW 分析主要从品质（Q）、成本（C）、产量/效率/交付能力（D/D）、产品研发/技术（D/L）、人才/设备/物料/方法/测量（M）、销售/服务（S）等因素对企业内部环境的影响进行分析。

● 品质（Q）：产品质量的安全性、稳定性、可靠性、美观性、适用性、耐久性、经济性等。

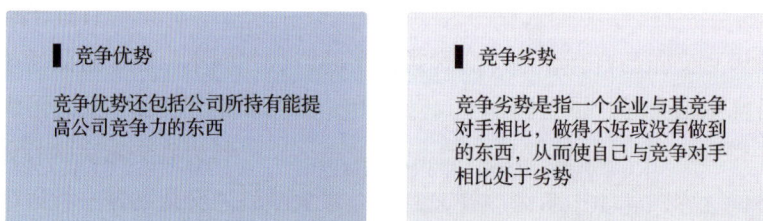

| 竞争优势 | 竞争劣势 |
| --- | --- |
| 竞争优势还包括公司所持有能提高公司竞争力的东西 | 竞争劣势是指一个企业与其竞争对手相比，做得不好或没有做到的东西，从而使自己与竞争对手相比处于劣势 |

图 2.9  SW 分析

● 成本（C）：同样等级产品的生产成本、销售成本、服务成本和销售价格（产品盈利能力）等。

● 产量/效率/交付能力（D/D）：产品总量、生产能力（CT）、综合效率、人均产量、人均附加量、交付按量准时。

● 产品研发/技术（D/L）：新产品设计开发能力、开发周期、专利技术、专有技术、技术创新能力等。

● 人才/设备/物料/方法/测量（M）：经验丰富的优秀管理及技术人才、优秀的管理等；先进高效的生产线、现代化高精度的生产设备、检验设备；优秀的供应商团队、一流的供应链等；先进的管理方法、体系，畅通的信息；先进的测量仪器、科学的测量方法、完整的品质检验体系。

● 销售/服务（S）：强大的销售网络、优秀的销售团队、丰富的经验、灵活的市场应对能力、优秀的品牌形象、良好的客户关系、忠诚的消费者。

服务：完善的售后服务体系，优质的服务，满意的客户群。

（2）分析外部环境的机会与威胁。OT 分析是从外部环境的机会与威胁对公司的影响进行分析，如图 2.10 所示。

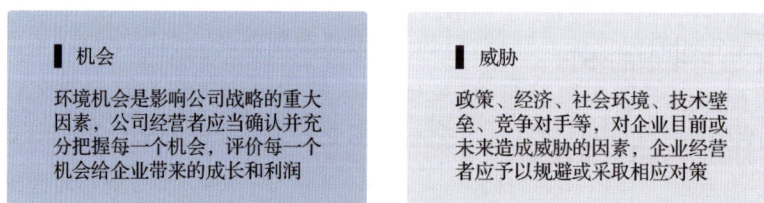

| 机会 | 威胁 |
| --- | --- |
| 环境机会是影响公司战略的重大因素，公司经营者应当确认并充分把握每一个机会，评价每一个机会给企业带来的成长和利润 | 政策、经济、社会环境、技术壁垒、竞争对手等，对企业目前或未来造成威胁的因素，企业经营者应予以规避或采取相应对策 |

图 2.10  OT 分析

对于外部环境的分析主要运用 PEST 分析模型和波特五力分析法。

① PEST 分析模型需要分析的因素如图 2.11 所示。

| P | E | S | T |
|---|---|---|---|
| ● 政府稳定性 | ● 经济周期 | ● 市场需求的增长 | ● 重大技术突破 |
| ● 法律法规 | ● 消费偏好 | ● 年龄结构 | ● 技术壁垒 |
| ● 行业性法规等 | ● 利率/汇率 | ● 文化背景 | ● 新技术的发明和进展 |
| ● 劳动法 | ● 可支配收入 | ● 生活方式的改变 | ● 技术传播的速度 |
| ● 税收政策 | ● 失业率 | ● 教育水平 | ● 代替技术的出现 |
| ● 环境保护法 | ● 货币供给 | ● 消费方式/水平 | ● 科技开发 |
| …… | ● 市场机制 | ● 区域特性 | ● 技术转移 |
| | ● GDP | …… | …… |
| | …… | | |

图 2.11　PEST 分析模型需要分析的要素

② 波特五力分析法是迈克尔·波特（Michael Porter）于 20 世纪 80 年代初提出的，对企业战略制定产生了全球性的深远影响。该分析法用于竞争战略的分析，可以有效地分析客户的竞争环境。五力分别是：行业内竞争者现在的竞争能力、潜在竞争者进入的能力、替代品的替代能力、购买者的议价能力、供应商的议价能力。5 种力量的不同组合变化最终影响行业利润潜力变化。

（a）行业内竞争者现在的竞争能力：任何企业在制定策略和展开经营活动时，首先必须面对现有竞争者。同行竞争的激烈程度是由竞争各方的布局结构和所属产业的发展前景所决定的。产业的竞争格局如图 2.12 所示。

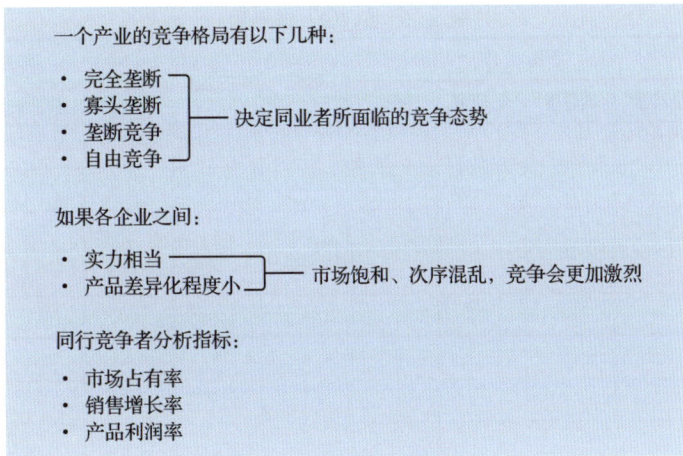

一个产业的竞争格局有以下几种：
- 完全垄断
- 寡头垄断
- 垄断竞争 ——决定同业者所面临的竞争态势
- 自由竞争

如果各企业之间：
- 实力相当
- 产品差异化程度小 ——市场饱和、次序混乱，竞争会更加激烈

同行竞争者分析指标：
- 市场占有率
- 销售增长率
- 产品利润率

图 2.12　产业的竞争格局

（b）潜在竞争者进入的能力：一个产业只要有市场前景，有可观利润，一定会招来其他企业的投资，这些企业就是潜在竞争者，而竞争者的加入会导致产业进入威胁，如图 2.13 所示。

一个产业是否进入威胁取决于两个因素：其一，进入障碍的高低，包括市场障碍（市场竞争条件下的壁垒）、非市场障碍（政府管制造成的壁垒）；其二，现有在位企业的报复手段、程度，包括价格打压、材料垄断、市场垄断、供应链整合。

这些竞争者的加入必然会导致：
- 产量增加
- 价格回落
- 利率下降
- 市场占有率降低
- 市场秩序混乱
  } 进入威胁

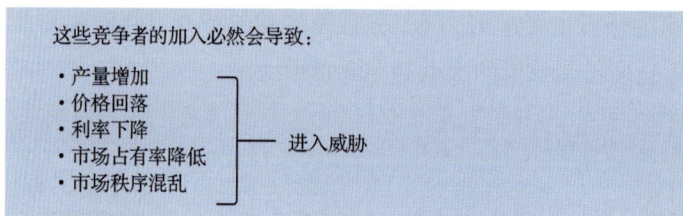

图 2.13 潜在竞争威胁

（c）替代品的替代能力：替代品指的是与现有产品具有相同功能的产品，但是替代品能否产生替代的效果，要看替代产品能否提供比现有产品更大的性价比。

（d）购买者的议价能力：选择优质的客户是非常重要的，在选择时需要考虑客户产品的市场占有率、在客户采购中的份额比例（在客户心中的位置）、客户的议价能力；客户的信誉、客户的产品盈利能力、客户向后整合的力量等。

（e）供应商的议价能力：选择优质的供应商也是同等重要的，在选择时需要考虑供应商的价格、供应商的品质、供应商的服务水平（在供应商心中的位置）、供应商的付款期限、供应商产品的替代性、供应商产品的垄断、供应商向前整合的力量等。

2）构造 SWOT 矩阵

在构造 SWOT 矩阵的过程中，要将分析出来的内容按轻重缓急及影响程度进行排序，将那些对公司发展有直接的、重要的、大量的、迫切的、久远的影响因素优先排列出来，而将那些间接的、次要的、少许的、不急的、短暂的影响因素排列在后面。SWOT 优先级如表 2.2 所示。

表2.2　SWOT 优先级

| 区分 | 内容 | 优先顺序 | | | | 区分 | 内容 | 优先顺序 | | | |
|---|---|---|---|---|---|---|---|---|---|---|---|
| | | 重要度 | 紧急度 | 影响度 | 序号 | | | 重要度 | 紧急度 | 影响度 | 序号 |
| S | | | | | | W | | | | | |
| | | | | | | | | | | | |
| | | | | | | | | | | | |
| O | | | | | | T | | | | | |
| | | | | | | | | | | | |
| | | | | | | | | | | | |

SWOT 优先顺序评价说明如表 2.3 所示。

3）制定战略计划

制定战略计划的基本思路是：发挥优势因素，分析劣势因素，并克服劣势因素；利用机会因素，识别威胁因素，并规避或化解威胁因素；考虑过去，立足当前，着眼未来。运用系统分析的综合分析方法，将排列与考虑的各种环境因素相互匹配起来加以组合，得出一系列公司未来发展的可选择对策。战略计划表如表 2.4 所示。

表 2.3 SWOT 优先顺序评价说明

| 内容 | 评价 | 内容 | 评价 | 内容 | 评价 | 备注 |
|------|------|------|------|------|------|------|
| 重要度 | 非常重要 | 紧急度 | 非常紧急 | 影响度 | 影响非常大 | 根据对三个内容的评价，计算分数总和，并做出优化顺序 |
| | 很重要 | | 很紧急 | | 影响很大 | |
| | 重要 | | 紧急 | | 影响大 | |
| | 不太重要 | | 不太紧急 | | 影响不大 | |
| | 不重要 | | 不紧急 | | 影响很小 | |

表 2.4 战略计划表

| 区分 | 序号 | 项目 | 内容 | 现状调查 | 原因分析 | 对策 | 目标 | 担当 | 展开日期 | | | 效果评价 |
|------|------|------|------|----------|----------|------|------|------|------|------|------|----------|
| | | | | | | | | | 1月 | 2月 | 3月 | |
| 劣势（W） | | | | | | | | | | | | |
| 威胁（T） | | | | | | | | | | | | |

SWOT 分析只是战略发展的第一步，企业需要进一步找到内部要素与外部环境的结合点，有效调整并整合内部各要素，以吻合或超越外部环境的变化获取竞争优势，如图 2.14 所示。SWOT 矩阵就是将内部要素与外部环境结合分析的工具。通过将强弱势与机会威胁进行分割，可得出企业应对环境变化的 4 个主要战略，如表 2.5 所示。

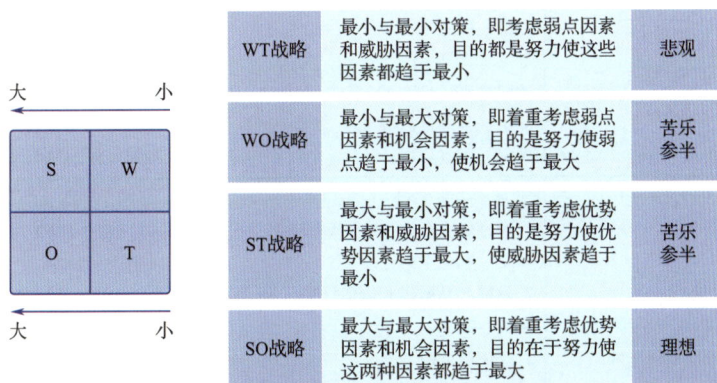

图 2.14 SWOT 要素结合图

表 2.5 企业应对环境变化的 4 个主要战略

| 项目 | 优势（S） | 劣势（W） |
|------|-----------|-----------|
| 机会（O） | SO 战略：一种发挥企业内部优势、利用企业外部机会的战略。所有企业都希望处于这样一种状况，即可以利用自己的内部优势去抓住和利用外部环境变化中所提供的机会。企业通常首先采用 WO、ST 或 WT 战略而达到能够采取 SO 战略的状况。当企业存在重大弱点时，它将努力回避这些威胁以便集中精力利用机会 | WO 战略：一种通过利用外部机会来弥补内部弱点的战略。适用于这一战略的基本情况是：企业存在一些外部机会，但是企业内部有一些弱点妨碍它利用这些外部机会。<br>例如，市场对可以控制汽车引擎注油时间和注油量的电子装置存在着巨大的需求（机会），但是某些汽车零件制造商可能缺乏生产这一装置的技术（弱点）。<br>战略1：通过与在这一领域有生产能力的企业组建合资企业而得到这一技术。<br>战略2：可以聘用所需人才或培训自己的人员，使他们具备这方面的技术能力 |

| 项目 | 优势（S） | 劣势（W） |
|---|---|---|
| 威胁（T） | ST 战略：利用本企业的优势回避或减轻外部威胁的影响战略。<br><br>例如，德州仪器公司靠一个出色的法律顾问部门（优势）挽回了由于 9 家日本及韩国公司分割本公司半导体芯片专利权（威胁）而造成的近 7 亿美元的损失。<br><br>在很多产业中，竞争公司模仿本公司的计划、创新及专利产品构成了对企业的一种巨大威胁 | WT 战略：一种旨在减少内部弱点，同时回避内部环境威胁的防御性战略。<br><br>一个面对着大量外部威胁和具有众多内部弱点的企业的确处于不安全和不确定的境地。实际上，这样的公司正面临着被收购、收缩、宣告破产或结业清算，因而不得不为自己的生存而奋斗 |

例如，对某炼油厂进行 SWOT 分析的结果如表 2.6 所示。

表 2.6　对某炼油厂进行 SWOT 分析的结果

| 企业外部因素 | 企业内部因素 | |
|---|---|---|
| | 内部实力（S）：<br>1. 研究开发能力强；<br>2. 产品质量高、价格低；<br>3. 通过 ISO9002 认证 | 内部弱点（W）：<br>1. 营销人员和销售点少；<br>2. 产品小、包装少；<br>3. 缺少品牌意识；<br>4. 无形投资少 |
| 外部机会（O）：<br>1. 国内对于新型油品需求很大；<br>2. 当前市场缺少品质高的油品；<br>3. 市场需要更加物美价廉的油品 | 实力＋机会（SO）：<br>1. 开发研制新产品<br>（S1、O2）；<br>2. 继续提高产品质量<br>（S1、S2、O1、O2）；<br>3. 进一步降低产品成本<br>（S1、S2、O3） | 弱点＋机会（WO）：<br>1. 制定营销战略<br>（W1、O1、O2）；<br>2. 增加营销人员和销售点<br>（W1、O1）；<br>3. 增加产品小包装<br>（W2、O1、O2） |
| 外部威胁（T）：<br>1. 进口油品广告攻势强；<br>2. 进口油品占据很大的市场份额 | 实力＋威胁（ST）：<br>1. 通过研究开发提高竞争能力<br>（S1、T1、T2）；<br>2. 发挥产品质量和价格优势<br>（S2、T2）；<br>3. 宣传认证效果<br>（S3、T1） | 弱点＋威胁（WT）：<br>1. 实施品牌战略<br>（W3、W4、T1、T2）；<br>2. 开展送货上门和售后服务<br>（W3、W4、T1、T2） |

4）运用 SWOT 分析需注意的要点

进行 SWOT 分析时需注意的是：

（1）进行 SWOT 分析时必须对公司的优势与劣势有客观的认识。

（2）进行 SWOT 分析时必须区分公司的现状与前景。

（3）进行 SWOT 分析时必须考虑全面。

（4）进行 SWOT 分析时必须与竞争对手进行比较，如优于或劣于竞争对手。

（5）保持 SWOT 分析法的简洁化，避免复杂化与过度分析。

（6）SWOT 分析法因人而异。

# 2.2 竞品分析

## 2.2.1 竞品分析概述

### 1. 竞品分析的定义

竞品分析（Competitive Analysis）一词最早源于经济学领域。市场营销和战略管理方面的竞品分析是指对现有的或潜在的竞争产品的优势和劣势进行评价，它提供了制定产品战略的依据，可将获得的相关竞品特征整合到有效的产品战略制定、实施、监控和调整的框架当中来。随着竞品分析在各个学科领域的扩散，其概念已被多个学科所涵盖，在各个学科领域里面的定义也有所不同。本书所提的竞品分析主要针对用户体验行业而言。通过Google（谷歌）、百度搜索关键词"竞品分析"，绝大多数页面所提到的竞品分析来自用户体验行业，可见竞品分析在用户体验行业已经得到了很大的应用，从另一个侧面也体现出其重要性和应用的普遍性。在用户体验行业，竞品分析已经不局限于对竞争产品的分析，而是更加倾向于对类似功能产品的分析，特别是针对具体产品交互界面、视觉表现方面的分析。由此，本书针对用户体验行业的竞品分析提出的定义是对所研发产品的竞争对手以及同类型产品进行分析讨论，并给出类比归纳的分析结果，用以了解现有产品的发展优势。

### 2. 竞品分析的目的及意义

竞品分析是一种确定功能需求、绩效标准和其他基准的非常有用的方法。在产品的用户体验设计过程中，在不同的阶段进行竞品分析的目的与作用也不一样，所以在进行竞品分析之前，要先明确目的。在用户研究阶段进行竞品分析，分析的结果可以作为即将形成的用户需求文档（如人物角色）的参考，也可以对这些具体的问题做详细的说明。在概念模型或内容模型阶段，竞品分析将作为一种附加的对比手段，等同于日常的策略文档。

一般来说，通过竞品分析，可以了解竞争产品的战略、定位以及可能进一步的动作，并为自身制定合理的发展规划以保持自身产品在市场的稳定性或者快速提升市场占有率。

真正有用的竞品分析，并不是简单地找几个类似的产品，罗列几个功能，列出几个优缺点就可以了。对比分析方法论，得到可以落地的策略、确定市场机会、分辨目标用户、发现新的竞争对手才是竞品分析的意义所在。图 2.15 所示为竞品分析的两面性。

差的竞品分析

提供错误的信息
方向性的误导
毫无用处

好的竞品分析

能和用户研究做互补
确定市场机会
分辨目标用户
发现新的竞对手

图 2.15　竞品分析的两面性

## 2.2.2  竞品分析的步骤

**1. 明确分析目的、了解行业背景**

1）明确分析目的

在进行竞品分析之前，要明确分析目的。目前，设计师进行竞品分析的目的主要分为以下三类：

（1）确定产品方向（针对企业负责人）：进行产品方向对比、策略对比以及优劣势对比，通过对现有产品、服务、策略进行对比，了解产品发展趋势，使企业具有竞争优势。

（2）提升产品体验（针对设计团队）：通过对交互、视觉、信息架构进行分析，了解设计的新的需求点，从而提升产品体验感。

（3）积累行业知识（针对设计师个人）：了解行业趋势、搜集相关数据，针对竞品功能改版提出策略。

2）了解行业背景

应分析行业背景、市场规模以及整个行业的发展趋势，然后归纳出行业目前面临的风险，以及可采取的相关对策。另外，了解整个市场下的用户规模或特征，可为后期选择竞品指引方向，如图 2.16 所示。

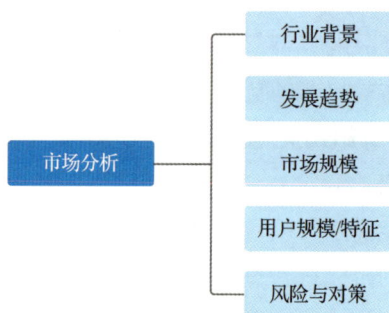

图 2.16　市场分析

**2. 竞品分析的具体步骤**

对于竞品的分析主要分为以下 5 个步骤。

1）收集竞品

可通过 App Store、安卓应用市场搜索、查看相关推荐；可搜索行业公开数据，在各大数据网站收集相关竞品资料，获取相关竞品的行业报告（这里推荐艾瑞咨询、极光大数据、易观千帆、亿欧智库等）；还可使用其他方法，如百度搜索关键词推荐产品、查询相关行业论坛、浏览相关文章。

2）确定竞品

是否属于竞品，主要取决于三个方面：相似的市场、相似的产品功能以及相似的用户群体，如图 2.17 所示。如果三者同时满足，则为直接竞品；满足其一或者其二，则为间接竞品或潜在竞品。

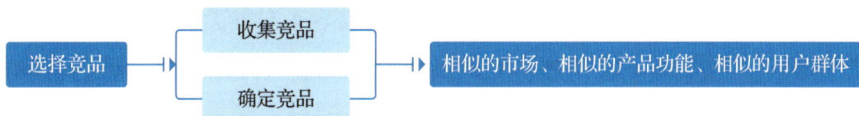

图 2.17　确定竞品

在确定竞品前，首先要对竞品进行选择，并对选择的竞品进行体验，从而确定其是否属于竞品。

（1）竞品选择。

竞品主要分为核心竞品、重要竞品、一般竞品。核心竞品是最能威胁自身产品的、与自身产品并驾齐驱、处于同一地位的产品，如支付宝支付的核心竞品就是微信支付。一般情况下，密切关注核心竞品且挑选一到两个重要竞品即可。

（2）体验产品。

体验一款产品要从三个角度进行，首先是使用场景，用户会在什么场景下使用；其次是横向对比，对比同类产品以分析优劣；最后是观察同一个产品的迭代方向，思考这一版本与上一版本之间的差异。例如，如今的抖音与微视是直接竞品，而美团和高德，因和滴滴都有着相似的用户群体，都属于滴滴的潜在竞品。

选择直接竞品还是潜在竞品，要根据做竞品分析的目的进行。如果是想做比较全面的研究报告，多数情况下优先选择直接竞品；如果侧重点比较明显，也可根据具体针对的点选择潜在竞品。

3）分析竞品

在收集、整理相关行业、市场等资料后，需要根据自己的目的确认要分析的竞品（一般 2 ～ 3 个），并从产品内核、用户体验、商业模式三个维度对竞品进行分析。竞品分析如图 2.18 所示。

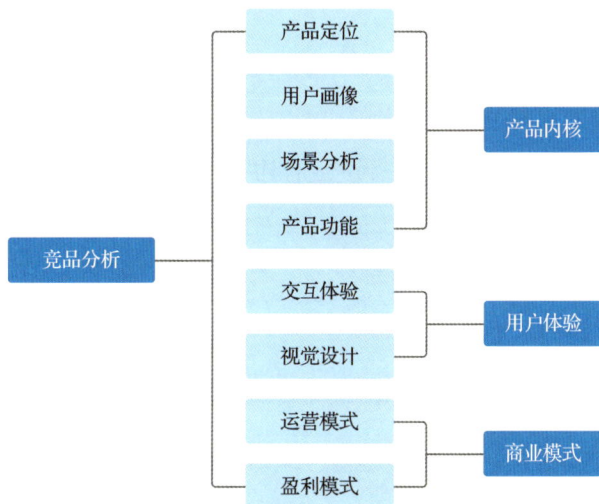

图 2.18　竞品分析

对于竞品之间的分析要从产品内核（产品定位、用户画像、场景分析、产品功能）、用户体验（交互体验、视觉设计）、商业模式（运营模式、盈利模式）进行详细的分析。

（1）产品内核。对于产品内核的分析，主要从以下 4 个方面进行。

① 产品定位。产品要在众多竞品中脱颖而出，就要具有差异化。这个差异化一般体现在产品定位、用户定位上。表 2.7 所示为对抖音、微视、快手三个短视频产品定位的简单罗列。

表2.7 对抖音、微视、快手三个短视频产品定位的简单罗列

| 产品名称 | 产品定位 | 广 告 语 |
|---|---|---|
| 抖音 | 字节跳动旗下一个专注于年轻人的音乐短视频社区平台 | 记录美好生活 |
| 微视 | 腾讯旗下一个短视频创作与分享平台 | 发现更有趣 |
| 快手 | 用于用户记录和分享生产、生活的短视频社区平台 | 记录世界，记录你 |

抖音、微视、快手虽然都是短视频赛道的产品，但是产品定位还是有所区别的。抖音是一个专注于年轻人的音乐短视频社区平台，目标定位是一二线城市的年轻人，坚持"时尚、潮流"的定位，打造 15s 的音乐短视频社交。微视是对标抖音，基于腾讯开放关系链的 8s 短视频创作与分享社区平台。用户通过微信和 QQ 账号一键登录，可将拍摄的短视频同步分享到微信好友、朋友圈、QQ 好友和 QQ 空间。快手则是用户记录和分享生产、生活的短视频社区平台。比起前两者的潮流和年轻化的定位，快手面向的用户人群更广泛，创作的内容和主体也更贴近普通人的生活。如表 2.8 所示为三大产品的产品定位差异化，表 2.9 所示为三大产品的用户定位差异化。

表2.8 三大产品的产品定位差异化

| 产品名称 | 产品定位差异化分析 | 关 键 词 |
|---|---|---|
| 抖音 | 音乐、潮流、年轻人。更注重观赏体验，视频质量高 | 观赏体验 |
| 微视 | 对标抖音。视频时长更短，可以快速分享至微信、QQ 两大社交平台 | 抢占市场 |
| 快手 | 真实、男女老少、记录生活。注重普通用户的参与，内容更贴近生活 | 用户参与 |

表2.9 三大产品的用户定位差异化

| 产品名称 | 用户定位差异化分析 | 特 点 |
|---|---|---|
| 抖音 | 城市时尚文青、学生、俊男美女 | 重视头部用户（网红） |
| 微视 | 对标抖音 | 腾讯引流，明星加盟 |
| 快手 | 从一线城市到五六线城市的生活百态，从田间地头到广场上的中青年 | 重视普通用户 |

可见，抖音代表年轻与潮流，重"内容"；快手真实接地气，重"人"；微视重"引流"，抢占前两者的市场。

② 用户画像。图 2.19 所示为企鹅智酷 2018 年《抖音 & 快手用户研究报告》中关于两大产品的用户画像分析。

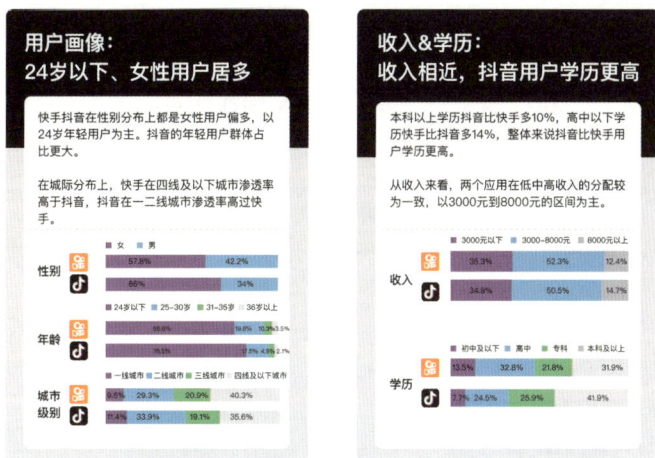

图 2.19　抖音 & 快手的用户画像分析

结合上文，可以分析出：抖音在女性用户、年轻用户、高收入高学历用户以及一线城市用户占比上高于快手，但二者并未形成明显的用户画像对立。两者的主要用户依然在非一线城市。

虽然两者的产品定位完全不一样，抖音后期得以在快手的弱势区域迅猛增长，然而目前两者正慢慢走向大众化，尤其是抖音已经瞄准三四线城市的市场。

③ 场景分析。图 2.20 所示为企鹅智酷 2018 年《抖音 & 快手用户研究报告》中关于抖音、快手的消费者场景分析。

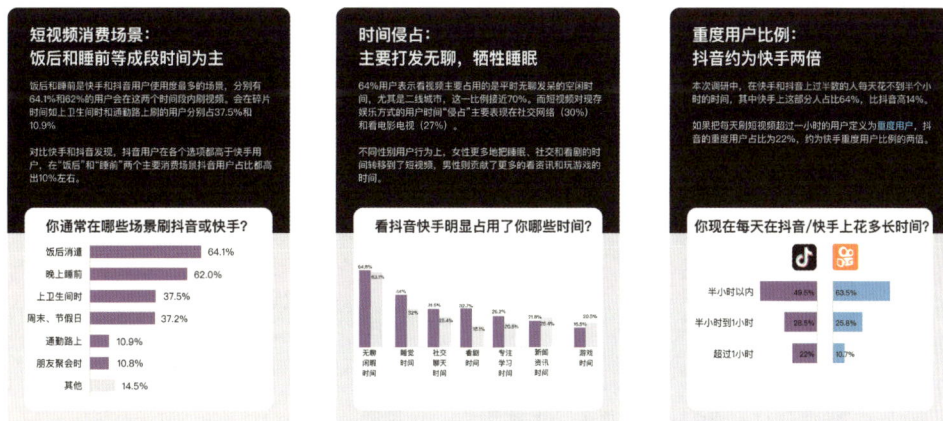

图 2.20　抖音 & 快手的消费者场景分析

结合以上，可以得出：用户使用快手和抖音多用来打发无聊时间，饭后与睡前的成段时间是典型的使用场景；抖音用户更爱刷【推荐】版块，而快手用户刷【关注】版块比例更高。

④ 产品功能。这个方面主要是梳理竞品功能架构，这里以抖音、微视、快手为例进行功能架构的简单梳理。抖音、微视、快手功能架构如图 2.21 ~ 图 2.23 所示。

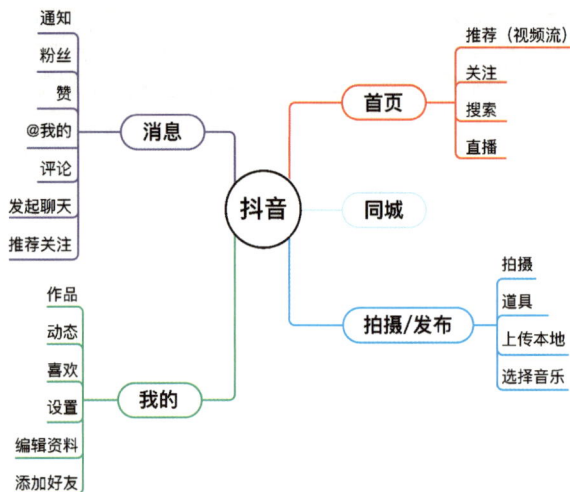

图 2.21　抖音功能架构

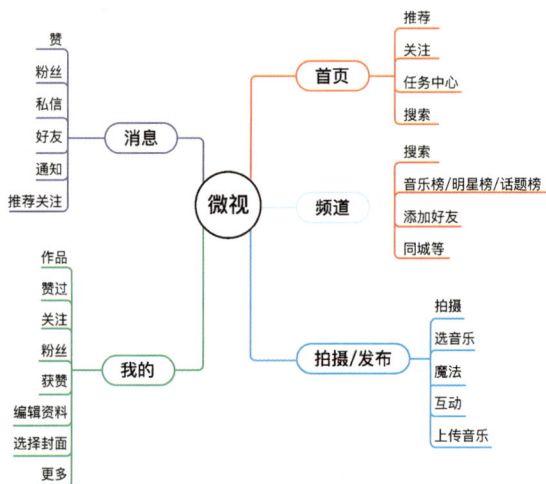

图 2.22　微视功能架构

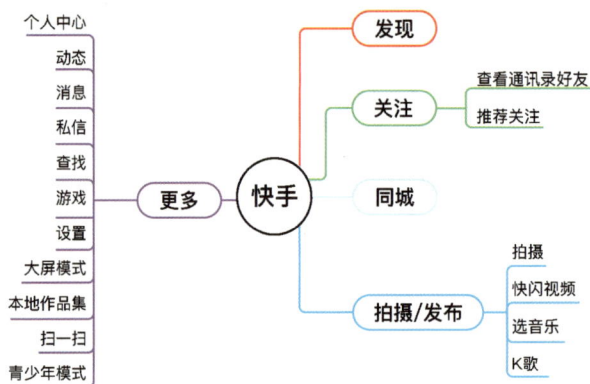

图 2.23　快手功能架构

　　由三者对比可看出：微视的功能最多、最杂，快手最简单，抖音其次；三者的核心功能均为拍摄/发布、浏览视频。

　　（2）用户体验。对于用户关于产品的体验主要是从交互体验和视觉设计两个方面进行分析。

① 交互体验。

这里以抖音、微视、快手三大产品为例分析其交互方式，表 2.10 所示为三者布局对比，表 2.11 所示为三者手势对比。

表 2.10　抖音、微视、快手布局对比

| 首页布局 | 抖　音 | 微　视 | 快　手 |
|---|---|---|---|
| 导航 | 底部 | 底部 | 顶部 + 抽屉导航 |
| 功能图标 | 右侧 | 底部 | 右侧 |
| 拍摄入口 | 底部正中间 | 底部正中间 | 右上角 |
| 搜索入口 | 左上角 | 左上角 | 无（收在抽屉中） |
| 评论展示 | 无 | 无 | 左下滚动展示 |

表 2.11　抖音、微视、快手手势对比

| 手　势 | 抖　音 | 微　视 | 快　手 |
|---|---|---|---|
| 单击 | 暂停 | 暂停 | 切换出进度条 / 暂停图标 |
| 双击 | 点赞 | 点赞 | 点赞 |
| 左滑 | 作者主页 | 作者主页 | 作者作品列表 |
| 右滑 | 关注页 | 关注页 | 关注页 |
| 下拉 | 刷新 | 刷新 | 刷新 |
| 上滑 | 下一个视频 | 下一个视频 | 下一个视频 |
| 下滑 | 返回上一个视频 | 返回上一个视频 | 返回上一个视频 |

在主页上，无论是布局还是交互手势，三者都非常趋同。但有以下明显的差异：

（a）快手的导航采用了安卓的 MD 设计规范，将导航放于顶部，利用抽屉导航收起其他功能。这与快手的早期用户定位有关，毕竟是主攻下沉市场，三四线城市用户用安卓手机偏多。

（b）快手左滑切换出作者的作品列表。这么做增加了创作者其他作品的曝光率。而抖音与微视，左滑转到作者主页，相当于是引导用户关注作者，增加的是创作者的曝光率，更符合其培养网红/KOL（关键意见领袖，指拥有更多、更准确的产品信息，且为相关群体所接受或信任，并对该群体的购买行为有较大影响力的人）的运营理念。

（c）微视把点赞、评论、分享等功能图标放在视频底部。对于习惯抖音、快手的用户来说，很不习惯。

② 视觉设计。视觉设计和交互体验同理，抖音、微视、快手 Logo 对比如图 2.24 所示。

抖音　　　　　微视　　　　　快手

图 2.24　抖音、微视、快手 Logo 对比

抖音的 Logo 将品牌名称首字母"d"与五线谱中的音符元素融为一体，并通过故障艺术手法体现出了"抖动"的动感姿态，再配以黑色的底色，给人一种很炫酷的感觉；微视底色以渐变色蓝红搭配中间形似"播放"的标识，传达出一种新潮的感觉，但是渐变色色调丰富容易引起视觉疲劳，这样的设计相对更加小众，不过也符合他们产品的定位——新潮炫酷；快手则以橙色为主色，加上很好识别的"摄像机"标识，给人清晰地传达出快手是一款视频软件。其次，纯色搭配、简洁明晰的设计理念更符合前几年流行的 App 设计搭配，但没有后期的 App 更加闪亮炫酷。

抖音、微视、快手视觉对比如表 2.12 所示。

表 2.12 抖音、微视、快手视觉对比

| 视觉效果 | 抖 音 | 微 视 | 快 手 |
| --- | --- | --- | --- |
| 背景 | 深色 | 深色 | 浅色 |
| 主色 | 玫红色 | 紫色 | 橙色 |
| 辅色 | 蓝色、紫色、橙色 | 红色、蓝色、橙色 | 蓝色、紫色、红色 |
| 图标风格 | 实心、圆润 | 线性、圆润 | 实心、圆润 |
| 动效 | 很少 | 活泼有趣 | 无 |

可以看出，三者的视觉设计各具特色，因为前期产品定位的缘故，在三者中，快手视觉设计偏简单，不像抖音和微视那么精美。而微视与抖音相比，很明显的是，微视在动效方面，比抖音用心很多；在图标设计方面，给人的感觉也更加精致、统一。

（3）商业模式是一个非常宽泛的概念，通常我们所说的与商业模式有关的说法很多，包括运营模式、盈利模式、B2B 模式、B2C 模式、"鼠标加水泥"模式、广告收益模式等，不一而足。商业模式是一种简化的商业逻辑，用最直白的话来说，商业模式就是公司通过什么途径或方式来赚钱。

这里仍然以抖音、微视、快手为例，简单分析三者在运营模式和盈利模式上的差异。

① 抖音、微视、快手运营模式对比如表 2.13 所示。

表 2.13 抖音、微视、快手运营模式对比

| 产品名称 | 运营模式对比 | 案 例 |
| --- | --- | --- |
| 抖音 | ● 明星、大 V 入驻<br>● 赞助火热的综艺节目<br>● 主办活动，与相关机构 / 高校合作<br>● 每周发布系列内容盘点<br>● 微博宣传，利用营销号，热点热搜<br>● 微信公众号宣传<br>● 新闻传播<br>● 央企合作<br>● 和用户开展各种日常互动互撩对话<br>● 隔十天左右做一次转发抽奖活动 | 迪丽热巴、杨洋等<br>《快乐大本营》《演员的诞生》等<br># 抖音校园新唱将 # 等<br>"活力周榜""一周歌曲精选榜单"<br>微博搞笑排行榜等大 V<br>头条学院、原创音乐等<br>围绕明星、综艺等内容，标题吸睛<br>25 家央企，包括中国核电、航天科工等 |
| 微视 | ● 明星、大 V 入驻<br>● 与央视合作<br>● 赞助综艺<br>● 腾讯引流 | 黄子韬等<br>春节、元宵晚会发红包<br>《吐槽大会》等<br>QQ 空间、腾讯视频、天天快报等 |

| 产品名称 | 运营模式对比 | 案　例 |
|---|---|---|
| 快手 | ● 明星入驻<br>● 赞助综艺<br>● 主办活动<br>● 转发送电影票<br>● 新闻传播 | 潘长江、柳岩等<br>《奔跑吧》《奇葩大会》等<br># 快手的 500 个家乡 # 等<br>《刺客信条》等电影<br>内容中规中矩，标题普通 |

② 抖音、微视、快手盈利模式对比如表 2.14 所示。

表 2.14　抖音、微视、快手盈利模式对比

| 产品名称 | 盈利模式对比 |
|---|---|
| 抖音 | ● 信息流广告<br>● 快闪店（电商抽成）<br>● 直播打赏抽成 |
| 微视 | 广告变现（多是腾讯自家产品，如王者荣耀） |
| 快手 | ● 信息流广告<br>● 直播打赏抽成<br>● 快手小店（电商） |

由表 2.13 和表 2.14 可以分析出：在运营模式上抖音下足了功夫；微视从腾讯引流；抖音从侧面切入，与 25 家央企达成合作，使其顺利入驻抖音。

在盈利模式方面，快手和抖音几乎一样，只是快手更依赖主播直播打赏的五五抽成，而抖音更依赖信息流广告；微视在盈利模式上，对比前两者显得有些滞后，应该尚在找寻中，目前就算是接广告也只是腾讯旗下产品的广告。除此之外，微视的电商变现也正在孵化中。

通过产品内核、用户体验和商业模式，可以了解如何对行业进行分析、如何选择竞品、如何对竞品进行对比分析。通过分析，可以得到有利于本产品的策略或方法，包括发展战略、营销策略、迭代策略等。

分析的方法论有很多种，最常用的是 SWOT 分析法，此外还有 4P/4C 理论、PEST 理论（常用来分析宏观环境）、波特五力模型、波士顿矩阵（又称四象限分析法）等。

使用 SWOT 分析法对抖音进行分析，如表 2.15 所示。

表 2.15　使用 SWOT 分析法对抖音进行分析

| 分　析　法 | 特　点 |
|---|---|
| S<br>（优势） | ● 市场份额最大，短视频赛道占据头部<br>● 今日头条资金支持，海外战略布局遥遥领先<br>● 强大的算法分发机制，形成技术壁垒<br>● 信息流广告变现更有优势<br>● 吸金能力强，资本青睐<br>● 原创内容丰富，风格独特有趣<br>● 丰富的剪辑特效 |
| W<br>（劣势） | ● 审核机制不完整<br>● 中心化运营，导致普通人原创视频较难被看到，用户黏性弱<br>● 推荐过于依赖算法，用户易产生信息封闭<br>● 缺乏社交生态<br>● 商业模式较为单一 |

| 分 析 法 | 特 点 |
|---|---|
| O<br>（机会） | ● 碎片化娱乐盛行，短视频行业正处于风口，发展前景好<br>● 随着 5G 时代的到来，短视频或将演变成用户获取内容和社交的主要方式之一<br>● 网红经济明显，KOL（Key Opinion Leaders，关键意见领袖）带动力强<br>● 传统媒体逐渐转型，自媒体时代到来 |
| T<br>（威胁） | ● 政策监管越来越严格<br>● 巨头竞争，腾讯、阿里巴巴、百度等已有多款产品进入短视频赛道<br>● 头部用户忠诚度存疑（是否容易向其他平台转移）<br>● 可模仿性强，担心出现其他爆款同类产品抢占市场 |

从以上分析，得到 4 个发展战略：

① SO 战略：利用强大的智能算法，以及有效的运营模式优势，增强内容的质量，在短视频这个风口下，快速占领用户群，抢占市场份额；利用当下庞大的用户量，提高产品本身在短视频领域的市场竞争力；利用母公司本身的资金支持，加大运营力度对产品的设计、运营等内容的质量提升；利用目前广告商的青睐，不断尝试商业化变现方式。

② WO 战略：在短视频风口市场，优化自身的智能推荐算法，优化用户的生命周期管理，建立用户的防流失机制，提高产品竞争力；建立更加贴近用户的运营架构，优化自身产品短视频流量的分发机制；激励更多普通人创造内容，沉淀社交关系。

③ ST 战略：利用技术算法优势、运营优势，继续增加产品竞争力，从功能、运营方式等建立自己的核心优势，以抢占市场份额；增强产品在终端用户的影响力，给腾讯和阿里系同赛道产品制造压力；研发算法审核机制，规避政策风险；利用自身的技术运营等优势，抢占大量的市场份额。

④ WT 战略：优化推荐算法，提高用户黏度，建立技术壁垒；做市场下沉，抢夺三四五线城镇用户；联合多流量平台，实行异业联盟政策，增强在终端的影响力；完善质量把控机制，防范有关政策风险。

设计要根据产品当下的发展阶段，选其中一个作为发展战略落地执行。实际分析过程中，根据不同的需求，获得相应的结论。

4）竞品对比

竞品对比包括以下 4 个部分。

（1）竞争格局对比，包括市场规模、各竞品占有率、竞争阶段、商业模式、机会在哪里。

① 市场规模：根据数据分析出整个市场有多少规模，各个竞品又占据多少市场规模。对比两个竞品之间的市场规模，可以看出它们的公司规模大小、发展历史、竞争力大小等一系列定性的指标。

② 各竞品占有率：分析每个竞品（核心竞品和部分重要竞品）的市场占有率，这个市场一共多大，每个产品有多少用户，占比多少，这个数据可以充分反映出竞品的竞争阶段和市场竞争力。

③ 竞争阶段：分析出产品处于哪个竞争阶段，如从开始到结束，首先是蓝海，行业没有几家竞品，需求旺盛，竞争少；其次是自由竞争，类似产品开始瓜分市场；再次是红海，竞争激烈，市场被划分完全；之后是寡头，由几家独大，占领着九成的市场；最后是垄断，

一家或几家称霸，垄断全部市场。如人工智能行业就是一片蓝海，而传统制造业就是红海，移动支付领域算是寡头，由支付宝和微信带领，像电信领域，便是由三大运营商垄断。

④ 商业模式：有商品服务、流量变现、长尾用户三个方向，每一种都有很多的维度可以去分析。

⑤ 机会在哪里：在这些竞争格局下，要挖掘用户的真实需求，找出其中的机会点。例如，keep 准确地抓住了机会，在悦动圈布局男性热爱运动的年轻群体时，keep 将市场打向女性，主打室内健身塑形与社交分享，完全抓住了女性的需求，同时又打开了一个未被发掘的市场，成为这个市场细分领域的大哥。

（2）定位对比，包括以下 4 个方面。

① 目标市场（用户）定位：分析自身产品的目标用户，用户的基数、用户的口碑，还有用户的行为；进行用户画像，对目标用户进行类别划分，什么是核心用户，什么是主流用户，什么是普通用户，他们之间的用户构成占比是多少；了解用户的使用场景，在什么时间、地点、什么情况下会使用该产品。例如，虎牙直播的核心用户是中青年男性，他们都有热爱游戏、压力巨大、闲暇时间多的特性，根据这些特性，发现这些用户大多是在地铁或家里无聊时打发时间观看直播，这样就有了一个简单的定位。

② 产品需求定位：分析完用户的场景后就可以大致总结并抽象出用户的需求。例如，年轻女性的需求就是一个字：美，所以对她们来说运动的目的就是变美，身材好、瘦且凹凸有致、有气质，而通过力量训练进行塑形是最好的办法，同时女性出于安全问题更喜欢室内运动，而 keep 准确击中了她们的需求。

③ 产品差异化价值点定位：不同产品的不同差异有多少，这些差异有多少价值，根据这个差异可以做出什么样的不同方向。产品差异化价值点定位主要使用的是定性的对比。

④ 营销组合定位：通过一些活动或小的功能模块可以看出产品的营销方向，继而了解未来走向。

（3）功能对比，包括功能特性、核心功能分析和功能界面信息流构成。功能分为两个维度：功能结构和用户体验。由这些具体的功能可以看出两个竞品细节上的差异，同时也可以反映出前面分析的定位和格局，正好验证了前面的分析。

① 功能特性：可以利用脑图进行功能的梳理，把一个 App 或者一个模块进行功能脑图，划分模块，厘清逻辑，然后再对比两个竞品。

② 核心功能分析：可以通过画核心功能的流程图来梳理整个流程的逻辑，找到整个过程中的低效问题点，同样也是对比两个竞品，分析异同。

③ 功能界面信息流构成：这里是指信息页面分级的列表图，将功能与页面结合，把不同的功能分别放在哪一个页面上。

（4）与竞品的定位对比。

分析竞品在核心功能方面的竞争优劣势，一般情况下核心功能大致一样，但产品千差万别，有很多的产品还是很有个性的。如抖音和快手，快手定位在年龄较大的用户群体，主打生活，分享生活中好玩有趣能够引起中年人共鸣的视频；而抖音主打年轻群体，配合着动感的音乐，让才艺得以被发现。对竞品的定位进行对比与分析主要通过以下 6 点。

① 用户体验：包括基本交互操作、导航设置、提示规范、文案风格等。

② 视觉表现：包括图标（Icon）设计、配色、字体、广告图等。

③ 与目标用户群体对比：分析竞品在用户体验方面的竞争优劣势，针对目标用户进行改进。

④ 商业：客户价值，是企业和客户之间的连接逻辑；企业资源和能力，是企业自身部门、企业与渠道、企业与行业的连接逻辑；盈利方式，是通过商品还是流量还是长尾用户；分析、对比不同竞品的商业模式，从运动领域来说，keep、悦动圈和咕咚的商业模式各不相同，keep 的重点在于内容收费及线下课程，其目的是将健身产品做成一个平台和品牌；咕咚的主要收入来源是广告、电商和赛事服务，其智能装备是一大特色；悦动圈的盈利模式与咕咚的相同，但它更依赖广告收入。用户还是比较少。

⑤ 产品：跟踪竞品的相关版本，搜集各个版本核心功能的变化，可通过竞品版本的介绍及引导页，去分析、归纳竞品的策略变化。

⑥ 运营：包括运营的手段、历史运营的内容、时间跨度、运营经过、运营项目之间是如何进行穿插的、参与人数、活动的效果、品牌的策略、slogan 的变化、品牌形象包装的变化；分析竞品的运营策略与产品策略结合后如何进行整体品牌的定位。毕竟产品运营不分家，一个好的产品经理掌握运营知识是很有必要的。

5）撰写竞品分析文档

如果要撰写一个产品的竞品分析文档，应结合竞品分析的维度和要求进行撰写。

（1）维度

① 行业现状及趋势分析

② 竞品分析目标确定（确定分析汇报对象、确定分析目标、确定竞品）。

③ 竞品定位对比分析（产品定位、目标用户对比）。

④ 竞品功能对比分析（核心功能、用户体验）。

⑤ 竞品策略对比分析（产品策略、运营策略）。

⑥ 结论（总结及建议）。

⑦ 给出参考文档。

（2）要求

① 结构清晰，提供目录，区分章节，规范段落。

② 排版清晰，段距、行距始终如一，字体大小有层次感。

③ 图文并茂，多用图标，不容易描述的地方要加截图。

④ 语义表达，避免过于主观的描述和表达。

⑤ 给出结论。

由于设计的不断更新，公司和产品的不断迭代，竞品的分析也就不是静态的图表，它是一个过程。竞品会迭代，也会有新功能的发掘，所以要时刻关注，不断挖掘新的创意点。

# 第 *3* 章
## 用户研究

## 3.1 定量研究与定性研究

### 3.1.1 理解定量与定性

在学习用户研究之前，我们可以先了解"定量"与"定性"这两个概念。

定量研究（Quantitative Research）是指对事物进行测量和分析，以检验研究者自身关于该事物的某些理论假设的研究方法，其更多解决的是"怎么做"的问题。定量研究以量化的数据解释普遍现象，因此更理性、更客观。

定性研究（Qualitative Research）是指在一群小规模、精心挑选的样本个体上的研究，通过研究者的洞察力、专业知识、过往经验挖掘研究对象行为背后的动机、需要、思维模式，其更多解决的是"怎么想"的问题，因此更感性、更主观。

二者在表现形式、应用场景和研究方式上都有一定的差异，且各具优劣势。表 3.1 所示为定性研究与定量研究优劣势对比。

表 3.1　定性研究与定量研究优劣势对比

|  | 优　势 | 劣　势 |
|---|---|---|
| 定性研究 | 结论具有代表性，可以反映普遍现象 | 宏观分析，广而不深 |
| 定量研究 | 结论具体、深入，可以反映现象背后的意义 | 微观分析，深而不广 |

学者们将用户研究维度划分成以下坐标轴，分别是定性和定量、行为和态度。用户研究方法象限分布图如图 3.1 所示。

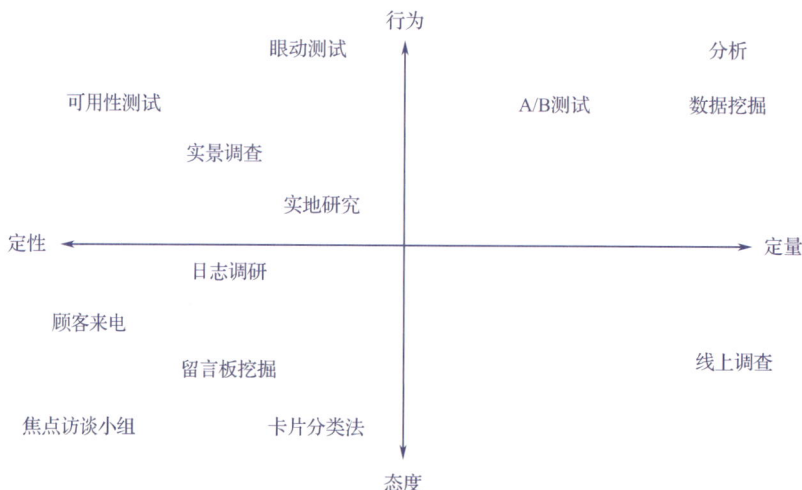

图 3.1　用户研究方法象限分布图

定性与定量是互补关系。增加了定量的定性研究，结论才能更全面、更具代表性；增加了定性的定量研究，则能更加深入地了解数据背后的真实原因。多种研究方式组合运用，才能深入挖掘产品的核心需求与用户诉求，并相互验证结论的真实性与有效性。例如，图 3.2 为定量研究作为定性研究的验证工具，图 3.3 为定性研究作为定量研究的归因工具。

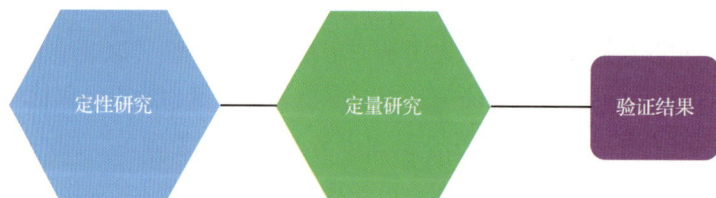

图 3.2　定量研究作为定性研究的验证工具

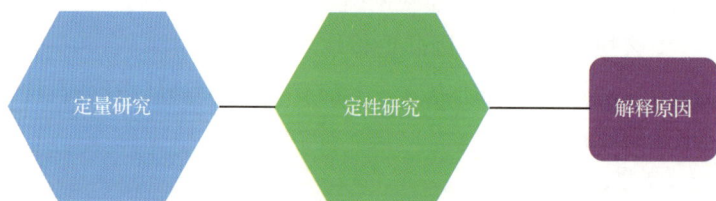

图 3.3　定性研究作为定量研究的归因工具

**1. 定量研究作为定性研究的验证工具**

例如，某直播平台通过对主播进行用户访谈（定性研究）之后，发现主播们可能需要增加橱窗位出售自己品牌的商品，以便能及时将流量变现。于是通过 A/B 测试（定量研究），发现拥有橱窗位的主播在直播平台停留的时间更长，粉丝数增加更快（结果）。

**2. 定性研究作为定量研究的归因工具**

例如，某款奶粉在这个季度的销售额突然下跌 15%（定量研究），公司决定将这批货物低价出售以挽回损失，但是销售额却跌得更快。于是公司派出用户研究团队找出背后的原因。通过一系列的用户访谈（定性研究），研究者发现大多数消费者放弃使用该商品是因为之前竞争对手通过某报纸造谣其质量不过关（原因），降低价格只会让消费者更加相信奶粉是因为质量不过关才低价出售，故销售额越来越低。

## 3.1.2 定量研究与定性研究的区分和使用

**1. 定性研究**

定性研究是探索性的研究，致力于定性地确定用户需求，是由目标用户或业务专家根据个人的直觉、经验，对研究对象的性质、特征、发展变化规律做出判断的一种方法。它有助于设计师在设计初期构建想法，然后再用定量方法完善和测试。对于定性研究，往往样本量较小，其结果是不可量化的。常规的定性研究方法有用户访谈、情境访谈、焦点小组、卡片分类、用户画像等。

1）用户访谈

用户访谈是真正了解用户核心需求的有效方法。用户访谈的好处之一是，访谈者不仅能从受访者的对话中获得信息，还能从肢体语言中看出他们对产品的使用感受。用户访谈有三个重要的阶段：访谈前，需要进行充分的准备；访谈期间，需要主持人注意访谈的技巧，并由记录员做好记录工作；访谈后，对访谈的内容进行分析与提炼。

2）情境访谈

情境访谈是一种半结构化的访谈方式，访问者在用户的工作或者生活环境中与受访者交流，以确定受访者使用产品的操作行为和感受。情境访谈可以在用户的实际工作环境和实际操作中，观察用户的使用习惯、需求和痛点。

情境访谈遵从以下 4 个原则：

（1）情境：访谈在用户的工作或生活场所中进行，这提供了体验典型工作条件、现有解决方案以及用户痛点的机会。

（2）伙伴：研究人员和用户一起工作来理解用户的工作流程和使用的工具。

（3）交流：通过与用户分享研究人员的观察和见解，用户有机会解释或扩展研究人员的发现。

（4）指导：研究人员能在用户操作过程中，给予用户与某项任务强相关的指导。

3）焦点小组

寻找具有代表性的、背景相似的用户对某一主题进行探讨，小组通常由 6 ~ 10 人组成。对于时间有限的公司，焦点小组无疑是一种快速收集用户意见的方法。由于焦点小组是由小团体组成的，所以不适合讨论敏感或个人化的主题。

4）卡片分类

卡片分类是建立信息架构的有效方法。卡片分类由把单词或短语写在不同的卡片上而命名。使用时，应注意确保卡片顺序被打乱，确保不会对用户行为造成影响。该方法让受访者单独或集体地将卡片进行逻辑分组，通过要求受访者命名各个分组，可以发现用于导航标签的单词或同义词。

5）用户画像

用户画像分两种：Persona 和 User Profile。前者是真实用户的虚拟代表，是建立在一系列真实数据之上的目标用户模型，更多地运用在产品优化层面；而后者更多地使用在投放、运营、推荐等层面，是一种通过定量的方式生成的用户标签系统。

用户画像对于产品的优化和提升有着非常大的作用：

（1）让项目成员进行角色切换思考，而这个思考是有依据的。

（2）让产品更为聚焦。

（3）减少了沟通中的障碍，使团队努力和奋进的目标变得更统一。

适用范围：在对目标用户有定位范畴，需要对其感性特质进行挖掘时，常用于动机、潜在观念、行为过程等研究，以及在问卷调研后，发现数据展现的某些问题不符合逻辑时；常用于事物原因的挖掘、因果联系本质的研究。

**2. 定量研究**

定量研究是对具备一定数量的代表性用户进行封闭式的问卷访问，将其调查数据进行录入、整理，并通过数学、数据统计等方式量化信息的一种方式，主要是为了测试和验证假设。从广义上讲，定量研究方法往往是结构化的、客观的、可衡量的、更有科学性的。定量研究往往需要较大的样本量，间接地收集了用户的行为和态度。常用的定量研究方法有问卷调查、数据分析、A/B 测试、眼动测试等。

1）问卷调查

问卷调查是收集更多信息的有效手段，但通常不太讨人喜欢，如果条件允许，尽可能在问卷调查之前先进行用户访谈。问卷调查需要尽可能多的用户参与进来，问卷调查的问题一定是经过精挑细选的，与其问题多而杂，不如少而精。此外，问卷的设计也很重要，精美的问卷设计能提高用户的兴趣，提高问卷的完成率。

2）数据分析

对于验证假设，数据分析是必不可少的步骤。当团队成员发生争执时，数据分析能增强说服力，也能帮助决策。在定性研究阶段完成了设计后，可以很容易地查看 UV（Unique Visitor，独立访客数）、PV（Page View，页面浏览量）、数据漏斗等关键指标，继而对后续的产品设计和迭代提供依据。数据分析常用三种方法：A/B 测试、前后版对比和第三方数据平台对比，它们各有好处和侧重点，如表 3.2 所示。其中，★代表分析各优势的程度，★数量越多代表优势越明显。

3）A/B 测试

顾名思义，A/B 测试用于比较两个相似的版本，在心理学领域中我们称要对其实施干预的组为实验组，而没任何干预的另一组为控制组。通常除一个可能影响用户行为的变量外，其他条件都是相同的。当样本量很大时，A/B 测试的效果显著。

表 3.2　数据分析常用的三种方法对比

| 数据分析方法 | 准 确 率 | 效 率 | 方 便 度 | 侧 重 |
|---|---|---|---|---|
| A/B 测试 | ★★★★★ | ★★ | ★★ | 设计、文案、页面布局、产品功能、推荐算法 |
| 前后版对比 | ★★★★ | ★★★ | ★★★ | 改版前后的数据变化 |
| 第三方数据平台 | ★★ | ★★★★★ | ★★★★★ | 可公开查看自己和竞品之间的差异点 |

特点：对问卷设计的要求较高，需要调查人员具备社会学、行为学、心理学等知识，有丰富的问卷设计经验；能突破空间限制，在较大范围对众多受访者同时进行调查，节省了人力、财力和时间；问卷按照结构式和标准化设计，无记名进行，避免主观偏见的干扰，同时具备很好的保密性；以封闭式问题调查，有利于对收集的数据资料进行统计分析和计算机操作。

4）眼动测试

眼动测试利用眼动技术来研究用户在阅读过程中的心理活动和心理现象以及信息加工过程。凭借眼动仪，研究者能够还原用户在阅读过程中的眼球运动，如眼睛停留次数、停留时间、注视顺序和回视次数等。眼动测试还需和其他研究，如用户访谈、后台数据分析等方法结合才能发挥最大价值。

适用范围：可运用在模糊前期的用户需求细分，常见于描述性问题的调研；也可运用在调研后期具体问题或产品概念的评估，常见于因果关系的验证。

3. 定性与定量结合

定性与定量结合主要是进行可用性测试。邀请代表性用户在模拟的情景下操作产品并完成特定任务，从而评估产品的功能、设计等是否合理。可用性测试可以从绩效和满意度这两方面进行。绩效是用户与产品发生交互时成功与否、所花的时间、努力程度等；而满意度是用户在使用后对产品的评价，如能否满足他的期望、是否带来愉悦的心情。

4. 定性与定量的优缺点

1）定量调研

（1）优点

① 问卷可以大面积发放，有利于全面、准确地收集资料，以及方便、迅速地进行统计。

② 通过互联网现代化手段，发放成本低、节省时间、效率高。

③ 样本数量多，有利于分析市场占比和大规模用户的行为习惯和特征。

（2）缺点

① 问题和答案固定、弹性差，只能获得有限的书面信息，所获取的信息量相对机械化。

② 问卷填写具有随机性，会收到部分无效问卷。

③ 依赖用户对文本的理解来获取信息，对调查者文化程度有要求，缺少文化程度偏低人群的数据信息。

2）定性调研

（1）优点

① 调查人员可以在近距离或自然的环境下对用户进行观察和深度沟通，从而更好地理解他们的行为、动机和感觉。

②"情感性倾向"和"潜意识"是用户进行购买和使用产品决策、进行评判的重要因素，能够通过直接或间接的沟通充分表现出来。

③通过观察用户表现、表情等获取更多的信息，从而洞悉用户的真实想法。

（2）缺点

① 成本较高、调研数量少。

② 没有大范围的调查结果，不能提供市场占有率相关的决策依据。

③ 调查结论受调查人员个人因素影响较大，既无法验证也无法重复。

④ 所获取的统计资料难以用统计的方法处理，难以提供数据方面较完整的信息。

定性研究与定量研究的多维度比较如表 3.3 所示。

表 3.3　定性研究与定量研究的多维度比较

| 比较维度 | 定性研究 | 定量研究 |
| --- | --- | --- |
| 目标或目的 | 探索特殊消费群体或行为，提供有关原因、动机的解释 | 收集可以量化的数据资料，验证事先提出的假设，并对目标总体进行推论 |
| 样本规划 | 小样本 | 大样本 |
| 每个调查对象的信息 | 多 | 不同种类 |
| 调查人员 | 需要特殊技巧 | 不需要太多特殊技巧 |
| 分析类型 | 主观性的、解释性的 | 统计性的 |
| 硬件条件 | 录音机、投影设施、摄像机等 | 调查问卷、计算机、打印输出的结果 |
| 复制的难易 | 较难 | 较易 |
| 对调查人员的培训内容 | 心理学、社会学、消费者行为学、营销学、市场调查 | 统计学、决策模型、决策支持系统、计算机程序设计、营销学、市场调研 |
| 调研的类型 | 探索性的 | 说明性的、因果性的 |

## 3.1.3　项目不同阶段的定量研究与定性研究

产品设计应该是一个持续的过程，理想情况下，应该用迭代的思想进行产品设计：用户研究→产品策划→原型设计→开发→测试。

图 3.4 所示为产品设计迭代过程。可见，产品设计的过程是持续进行的周期性过程，是首尾衔接的。

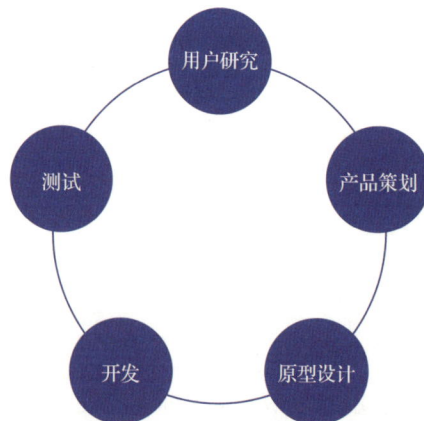

图 3.4　产品设计迭代过程

用户研究是周期性设计过程的一部分，适用于产品生命周期的各个阶段，每个阶段运用的研究方式也会有不同的侧重点，需要搭配不同的定性定量方法。在这里我们将完整项目流程分为：需求分析、产品设计、视觉设计、开发测试、灰度发布、上线分析几个阶段，如图 3.5 所示。

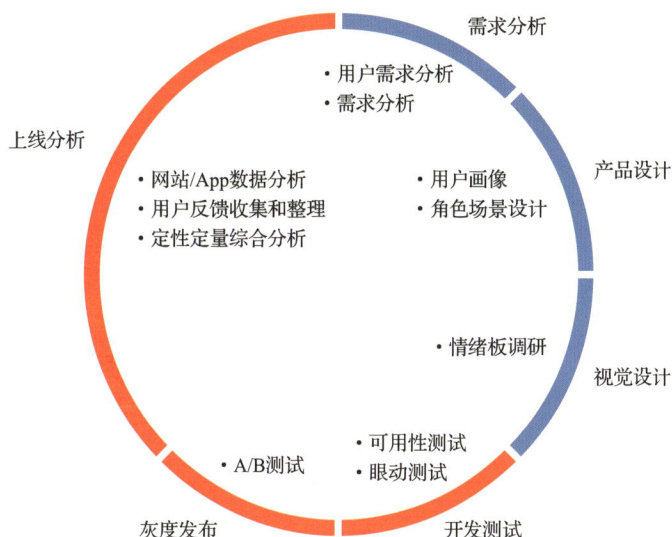

图 3.5　完整项目流程阶段划分

### 1. 需求分析与产品设计阶段

通常一个从 0 到 1 的项目，设计师需要考虑方方面面。此阶段，设计师可能会运用问卷、访谈、用户画像、行业数据分析、竞品分析等诸多方法来发现用户的需求、痛点，理解业务需求，权衡用户和业务需求，确定产品的实现方式，进行产品逻辑梳理，并产出交互设计方案。

### 2. 视觉设计阶段

不同的色彩、质感和形状都代表了不同的情绪感受。在此阶段，通过情绪板调研，能够发现用户潜意识中对这些特点的定位和认知，从而在视觉层面定义设计元素，并最终产出视觉方案和页面设计规范。

### 3. 开发测试阶段

产品需通过前端开发、后台开发，并通过测试，方能上线。

### 4. 灰度发布阶段

该阶段分为两种：一种是运维层面的灰度发布，改版之后可能存在漏洞或者其他问题，这些问题有使服务器宕机的巨大风险。为了将这种风险降低，通常会选择先铺设一台服务器，再逐渐进行全面开放。另一种灰度发布是用于 A/B 测试的，是在所有的改版发布完成之后，在页面代码里加入一段控制代码。这个控制代码相当于 A/B 测试系统中的开关，打开后就可以很方便地控制在用户界面显示 A 版或者 B 版，这种操作被称为测试型灰度发布。

### 5. 上线分析阶段

任何产品，上线并不是项目的结束而是开始。产品上线后，需要及时了解用户反馈，进行上线后的数据收集与分析，为接下来的优化与迭代收集资料、明确方向。

在完整的项目过程中，用户研究往往穿插进行，选用合适的方法，可以有效地帮助产品进行设计与优化。图 3.6 所示为项目流程各阶段不同用户研究方法需求度。

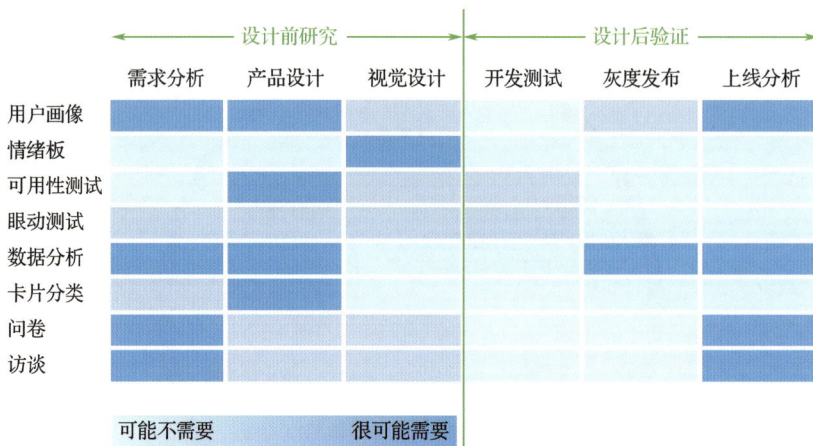

图 3.6　项目流程各阶段不同用户研究方法需求度

用户研究结束后，最重要的是充分利用这些研究结果。例如，三角测试是将多个研究方法中的多个研究点相结合，从而提高结论的准确性，如图 3.7 所示。通过寻找不同用户研究方法中的重叠点，可以提高假设的可信度。

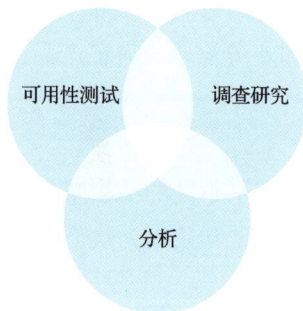

图 3.7　三角测试

注意，应牢记贯穿用户研究始终的三要素：

（1）真实性和有效性：追求质量而非数量，采集的数据来源应可靠、真实。

（2）调研目标与计划的制订：要有长远的计划与缜密的逻辑思考能力。

（3）研究验证同样重要：挖掘事实背后的原因，可以有一些主观的、没有依据的推论，但是需要通过后期验证来确保结论的客观性与公正性。

## 3.2 用户访谈

### 3.2.1 什么是用户访谈

用户访谈可以深入探索受访者（被访者）的内心与想法，并发现一些现有的问题和优化方向，因此也是比较常用的用户研究方法。用户访谈一般在受访者较少的情况下使用，常与问卷调查、可用性测试、A/B 测试、眼动测试、产品体验会等方法结合使用。

根据不同的研究目标，用户访谈可以分为结构式、半结构式和开放式，如图 3.8 所示。

| 结构式 | 半结构式 | 开放式 |
|---|---|---|
| 对问题已经形成初步的想法，只需要确认 | 有研究框架 | 了解基本情况，找出问题 |
| 对象不可能有更深入的看法 | 需要了解深层次的想法 | 事前难以确定分析的框架 |

图 3.8　用户访谈的三种形式

结构式（Structured）：访谈员抛出事先准备好的问题让受访者回答。为了达到最好的效果，访谈员必须有一个很清晰的目标，整个过程需要引导受访者不偏离主线任务，提出的问题也需要经过仔细推敲和打磨。为了准备高质量的问题，可以列出所有问题让有经验的观察员评估，甚至可以小范围组织一波演练。

半结构式（Semi-structured）：结构式访谈和开放式访谈的结合，也涵盖了固定式和开放式的问题。为了保持研究的一致性，访谈员需要有一个基本的提纲作为指导（访谈剧本），以便让每一场访谈都可以围绕主线任务开展。在开始之前，访谈员和观察员去认真学习一些访谈技巧也非常重要，后面会单独对这一块进行强调。

开放式（Unstructured）：访谈员和受访者就某个主题展开深入讨论。没有大纲或者引导性的东西（非常开放式的问题），让用户去开启对话。由于回答的内容是不固定的，所以受访者可根据自己的想法大致描述或简短描述。但需要注意的是，访谈员和观察员心中要有计划和目标，尽量让话题围绕主题进行。有时，一些活跃的用户会提出新的想法，因此访谈员需要控制访谈节奏，避免偏离主题。

表 3.4 所示为用户访谈三种方式的优缺点对比。

表 3.4　用户访谈三种方式的优缺点对比

| | 结　构　式 | 半　结　构　式 | 开　放　式 |
|---|---|---|---|
| 优点 | ● 以更快速和低成本的方式去执行<br>● 如果受访者数量过多，则很方便进行访谈<br>● 数据大多数是定性的 | ● 允许受访者有一些表述中的细微差别和解释<br>● 更多的讨论（反复沟通）<br>● 在访谈过程中更容易集中注意力<br>● 数据大多是定性的 | ● 大量的定性数据可以丰富用户画像的信息<br>● 详细叙述与网站、App 以及服务相关的痛点和问题<br>● 定性的数据分析 |

| | 结 构 式 | 半 结 构 式 | 开 放 式 |
|---|---|---|---|
| 缺点 | ● 没有细微差别，没有解释，也没有可行的见解 | ● 直接获得关键信息比较困难，因此可以使用一个开放式结尾，如"你还有什么想要补充的吗？"或者"你有没有什么想问但是没有问的问题？" | ● 受访者总会偏离主题或过于关注某一个痛点，因此很难集中注意力，保持主题的相关性<br>● 访谈员必须关注他们提出的问题，尽量不被误导 |

## 3.2.2 为什么做用户访谈

常见的问卷调查和数据分析虽然可以覆盖大面积的用户群体，获取更大量的用户行为和数据情况（定量研究），但无法深入了解用户做出某种行为的具体原因和场景。如通过数据分析，我们只能知道在这个时间点 App 活跃度下降了，或者这个页面跳出率增加了，却无法了解用户这样做的实际原因和场景。而这个时候，用户访谈就可以起到一定的补充作用（定性研究）。

不同的产品阶段，用户访谈的价值各不相同：

（1）当你还不知道功能该如何优化的时候，帮你发现新的机会。

（2）当你对设计的产品有些想法的时候，帮你优化想法。

（3）当产品已经面世的时候，帮你找出现有问题，并推出新的服务。

（4）自己发现了一些产品问题，但不知道是否有遗漏，帮助你发现设计盲点。

## 3.2.3 确定访谈范围和计划

在正式进行访谈之前，可以列一份访谈清单，如图 3.9 所示。

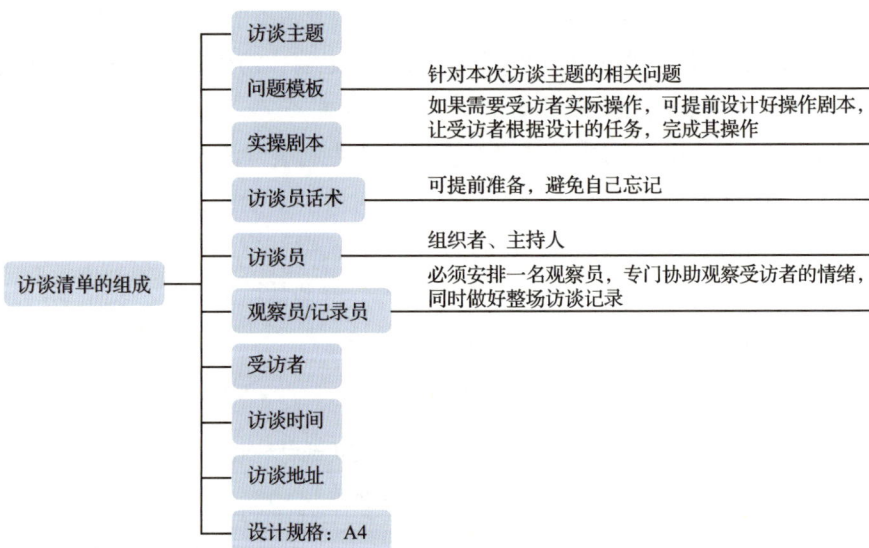

图 3.9 访谈清单

接到一个访谈需求后，首先需要与需求方充分沟通此次访谈的背景和目的，明确他们的目的、背景、想解决什么问题，接下来才能动手设计解决方案。在前期沟通时，需要明确以下几个问题：

（1）通过访谈想要解决什么业务问题？

（2）研究形式是定性还是定量？

（3）一对一访谈还是小组访谈？

（4）线上访谈还是线下访谈？

（5）访谈目标用户和目标数量是多少？

## 3.2.4　设计访谈大纲

### 1. 开场白

访谈开始时，需要给受访者介绍访谈活动内容，一般包含主持人自我介绍、访谈目的、访谈规则描述和诚挚感谢。同时，可以通过一些暖场话题使沟通氛围更加融洽，通过开场白一方面让受访者进入访谈状态、开始思考产品相关的问题，另一方面打消受访者的顾虑和戒备。此外，还应告诉受访者整个访谈都会保密，受访者的回答只会在研究中使用，如果要使用，也会采用化名或者匿名处理。下面为开场白的例子。

自我介绍："×× 先生/女士您好，我是 ××× 的用户研究员，在 ×× 渠道上发起的用户招募活动/通过 ×× 渠道联系到您，非常感谢您参与本次访谈。"

访谈目的："了解到您是 ××× 的忠实用户，本次访谈主要想了解您是如何使用 ××× 的、使用感受如何，以便我们为您提供更好的服务。"

访谈规则描述："希望您可以畅所欲言，将您的真实感受告诉我们，您的回答没有对错之分，都能让我们更好地了解用户的想法（表达真实感受）。我们事先准备了一些问题，会围绕这些问题进行访谈，整个过程大概需要 1 小时，中途会需要您使用一下 ×××（访谈的过程和时间）。访谈内容我们会进行严格保密，只会用于本次研究，如果要使用您的原话，我们会采用化名的形式使用。"

### 2. 主要访谈内容

设计师需要把重点更多地放在与受访者的沟通上，而不是已经列好的访谈大纲上。初次访谈的人容易过于关注每个问题是否都问到了，下一个访谈问题是什么，但其实深入挖掘受访者的看法和原因才是我们的访谈目的。

一般问题：对每个受访者都要提问的问题，是贯穿整个访谈的基础。

深入问题：根据受访者对一般问题的回答，开展更深入的提问。深入问题往往是非计划性的，需要依靠主持人的临场发挥和沟通技巧等，如主持人要求受访者回忆当时的场景、仔细描述过程和感受等。

回顾与总结：在每个小阶段后，都可以略微回顾和总结一下刚才的访谈，起到承上启下的作用，可以使访谈自然地过渡到下一阶段中。

### 3. 结束语

访谈结束的时候，可以对整场访谈做一个简单的总结，询问受访者是否还有什么想表述的，如有，继续倾听与记录。最后，还要表示对受访者的感谢，如"非常感谢您抽出宝贵时间参加我们的访谈，您给予了我们非常多的宝贵意见，您的看法和建议对我们来说很有帮助。我们会给您×××（报酬或礼物）作为感谢。"

在制定访谈大纲时，一般需要注意以下几点：

（1）问题描述易理解，避免使用专业术语。

（2）开放题优先，从发散到聚焦，先边缘再核心。

（3）问题顺序从易到难、从行为到态度，或根据产品使用顺序安排。

（4）控制时间和问题数量。通常一对一的访谈应控制在1小时内，多则控制在2小时内。

（5）保持中立，避免引导性的发问。

（6）行为观察与问题结合。

## 3.2.5 招募受访者

### 1. 目标用户

不同的研究项目中，对于目标用户的要求是不一样的。例如，在研究产品某一具体功能时，访谈产品重度用户比较合适；研究新功能可行性时，除了现有用户，也可以访谈部分潜在用户；研究用户流失原因时，可以挑选之前活跃但最近流失的用户；在研究竞品分析时，可以覆盖不同产品的用户。

在招募前需要明确目标用户定义，选取有代表性的用户进行访谈，可通过用户的产品使用数据进行圈定，也可通过招募问卷进行筛选（如产品使用时长、频率、是否使用某功能等）。

### 2. 用户配额

访谈人数一般需要8～10人，应保证用户背景的多样化，尽量覆盖不同性别、年龄、城市、行业、收入、产品使用情况等。具体配额情况根据项目研究重点进行确定，如产品受年龄影响较大，应尽量保证受访者年龄配比符合产品用户画像。要注意的是，筛选访谈对象要注意平衡，避免同一类型的对象占过多比例，导致访谈结果不全面。

### 3. 招募渠道

可通过产品活跃用户群、端内投放招募问卷、好友圈/熟人推荐/内部员工（可能存在一定偏差）、第三方调研招募平台等招募受访者。

### 4. 招募流程及注意事项

1）发放招募问卷进行初步筛选

通过目标用户定义和招募条件确定筛选题目。问卷中大致介绍访谈内容、形式、时间、访谈奖励等，并询问访谈意愿；问卷中可增加陷阱题（防止用户为了获得访谈红包伪造答案）；问卷中可增加开放题（便于筛选真实且表达意愿高的用户）。

2）确定合格且有访谈意愿的用户进行联系

预留2～3倍的联系名单（如预期访谈10人，一般需要联系20～30人）。通过官方短信发送通知，消除用户防御心理，提前对用户信息进行确认（基本属性、产品使用情况属实、访谈意愿）。

3）确定访谈用户名单，提前沟通访谈注意事项

要提前和受访者约定合适的时间和地点，为了保证访谈效果，尽量约在受访者比较空闲或轻松的时间段。有时考虑到产品保密的情况，可以采取邀请公司内部成员体验的方法，这样可以快速得到产品设计中的一些问题和用户建议（可通过微信/QQ/电话等沟通方式去确定访谈具体时间、时长、形式等细节）。

## 3.2.6 用户访谈技巧

### 1. 不要问假设性问题，要问用户实际行为

如果我们直接问用户"如果我们推出 ××× 功能，你愿意使用吗？"，可能大部分的用户都会回答愿意，导致我们对新功能盲目乐观，但上线后往往情况并非如此。一种解决办法是问用户对已有的相似功能的使用情况，如想推出新闻的收藏功能，可以问用户在看新闻时有没有保存文章的习惯、在其他平台会不会使用收藏功能、看到喜欢的文章会怎么做等。

### 2. 减少封闭性问题

在访谈中应以开放性问题为主，尽量让用户多表述，在面对封闭性问题时，用户很可能会"偷懒"，直接选择一个回答，即使这个回答可能并不是他原本的想法。例如，"您每天都会使用 ××× 吗？"就是一个封闭性的问题，用户可以直接回答"是"或"否"，而不是对使用情况进行详细说明，甚至用户很可能会回答一个并非真实的答案（如果用户使用频率较高，但并未达到每天使用，也很可能直接回答"是"）。更好的问法应该是"您平时大概多久会用一次 ××× 呢？"

### 3. 注意引导，避免诱导

访谈员应避免对用户提出诱导性的问题，在不经意间引导用户的回答结果。如"支付按钮在这里会不会不好用"，或者"很多人都认为这个功能不好用，你觉得呢？"通常这么问的话，用户可能会产生从众心理，只会说出你想要的答案，而不是他们内心的真实想法。我们可以用开放式的提问方式"请你选择一个你需要的套餐，然后进行支付""假如为这个功能打百分制，你会打多少分？为什么呢？"

### 4. 引导用户"讲故事"，让受访者从自己的角度表述

访谈过程中，我们要多倾听用户的想法，才能挖掘到用户的需求和痛点。所以对于用户遇到的问题，我们要尽可能引导用户以讲故事的方式，说出他的使用场景与行为，如"这个问题对你有多大程度的影响、当时是如何解决的、结果怎么样、什么情况下会使用这个功能等"。

### 5. 避免过于开放的开放式提问

访谈时，我们经常会使用"××× 怎么样？""您是怎么考虑的？""您有什么想法？"等语句来提问。这样做可以让受访者直抒胸臆，但是过于开放从某种程度上来说就是过于模糊，容易让受访者给出一个模糊、开放的答案，这样的回答通常无法传递有效信息。

### 6. 用户回答过于简单模糊——深入追问

用户给出一个回答后，可以进行深入追问。构思问题清单时，要尽可能地预设到用户的描述类型，并对应构思深入提问的方式。用户在描述一件事情时，会经常用到比较模糊的词语，如"我觉得支付功能太复杂"，这时候，设计师需要用户对自己说的"复杂"进行定义，可以反问用户"复杂是指找不到支付入口？找到了不会用？不知道优惠券规则？还是其他什么？"当用户描述自己观点的时候，还可以对该问题继续深挖：

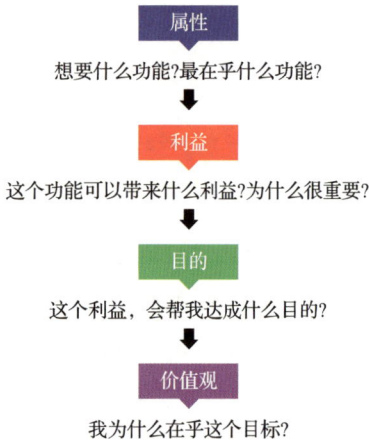

（1）对比方法："对比其他产品的支付功能，这个功能还复杂吗？哪里复杂？"或你觉得这个功给你带来什么变化？"

（2）缺失方法："如果没有这个功能，你会怎样达到自己的目标？"

（3）梯子理论，如图 3.10 所示。

图 3.10 梯子理论

### 7. 适当调整问题顺序

在访谈过程中，用户有时不会按照既定的大纲顺序回答，在回答某个问题时往往会跳到之后要讨论的某个话题，这个时候建议顺着用户的回答问下去，在合适的时机再回到原来的顺序上，这当然要求访谈员对问题要足够熟悉，也要对突发的情况有一定的掌控能力，确保访谈可以在自由、轻松、愉快的气氛中完成。

### 8. 倾听用户，适时回应但不打断受访者，也不要给用户关于产品上的解释

用户在访谈中发言的时候，一定要仔细倾听，不要打断。有任何问题，可以等他们讲完后再提出来。另外，如果访谈员一直在试图解释用户挑出的问题（毛病），试图说明那些问题该怎么做，责怪是用户的无知所造成的后果，并给用户一些建议去完成产品使用上的目标，则一场与用户面对面珍贵的访谈会，由于访谈员失败的情绪管理，会变成一场讨论会、辩论会。

### 9. 适当"鼓励"，也要谨慎"鼓励"

受访者大多是初次与访谈者见面，难免会尴尬紧张，适当的鼓励会激发用户表达。但对用户做鼓励要慎重，因为鼓励本身也是一个倾向性的引导。如用户在小心翼翼提出一个问题后，我们点头表示赞许，这本身暗示着他需要通过访谈员"表态"来回答问题，这很容易造成用户顺着访谈员意愿答题的结果。访谈员可以表现出对用户的问题点很有兴趣，希望他说下去，这种鼓励的方式比带有认同性的鼓励要中性很多。

### 10. 避免使用固定句式提问

过多使用固定句式提问会让受访者提不起兴趣和失去耐心。访谈员可以这样做：在访谈前准备一张表格，在表格中列出需要询问的内容，在访谈时由主持人介绍后，让用户根据表格中的主要内容阐述事实。

### 3.2.7 做好访谈记录

#### 1. 记录员记录

在访谈时，一般由记录员协助记录访谈过程。记录员可以在观摩室记录访谈内容，也可以在现场参与并记录，但是建议其座位要稍稍远离受访者与访谈员，以免干扰双方的交流。记录内容以受访者提到的信息、观点、态度为主。

为避免遗漏重要的资料，记录员除手记外，也可以利用录音、录像等方式记录访谈的全过程，这会为后期的数据整理提供很大的帮助。

#### 2. 观摩人员记录

观摩一般由项目相关人员参与，如产品经理、设计师、相关业务人员等。因为访谈是个很好的直面用户的机会，通过观摩访谈，能更好地了解用户、了解用户如何使用产品，以及他们在使用过程中有怎样的思考和反馈。观摩人员做记录是为了在后续开展工作时能够针对性地解决问题。

## 3.2.8 用户访谈的整理与分析

访谈结束后，及时对访谈内容进行转录并整理，将口头语言转化为书面语言，便于日后回顾、供相关人员参考。将整理好的访谈内容做成用户分析报告，提取出用户独特的信息进行分析；把分析结果拆解，哪些是产品需求层面的、哪些是设计层面的、哪些是技术层面的；把维度细分，便于后期规划迭代计划。

#### 1. 访谈内容的整理

访谈内容的整理主要涉及以下过程：

（1）将纸质内容整理成 Excel 表格，便于留档和进一步分析。

（2）标准化的访谈只需按顺序记录受访者的表述即可。

（3）开放式的访谈则需分别记录问题以及受访者的表述，以免混淆。而关于表述，因为每个受访者会有不同的理解和想法，更会以不同的方式来阐述，因此需要精简提炼。

（4）以受访者为单位，分别进行访谈内容的整理。纵向的信息整理有利于研究人员对每个受访者有更进一步的认识。

（5）以问题为单位，整理所有受访者的表述。横向的信息整理可以帮助研究人员进行信息的统计、排序、分类等。

#### 2. 访谈内容分析

最后，要将整理出来的信息进行有序的组织和归整。分组后的信息可以用于统计、排序、总结、归纳等。如何分析访谈的内容，需要研究人员自行把控。一般情况下，需要先对信息进行分组，在逐渐清晰的信息中寻找更紧密的关系。常用的内容分析方法有：卡片法、用户旅程图等。利用卡片法，可以进行优先级排序和信息分类；利用用户旅程图，可以梳理场景关系和流程发生的顺序信息等。

## 3.2.9  用户访谈的综合运用

### 1. 用户访谈 + 满意度问卷

当满意度问卷与用户访谈相结合后，其研究结论不但能用量化的指标来衡量，还能深入挖掘用户对产品细节的主观反馈。但不同的研究顺序会有略微区别。

（1）先问卷后访谈：属于先定量后定性的研究方式。在双方都有意愿做访谈的前提下，邀请成功率较高，且受访者配合程度也会较高。

（2）先访谈后问卷：属于定性研究。由于参加访谈的人数通常不会太多，即让用户做一些满意度打分，形式如同问卷，但由于人较少，不足以构成定量研究。

### 2. 用户访谈 + 可用性测试

做可用性测试的好处在于，可预知并降低可用性方面的风险，可减少并控制项目反复的不必要成本。可用性测试一般都需要结合用户访谈进行。如果有条件的话，在可用性测试阶段结合眼动测试仪能更好地记录用户的操作行为和视线轨迹。

### 3. 用户访谈 + 眼动测试

通常，在眼动测试的前后会有用户访谈环节。测试前，可以了解受访者的背景信息，获取更多行为背后的原因。测试后，及时进行回顾式的访谈，鼓励受访者表达操作时的想法、态度，可以搜集受访者的观点，挖掘受访者的需求。

眼动测试最主要的两个研究指标是：

（1）浏览的顺序，即眼睛浏览的运动轨迹。

（2）浏览的次数，即某区域被浏览的次数，反映出该区域的关注热度。

### 4. 用户访谈 + 情绪板调研

新的产品或新的活动都有其本身的特点，如何找到这些特点在用户潜意识中的定位和认识，是需要通过情绪板调研来获得的。而在情绪板调研中，不可或缺的一个重要环节就是用户访谈。

情绪板调研分为以下三个阶段：

（1）通过头脑风暴定义 ××× 传递给用户的整体感受。

（2）通过用户访谈进行情绪板的定义。

（3）根据情绪板调研，产出设计定位。

### 5. 用户访谈 + 用户画像

用户画像是真实用户的虚拟代表，是建立在一系列真实数据之上的目标用户模型。用户访谈结合用户画像的运用具体见 3.4 节。

# 3.3  问卷调研

问卷调研是大家非常熟悉且使用得最多的方法之一。问卷调研的步骤如图 3.11 所示。

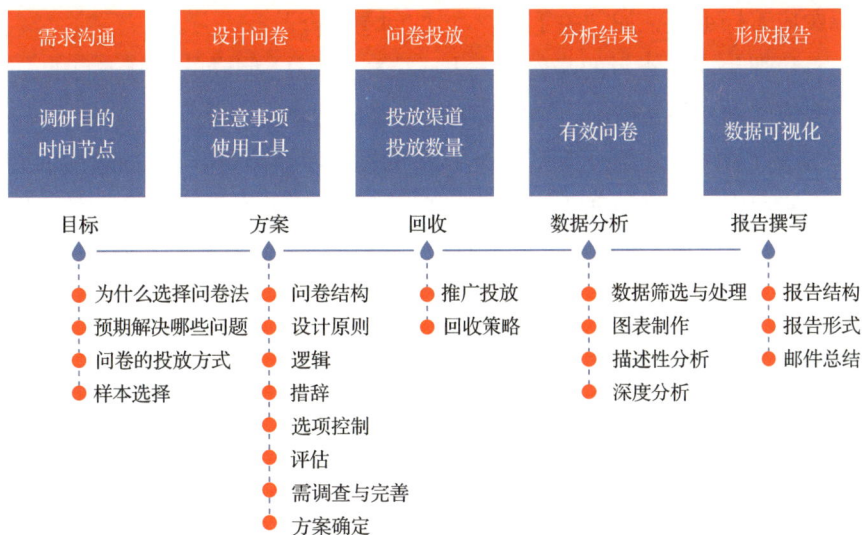

| 需求沟通 | 设计问卷 | 问卷投放 | 分析结果 | 形成报告 |
|---|---|---|---|---|
| 调研目的<br>时间节点 | 注意事项<br>使用工具 | 投放渠道<br>投放数量 | 有效问卷 | 数据可视化 |

| 目标 | 方案 | 回收 | 数据分析 | 报告撰写 |
|---|---|---|---|---|
| 为什么选择问卷法 | 问卷结构 | 推广投放 | 数据筛选与处理 | 报告结构 |
| 预期解决哪些问题 | 设计原则 | 回收策略 | 图表制作 | 报告形式 |
| 问卷的投放方式 | 逻辑 | | 描述性分析 | 邮件总结 |
| 样本选择 | 措辞 | | 深度分析 | |
| | 选项控制 | | | |
| | 评估 | | | |
| | 需调查与完善 | | | |
| | 方案确定 | | | |

图 3.11　问卷调研的步骤

## 3.3.1　沟通需求

### 1. 启动会

启动会的作用是明确调研目的，即要了解这次问卷调查的目的是什么。

召集需求方、利益相关者和设计师进行一次启动会，能让设计团队深入了解本次调查的意义，可以了解他们眼中最吸引人的产品特征。从启动会中设计师可以从需求方得到很多问题，此时可以先收集，供日后设计问题步骤的时候使用。若为 0 到 1 的产品，其调研的目的主要在于：

（1）验证需求想法，包含对 B 端（客户）和 C 端（用户）的市场分析、了解现状、发现问题，从而针对性地提供解决方案，最后看两端用户是否接受我们的解决方案。

（2）用户接受并付费的意愿如何。C 端产品要实现以公司商业目的为出发点，所以调研的核心在于对用户付费意愿的挖掘分析。

### 2. 用户访谈

在时间和成本条件允许的情况下，可以进行一次针对目标人群的用户访谈。焦点小组、访谈和观察研究可以提供细致、特定的价值和行为信息，引导人们写出调查问卷的问题来检验设问是否具有普遍性，从而能够为问卷的选项提供更多的可能性，也有利于帮助后期问卷的编写。

### 3. 设定时间节点

确定好问卷的目标后，可以先写下此次问卷调查的日程安排，要明确问卷调查的开始时间和截止时间，最后输出研究报告，这份研究报告决定了该产品的可实施性。

## 3.3.2　设计问卷

### 1. 问卷的构成

一份基本的问卷由标题、卷首语、问题与答题项、结束语组成。

（1）标题应直抒主题，如"关于×××的问卷调查"。

（2）卷首语要表明调查者的身份（个人或公司信息）、问卷的内容与目的，也可以包含感谢语、完成奖励、保密措施、完成所需耗时等信息。

例如，"亲爱的用户，这是一项关于×××的网购习惯调查。我们希望您能如实填写，您的反馈有助于我们了解市场现状，从而为您提供更优质的产品。完成本次问卷预计花费3分钟。为感谢您的参与，我们将在一个月内，赠予认真填写的用户200积分（该积分可在"××商城"换购商品）。"

（3）问题与答题项是问卷的主体部分。列出问题，并确定问题与选项的类型，这需要根据问题的目的以及数据收集的意义而定，如单选题、多选题、矩阵题、排序题等。问题的类型可分为开放型、封闭型、混合型，不同题型的特点、优劣势如表3.5所示。最后，调整问题的排列顺序，使其符合用户思维习惯。

表 3.5　不同题型的特点、优劣势

|  | 开　放　型 | 混　合　型 | 封　闭　型 |
|---|---|---|---|
| 特点 | 灵活 | 复杂 | 简单 |
|  | 全开放 | 部分开放 | 两个及以上的选项 |
| 优势 | 有利于答题者各抒己见 | | 易于定量分析和统计 |
| 劣势 | ● 整理和统计是难点<br>● 可能答非所问或产生无价值答案<br>● 受限于答题者的文化差异和填写意愿，回收率无法保证 | | 选项不合理时容易造成强迫选择，造成数据不可信 |

（4）在问卷提交后，结束语应根据预设为填写者提供有效的反馈。例如，假设需要判断问卷样本的有效性，那么，有效的可以得到奖励，而无效的则不发放奖励，提交失败的要有失败的提示。

问卷调研的内容最能体验并考验设计者的逻辑思维，我们将整个问卷从前到后分为引言、开头、中间、结尾4个部分，各部分的问题特征如图3.12所示。

| 引言 | 开头 | 中间 | 结尾 |
|---|---|---|---|
| 调研目的<br>调查说明<br>报酬奖励<br>大约持续时间<br>有问题时联系方式 | 采用好回答的问题<br>不要采用人口统计学问题 | 用户感兴趣与不感兴趣交替提问 | 人口统计学的问题<br>一个开放空间收集<br>一般性反馈说明联系方式 |

图 3.12　调研问卷各部分的问题特征

从被调研者的角度来看，问卷结构不宜太长，以15～20题为主，且避免存在很多不必要的、无意义的问题。在设计结构时，确保问卷设计的前后顺序，遵循先易后难、先简后繁的原则，将需要问的核心问题放在中间。

**2. 问题类别及设计方法**

1）明确调查目标

首先对设计问题进行头脑风暴，进行前应记住两个调查目标：

（1）描述性目标：建立用户的背景资料。

（2）探索型目标：通过用户对问题的回答之间的关系来解释用户的信念和行为。

2）一般调查问题的类型

一般调查问题的类型如下：

特征类别：描述用户是谁，他的硬件和软件环境如何？

人口统计学：了解用户的概况，如年龄、职业等。

技术问题：用户拥有的技术情况和相关经验，他们用什么手机？在管理网上隐私设置方面有多熟练？

行为类别：刻画用户的行为表现。

技术运用：如何使用您关心的技术，他们每周的上网频率是多少？

产品使用：什么产品功能是用户想使用的？

竞争对手：用户都访问哪些网站？

态度类别：探究用户的想法和信念。

满意度：他们喜欢您的产品吗？我们的产品是否具备他们想要的功能？

偏好：您的产品最吸引他们的是什么？

希望：他们想要什么？他们觉得缺少了什么功能？

3）问卷与选项之间的逻辑性

问题与选项之间的逻辑性有跳题逻辑、前提逻辑、终止逻辑、互斥逻辑。

（1）跳题逻辑如图 3.13 所示，属于前置型逻辑，因选项不同而分流至不同的问题。

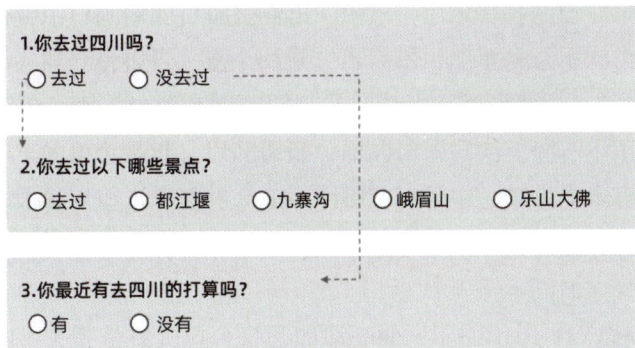

图 3.13　跳题逻辑

（2）前提逻辑如图 3.14 所示，属于后置型逻辑，避免关联问题产生逻辑错误而设置的跳转条件，但是这种逻辑并不适用于书面问卷。

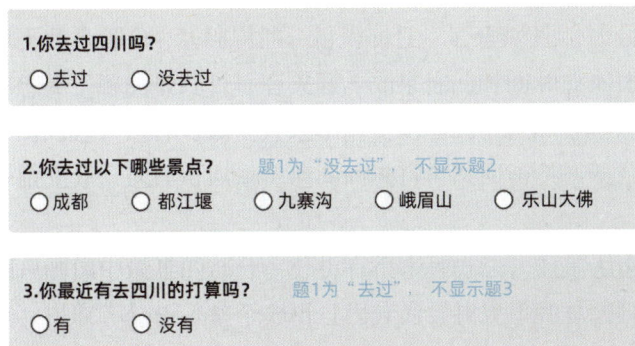

图 3.14　前提逻辑

（3）终止逻辑如图 3.15 所示，常用于判断有无必要继续问卷。当无必要时，可及时终止继续答题，从而节约答题者的时间。

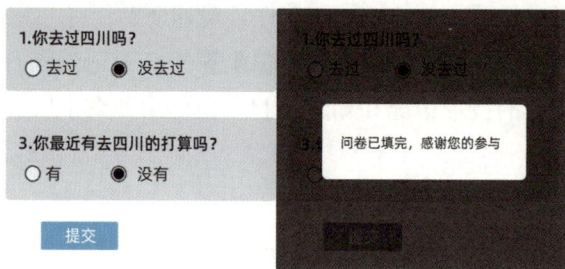

图 3.15 终止逻辑

（4）互斥逻辑如图 3.16 所示，存在于多选题中，属于选项之间的逻辑。图 3.16 中，"以上都没去过"和其他选项之间设置了互斥逻辑，如果在书面问卷中有互斥选项，同时被选中的话可视为无效问卷，因为答题者可能并没有认真填写。

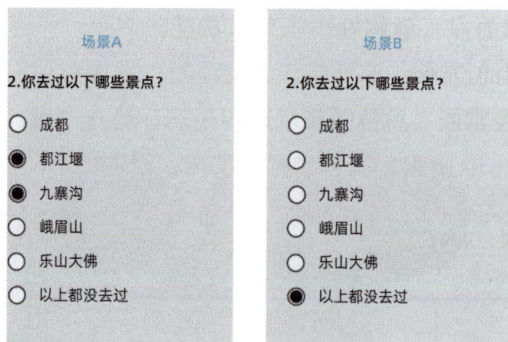

图 3.16 互斥逻辑

合理的问题顺序和跳转逻辑能使受访者跳过一些不适用于自己的问题，从而提高答题者的专注力，也节约了时间。

4）制作问题列表

根据头脑风暴和之前启动会收集到的问题和问题的类型，我们需要制作一份问题列表，问题的答案选项应该要具体、详尽且相互排斥。整份问卷的完成时间最好小于20min，问题个数最好小于 20。

问题列表如表 3.6 所示。

表 3.6 问题列表

| 序号 | 问 题 | 说 明 | 回答选项 | 原 因 | 类 型 |
|---|---|---|---|---|---|
| 1 | 你平时会看美妆护肤类视频吗 | 选"没有"跳到7题 | 单选题：<br>有<br>偶尔<br>没有 | 了解该视频的受欢迎程度 | 用户行为 |
| 2 | 能接受商品测评播放时间多久 | 无 | 单选题：<br>30秒内<br>30秒~2分钟<br>2~5分钟 | 了解并确定我们拍摄视频的长度 | 用户态度 |
| 3 | …… | | | | |

### 3.3.3　问卷设计的注意事项

问卷设计的注意事项如下：

（1）问题总数不超过 20 个，最好控制在 15 个以内。如果问题过多，虽然能收集到更多的信息，但是会降低用户耐心，出现还没填完就走的可能。

（2）避免社会期望效应的影响。

可能由于个人原因不管能不能做到，大部分人都会选择愿意，如 "你平时爱学习吗？你平时爱健身吗？你平时爱读书吗？"

（3）避免社交压力的影响。

若问到 "你对洁癖的人有偏见吗？" 这时恰好你的同事或老板就是这样的人，偏偏又能看到问卷，就算再有偏见，最后也会填写无偏见，这样就会对问卷造成一定的偏差。

（4）一次只问一个问题，避免答案模糊不清。

如图 3.17 所示，两个对象放在一起会让用户产生疑惑，到底是电影还是综艺，用户不好回答。若改成 "你对这部电影的观影感觉如何？ A：很好 B：一般 C：差"，这样设置让用户对问题更明确。

> 如：你对电影和综艺有什么建议？

图 3.17　一题多问

（5）不要问预测，最好问回忆。

如图 3.18 所示的预测性问题，对于没太多思考的用户，99% 的用户都会选择会用，答案的准确度就会降低。若改成 "你曾经使用过笔记产品吗？"，则用户会根据记忆来选择是否用过，从而达到问题的效果。

> 如：如果有一款免费的笔记产品，你会使用么？

图 3.18　预测性问题

（6）避免问题带有引导性。

引导性问题没有对比，如图 3.19 所示，而是具有一定的引导性。若改为 "实体店购物和网上购物，哪个感觉更好一些？" 这样问相对客观，让用户有选择、有思考。

> 如：你觉得网上购物的感觉更好一些么？

图 3.19　引导性问题

（7）在恰当时机问个人信息。

先问主题再问个人信息，让用户明白这次问卷的目的是什么，是真的为某款产品做的问卷，然后问个人信息才能让用户的接受率更高一些。如果上来就问个人信息，会让用户觉得这个问卷的目的不纯粹，有一定的抵制心理。

（8）答案的选项尽量客观、量化。

量化选项如图 3.20 所示。问题应尽量详细，这样得到的答案更有效；问题应客观、选项要量化，选项设置最好小于等于 5 个。

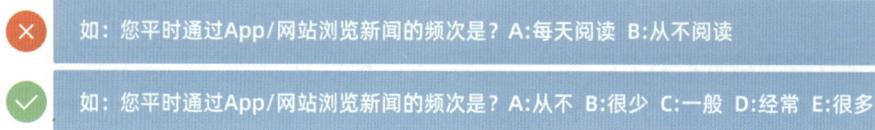

> ❌ 如：您平时通过App/网站浏览新闻的频次是？A:每天阅读 B:从不阅读
>
> ✅ 如：您平时通过App/网站浏览新闻的频次是？A:从不 B:很少 C:一般 D:经常 E:很多

图 3.20　量化选项

（9）保证问题没有歧义。

如图 3.21 所示，题中的"最关注"有可能被用户理解为"最喜欢、最需要"或者"最常用"。这样就产生了歧义，得到的答案往往不是想要的，这里把"最关注"改为"使用次数最多"就避免了歧义，用户就知道选择什么了。

> 如：产品中你最关注的功能是什么？

图 3.21　问题有歧义

（10）避免使用专业术语，必要时附带释义。

如图 3.22 所示，题中的"字段"二字在互联网领域工作的人才有可能知晓，而大众用户很可能不理解，为了避免这样的专业术语出现，可以写为"你认为以下信息不需要显示的是？"这样就清晰很多。如果有些内容必须用到专业术语，一定要在后面标注是什么意思。

> 如：你认为以下字段不需要显示的是？

图 3.22　问题含专业术语

如图 3.23 所示，题中的几星，用户可能不清楚各代表什么含义。如图 3.24 所示，后面加有注释就清晰了很多。

> 如：你对××音乐App的满意度评分是？ A:1星 B:2星 C:3星 D:4星 E:5星

图 3.23　选项含义不清

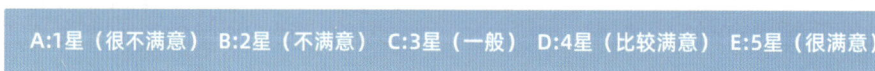

> A:1星（很不满意） B:2星（不满意） C:3星（一般） D:4星（比较满意） E:5星（很满意）

图 3.24　注释选项，含义清晰

（11）选项要尽量全面。

如图 3.25 所示，选项要尽量全面。有些没办法设置全面的问题，可以设计"其他"选项，给用户自己去填写的机会。虽然这种问题会产生用户的填写成本，但是要根据设置问题的目的，特殊情况特殊对待。

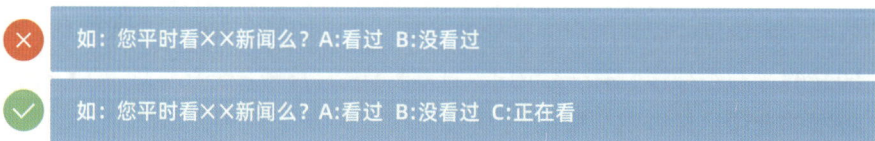

> ❌ 如：您平时看××新闻么？A:看过 B:没看过
>
> ✅ 如：您平时看××新闻么？A:看过 B:没看过 C:正在看

图 3.25　选项要全面

（12）选择中尽量不要有交集。

如图 3.26 所示，第一种答案游戏和娱乐就产生了交集，娱乐包含游戏，而第二种答案就没有交集。不需要用户纠结选哪个，最后得到的数据也会有效。

图 3.26　选项避免交集

（13）尽量减少用户的填写成本。

如图 3.27 所示，这里就产生了用户填写成本，一般情况下会填写的用户微乎其微。

图 3.27　用户填写成本高

对于用户操作成本来说，选项的操作成本会比填写的操作成本低很多。尽量给用户选择的权利，如图 3.28 所示，D 选项的"其他"可以给小部分的用户用来填写。

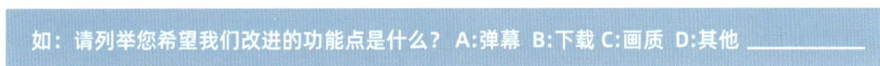

图 3.28　用户填写成本低

（14）注意筛去非目标用户。

填写问卷都是有成本的，如果用户没用过这款软件，不要直接结束问卷，会浪费成本，应该由此延伸下一题，如类似的"××软件你用过哪种？"等此类问题，如图 3.29 所示。

图 3.29　筛去非目标用户

## 3.3.4　问卷投放

### 1. 确定调查样本和数量

根据调查的目标和前期的定性调查，确定调查样本的范围。注意，调查样本有时并不等于产品的目标用户。

例如，要进行一次某 App 配送服务的满意度调查，此次调查的目标用户是某 App 的用户，但是样本则是使用过该配送服务的用户，并非全体用户。所以样本必须准确，否则会出现严重的偏差。

## 2. 尽量避免偏差

一旦样本出现偏差，整个问卷的结论都会发生很大的偏差。因此，一开始就要明确样本需求，确保整个问卷结论的可信度。以下偏差需要考虑在内：

（1）抽样偏差：样本与目标受众偏差，例如，回答配送问卷的90%都是女性用户。

（2）不回复偏差：有一部分人总是忽视您的邀请，例如，没有注意到问卷网站页面横幅广告的用户。

（3）时间偏差：邀请的人参与调查的时间会影响回答方式，例如，想知道是否喜欢送礼物给父母，在父、母亲节前后，答案可能不一样。

（4）持续性偏差：有些用户持续一周都在加班，没时间访问某App，在进行调查的时候可能会错过这部分用户。

（5）邀请性偏差：例如，优惠券力度不够，可能会损失这部分"趋利"的用户。

（6）自主选择偏差：有些人就是不想做问卷，或者就是图优惠券随便填写问卷。

（7）呈现性偏差：问卷的外观、长度、问题设置可能会让部分用户拒绝填写。

（8）期望性偏差：用户可能填写问卷时发现与自身情况不相关而拒绝填写问卷。

## 3. 选择适合的投放方式

根据问卷的需求和目标来决定发放的渠道。问卷的发放渠道有三种：网络发放、电话外拨、面对面发放，具体的邀请方式和优缺点如表3.7所示。

表3.7 问卷的发放渠道具体的邀请方式和优缺点

| 发放渠道 | 网络发放 | | | 电话外拨 | 面对面发放 |
| --- | --- | --- | --- | --- | --- |
| 方式 | 邮件／短信 | 邀请链接（网站页面横幅广告、微提示） | 用户浏览网页时打断式邀请 | 客服中心 | 纸质、访谈 |
| 填写方式 | 用户自行填写 | | | 客服中心代填 | 用户自填、工作人员代填 |
| 优势 | 便捷、随时随地、环保、成本低、易传播、易统计 | | | | 可通过观察用户深入了解受访者 |
| 劣势 | 联系到的大多是老用户 | 存在严重的自主选择偏差，需要检测页面浏览率（PV）跟问卷填写率，算出回复率。如果回复率低，就不具有代表性 | | 需要知道受访者的电话号码，成本高 | 访谈人员要求专业，成本高 |

（1）网络发放问卷是当下最常用的做法。邮件、链接的形式极易传播，有成本低、环保、便捷等特点。在回收阶段，更可方便研究人员的统计工作。但是，网络发放问卷需要做好样本的区分工作，以免样本偏差导致整体结论的偏差。

（2）电话外拨是指由专业的客服人员通过给受访者拨打电话，记录通话信息代为填写问卷。首先，需要知道受访者的电话号码；其次，需要受访者配合接受电话咨询；最后，为促使受访者配合，可能需要投入一定的礼品回报。

（3）面对面发放是三种方式中成本最高的一种，全程需要工作人员的配合。一些高质量的问卷需要专业研究人员通过询问、观察等方式深入挖掘受访者的真实态度。但是，其优势是非常灵活，且具有针对性。研究人员可以在面对用户的几分钟内，准确判断受访者是否符合样本要求。

在选择问卷渠道的时候，需要注意每一种方式的优劣势。不同渠道会有其本身存在的局限性。在确定渠道之前，还需要明确样本人群特征，只有这样才能得到想要的数据。

（1）以"某软件操作习惯的问卷调查"为例，这类问卷比较适合以网络途径发放。因为从问卷名就很容易知道想收集的用户样本需要熟悉电脑操作，而网络途径能很容易触及这类人群。

（2）以"女性生理期产品的问卷调查"为例，这类问卷也更适合选择网络途径，原因是问卷内容过于隐私，而面对面发放或电话外拨的方式可能会造成受访者不好意思回答，或不方便回答的尴尬情况。

（3）以"某产品包装的吸引力调查"为例，这类问卷不建议选择电话外拨的方式调研，因为无法看到实物产品或外观图片。

**4. 确定是否需要奖励**

提前确定发放方式与发放细则，一定的奖励可以让问卷更容易引起人们的注意。

## 3.3.5 分析结果、形成报告

**1. 分析问卷结果**

分析问卷结果涉及下面 5 个过程。

1）计算（年龄、收入）

需注意平均数、众数、中位数检测是否受极端数值影响，标准的是正态分布状态，若出现双峰分布（众数与平均数相差大），则需要进一步分析。

2）比较

一般通过交叉制表来进行比较。交叉制表是将两个问题的答案合成一份表格，以便发现更有针对性的问题，如表 3.8 所示。表 3.8 所涉及的问题为：

（1）您看美妆类视频的频率是？（表 3.8 中的 Y）

（2）您通常喜欢看哪种类型的美妆视频？（表 3.8 中的 X）

表3.8 交叉制表

| X | Y | | | | |
| --- | --- | --- | --- | --- | --- |
| | 经常看 | 偶尔看 | 无聊的时候看 | 不看 | 小计 |
| 单个商品推荐 | 202 | 214 | 33 | 10 | 459 |
| 种草合集 | 281 | 299 | 53 | 13 | 464 |
| 化妆教程 | 360 | 422 | 69 | 18 | 869 |
| 一般，没有特别喜欢的 | 14 | 109 | 29 | 29 | 181 |
| 其他 | 6 | 26 | 5 | 12 | 49 |

通过交叉制表的方法，以表中框选的为例，我们可以得出结论：单个商品推荐对于经常看和偶尔看的用户来说吸引力差不多，而化妆教程对于偶尔看的人吸引力更大。

3）整合

有时问题里某些选项填写的数量远远少于其他选项的数量，可以把它们看作一个整体，从而减少干扰，如图 3.30 所示。

图 3.30 所涉及的问题：您的收入是多少？图中框选的三个答案占比太少，这部分可以组合成一个大组，代表收入在 8000 ~ 20 000 元的用户占比。

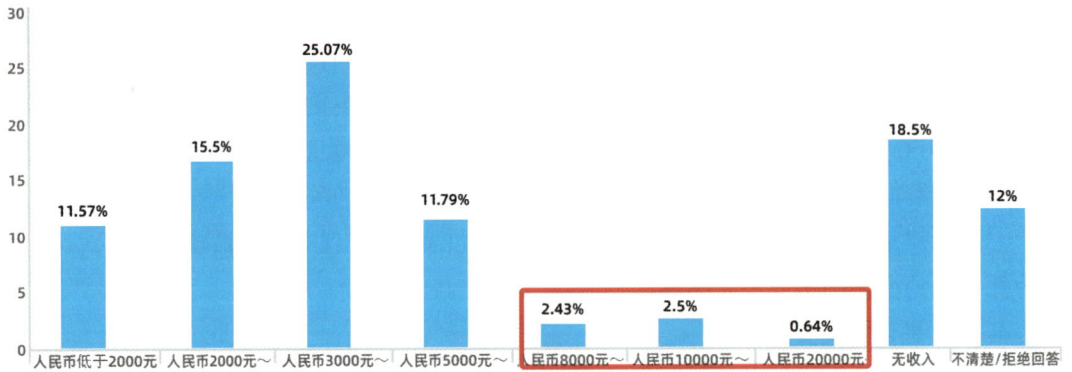

图 3.30　数据整合

4）去除无效问卷

如 10 道题，用户只答了 3 道，这种就属于无效问卷。一般的问卷产品都有一键去除的功能。

5）去除异常问卷

如 20 道题，用户全部填写满意，或者全部填写不满意，这种就可以列为异常问卷。

### 2. 形成报告

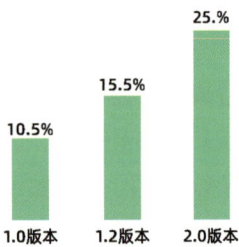

图 3.31　数据可视化结果

在形成报告时，一般把数据做成可视化。例如，统计用户满意度的问卷，数据可视化结果如图 3.31 所示。

注意：一般改版后立即做问卷会对问卷结果产生一定的数据波动，最好在改版后一周左右再做问卷，因为用户对之前的版本比较习惯，突然改版会让用户多少产生一点不适应。改版后的软件在流程或者功能体验上会有一定的提升，所以先让用户适应一段时间再做问卷调查效果会更好。

### 3. 总结分析误区

在分析时，应避免以下误区：

（1）两件事情的发生时间相当接近并不足以说明两者有因果关系：有一群人都很喜欢一个产品并经常会用，并不足以表明喜欢产品能让人更多地使用它，也不足以表明频繁使用能让人更喜欢它。例如，微信、公司的邮件。

（2）不细分人口子群：有时看似简单的趋势，实际上是多个不同用户人口趋势共同的结果。例如，问卷一半满意一半不满意，不代表这个产品做得中等，要看回答的分布情况——什么年龄群的人会觉得满意，什么年龄群的人觉得不满意，是否主要的目标用户都觉得不满意？可以利用交叉分析。

（3）用事实混淆观点：问卷调查的结果通常只是用户的观点，并非事实。有关行为的问题基本都不能预测实际行动，人们诚实地认为他们可以预测自己要如何，但是他们的心理状态和面对心理状态的恐惧使其真正遇到这些情况时可能并不会采取预测的行为。

## 3.4 用户画像

### 3.4.1 什么是用户画像

用户角色的概念最早由交互设计之父艾伦·库伯（Alan Cooper）提出，它是基于一系列属性数据的目标用户模型。用户画像是通过大量的定性和定量研究而产生的，Persona 回答了"我们为谁设计"的问题。用户画像不仅代表一个特定的用户，还可以理解为所有潜在用户的行为、态度、典型的技能和背景特征。用户画像的核心是给用户贴标签，即把用户的每一个特定信息抽象成标签，并用这些标签具体化用户形象，为用户提供有针对性的服务。图 3.32 所示为用户画像流程。可见，用户画像是标签（浅层）和数据（深层）的集合，其最终的方向是获取用户信息并提供策略。

图 3.32　用户画像流程

用户画像不是简单的消费者分类，而是一个具体的用户形象。这意味着我们不会用年龄范围之类的抽象特征来描述它，而是用具体的年龄或其他具体的特征来刻画这个形象。

软件开发总是受到时间和金钱的限制。帕累托法则（或者叫二八原则）告诉我们，通常 80% 的工作产出来自 20% 的工作投入。而在用户体验的范畴内，使产品的功能和特征成功地满足用户 80% 的需求，会比尝试让产品满足用户 100% 的需求，更容易让用户感到高兴。

用户画像可以帮助设计师了解到最重要的 80% 的用户需求是什么，以及哪些是用户其实没那么在意的 20% 的需求。通过建立用户画像（一个真实用户的形象），我们可以与消费者产生共情，设身处地地去思考用户需求。此外，在与利益相关者（如投资者）沟通时，也可以通过这样一个真实的用户形象，来保证我们更容易达成共识。

用户画像是一种公共语言，串联互联网商业的高层、产品、开发、市场、运营等，可提高多方沟通效率。

### 3.4.2 用户画像的作用

像上面描述的那样，用户画像的作用主要有以下几个方面，如图 3.33 所示。

#### 1. 广告投放

在做用户增长的例子中，设计师需要在外部的一些渠道进行广告投放，对潜在用户进行拉新，如 B 站在抖音上投广告。在选择平台进行投放时，有了用户画像分析，就可以精准地进行广告投放，如抖音的主要用户群体是 18 ~ 24 岁的人群，那么广告投放时可以针对这部分用户群体进行投放，以提高投放的投资回报率（Return of Investment, ROI），如图 3.34 所示。若没有进行用户画像分析，则可能会出现多次投放广告，结果却无人点击的情况。

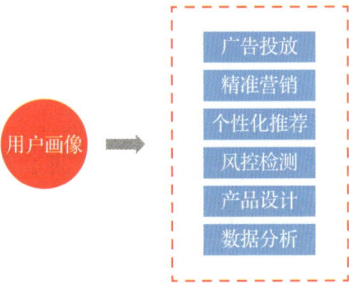

图 3.33　用户画像的作用

图 3.34　广告投放

## 2. 精准营销

假如某个电商平台需要利用一场活动给不同层次的用户发放不同的券，那么设计师就要利用用户画像对用户进行划分。精准营销意味着设计师需要将不同付费次数的用户进行等级评定，然后根据付费次数决定发放给指定用户优惠券的数量。例如，针对付费次数为 1 ~ 10 的用户发 10 元优惠券刺激，以此类推，如图 3.35 所示。

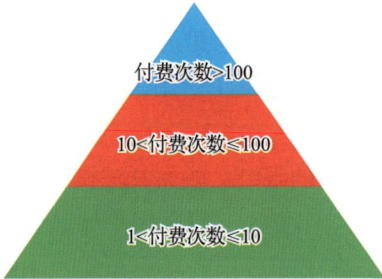

图 3.35　付费次数

## 3. 个性化推荐

音乐 App 上每日推荐，之所以推荐得那么准，就是因为他们在做点击率预估模型（预测给你推荐的歌曲你会不会点击）的时候，考虑了用户画像属性。假设用户是一名 90 后，喜欢伤感的歌曲，又同时喜欢周杰伦，那么系统便会推荐类似的歌曲，这些就是基于用户画像推荐，如图 3.36 所示。

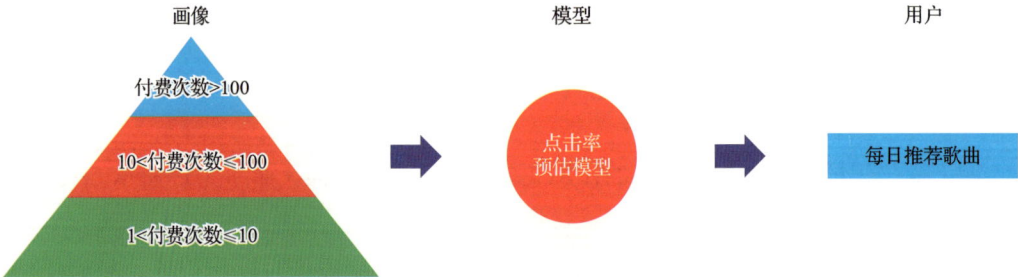

图 3.36　用户喜欢的歌曲画像

### 4. 风控检测

风控检测在金融或者银行业涉及比较多，银行经常遇到是否给申请贷款的人放贷的问题。通常的解决方法是搭建一个风控预测模型（如图3.37所示），去预测用户的诚信等级。风控预测模型非常依赖用户画像，用户的收入水平、教育水平、职业、家庭、不动产以及过去的诚信记录等画像数据都是模型预测是否准确的重要依据。

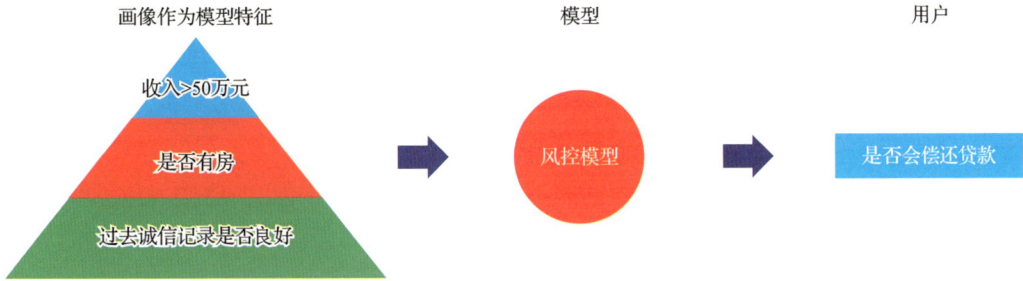

图 3.37　风控预测模型

### 5. 产品设计

互联网的产品价值离不开用户、需求、场景这三大元素，所以在进行产品构思时，首先需要了解用户到底是什么样的群体，他们的具体情况是什么，他们有什么特别的需求，这样设计师才可以设计出对应的能解决他们需求痛点的产品。

在产品功能迭代的时候，我们需要分析用户画像行为数据，去发现用户的操作流失情况，最典型的一种场景就是漏斗转化情况，如图3.38所示。漏斗转化就是基于用户的行为数据去发现流失严重的页面，从而相应地去优化对应的页面。例如，下载到点击付款转化率特别低，那么有可能存在付款按钮设计不合理的问题，接下来就可以针对性地优化按钮的位置。同时也可以分析转化率主要是在哪部分用户群体中较低，假如发现高龄用户的转化率要比中青年用户的转化率低很多，则有可能是因为字体的设置或按钮本身位置不显眼等造成的。

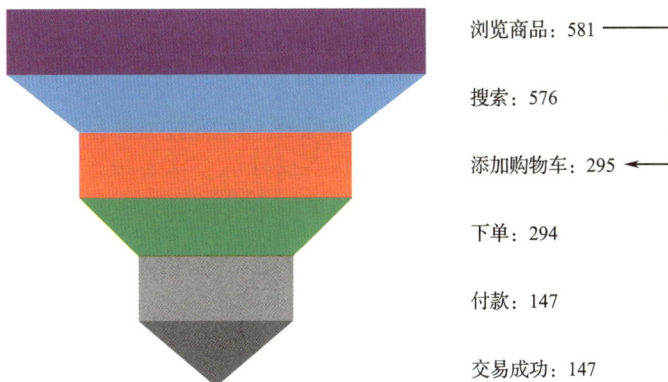

浏览商品：581

搜索：576

添加购物车：295

下单：294

付款：147

交易成功：147

图 3.38　漏斗转化情况

### 6. 数据分析

在做描述性数据分析的时候，经常需要用户画像的数据，如描述抖音的美食博主是怎么样的一群人、他们的观看情况、他们关注其他博主的情况等。简单来说，就是在做用户刻画的时候，用户画像可以帮助人们进行数据分析，从而使刻画用户变得更加清晰，如图 3.39 所示。

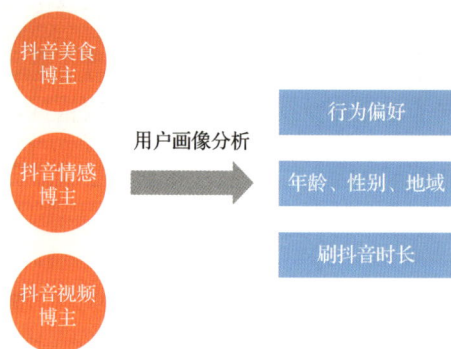

图 3.39　用户画像分析

## 3.4.3　用户画像的构建关键点

用户画像最初的应用场景是希望团队在产品设计中，能够摒弃个人喜好，将注意力聚焦到目标用户真正的动机和行为上来。随着数据时代的来临，企业期望更了解自己的用户群体，从而进行产品的迭代、制定营销策略、进行运营活动等。但其中尤为重要的几个关键点，会影响用户画像的真正价值。用户画像的所有数据要建立在真实的、准确的、全量的、实时的数据之上。尽管影响用户画像最终呈现的数据有很多，但是当下设计师更倾向于选择线上的实时数据来做洞察。相较于线下导入的数据，线上的数据更加直观，也更真实；其次，线上的数据能够覆盖更多、更全面的端口，可以充分记录一个用户的多种行为。

用户画像中的标签林立，并不是维度越多、越广泛就一定越好。数据量不断扩充，用户画像也会越来越细、越来越庞大，供我们可参考的信息也就随之增加，但是数据的存在是为了形成洞察，洞察的目的是指导业务。因此，在多个用户画像存在的时候，一定要制定核心画像并进行优先级排序，跟核心业务路径转化最相关的，可作为我们最重要的画像来指导业务。

用户画像终其根源是人的画像，则其一定具有人的所有属性。用户画像一般按业务属性划分多个类别模块。除常见的人口统计、社会属性外，还有用户消费画像、用户行为画像、用户兴趣画像等。人口属性和行为特征是大部分互联网公司做用户画像时会包含的内容。人口属性主要指用户的年龄、性别、所在的省份和城市、教育程度、婚姻情况、生育情况、工作所在的行业和职业等；行为特征主要包含活跃度、忠诚度等指标。

除以上较通用的特征，用户画像包含的内容并不完全固定，根据行业和产品的不同，所关注的特征也有所不同，如图 3.40 所示。

（1）以内容为主的媒体或阅读类网站、搜索引擎，或通用导航类网站，往往会提取用户对浏览内容的兴趣特征，如体育类、娱乐类、美食类、理财类、旅游类、房产类、汽车类等。

（2）社交网站的用户画像也会提取用户的社交网络，从中可以发现关系紧密的用户群和在社群中起到意见领袖作用的明星节点。

人口属性：性别、年龄、地域、教育、婚姻、生育、行业、职业等

内容偏好：体育、娱乐、美食、理财、旅游、房产、汽车等

网购兴趣：服饰、箱包、居家、母婴、洗护、饮食等

社交属性：邮件网络、社群网络等

环境特征：时间、LBS特征、天气、节假日等

其他特征：消费能力、使用设备等

图 3.40　用户特征

（3）电商购物网站的用户画像一般会提取用户的网购兴趣和消费能力等指标。网购兴趣主要指用户在网购时的类目偏好，如服饰类、箱包类、居家类、母婴类、洗护类、饮食类等。消费能力指用户的购买力，如果做得足够细致，可以把用户的实际消费水平与每个类目的心理消费水平区分开，分别建立特征维度。

（4）金融领域还会有风险画像，包括征信、违约、洗钱、还款能力、保险黑名单等。

另外，还可以加上用户的环境属性，如当前时间、访问地点 LBS（Location Based Services，基于位置的服务）特征、当地天气、节假日情况等。当然，对于特定的网站或 App，肯定有特殊关注的用户维度，应把这些维度做到更加细化，从而给用户提供更精准的个性化服务和内容。

## 3.4.4　用户画像的构成

每个产品针对其特点的不同在设计用户画像时会有不同的目标，不同的目标会带来不同的画像结构。但用户画像中一些通用的部分是相对固化的。一个相对比较齐全的用户画像的构成有优先级、姓名和照片、差异提炼、语录、基本属性、行业信息、行为描述、用户目标或用户故事、影响者和影响环境、使用习惯。此外，还有一些性格、宗教信仰、特殊习惯等内容。

### 1. 优先级

通常情况下，用户画像定义的角色是超过一个的，那么在这些画像角色中，哪个对产品来说更为重要呢？因此，设计师需要在用户画像中对最重要的角色进行定义，其实也就是对角色之于产品的重要程度和优先程度进行定义。

### 2. 姓名和照片

这两个部分很显然是设计师根据数据虚构出来的，建议设置得简单且好记些。尤其应该记住，最好不要设置为一些群体的总称，如"自由行人群"，这类名称显然不是在描述一个人，也不能让团队中的每个成员像对待画像角色一样，去拥有服务一名真实客户的感受。还有一些公司将画像命名为"范小姐"或者"吴先生"，这里同样也不推荐，这样的命名方式，会使画像感觉很远，这样的距离感很强，也会让人无法感同身受。所以最好是起一个简单的名字如"王晓倩"，甚至可以用一个明星来代替画像。当探讨起这个人时，大家都不约而同地产生一种默契和认知，才能达到用户画像的最佳效果。

### 3. 差异提炼

用户画像中不同于其他角色的提炼性短语，本身应该非常简短，能够用最精练的语言诉说出画像的最大特征。

### 4. 语录

某一个用户画像角色最经典的话语提炼可能就是所访谈的某个典型用户所说过的真实话语。

语录可以是这个用户画像在故事行为过程中，经历的最难忘、最痛苦、最深刻的情感描述，也可以是他对非常渴望、非常需要的一项服务或者功能的描述。这个语录应该表现用户画像的真实情绪，并且能描述出他心里最底层的喜好。

### 5. 基本属性、行业信息

这两个模块其实是对用户显性属性的收集，而这些显性属性或多或少都能表现出这个用户画像的生存环境。

### 6. 行为描述

行为描述即针对某一个画像曾经或者目前正在进行的一项具体行为的描述。设计师主要收集行为过程中的背景、动机、目标、行为、情绪、态度。这个模块是非常重要的模块之一，因为由此可以知道该画像行为的走向，在后期应用时会起到非常关键的作用。

### 7. 用户目标或用户故事

该模块同样也是非常重要的模块之一。受访者会描述一些产品使用或服务体验中产生的痛点、满意点或者一些其他情绪态度。他们也会描述一些竞品和你的产品的对比体验，或者他们想要使用这个产品或服务达成的目标。

### 8. 影响者和影响环境

每个人都会被身边的人、环境或事件所影响，因此用户画像也需要收集这些可变因素。不仅需要收集，而且还需要深入探究人和环境影响他的深层原因，甚至需要了解他对于影响的态度是抵触的、接受的还是非常认同的。

### 9. 使用习惯

使用习惯指用户画像对于产品操作时间段、操作地点或者操作载体的一些基本习惯的收集。

虽然我们通常希望产出一个具体的、有情感的、有态度的、几乎和真实存在的人一样的用户画像，而且只要设计师有足够的时间，就有可能得到理想中的画像，但这种可能通常会妥协于时间和成本。那么，如果在时间与成本不允许的情况下，有没有其他的简易版的画像呢？当然是有的。

用户画像中有一个概念——颗粒度。颗粒度越细，对这个人的了解就越立体，对他的个性和行为的把控、猜测就越到位。颗粒度粗，说明对他的细节未必知道那么多，但是对于这个人的宏观属性还是会有所知晓。在方向正确的情况下，颗粒度粗或者细都会对产品有很大的帮助。因此在做用户画像时，我们需要挑选合适的颗粒度。

最粗的颗粒度中也必须有以下元素：姓名、照片、优先级、行为描述、用户目标和用户故事、基本属性、语录、差异提炼。拥有了这些元素的用户画像已经可以为设计师后期的产品设计或者其他方面做出很大的贡献。

综上，在时间、成本和产出用户画像的颗粒度之间做一些取舍，才能产出一套符合自己需要的用户画像。

## 3.4.5　如何构建用户画像

用户画像的构建方法基本上分为三种：定性、定性至定量、定量至定性。如图 3.41 所示，产品的每个阶段面临着不同的用户，因此要用不同的方法来做用户画像。

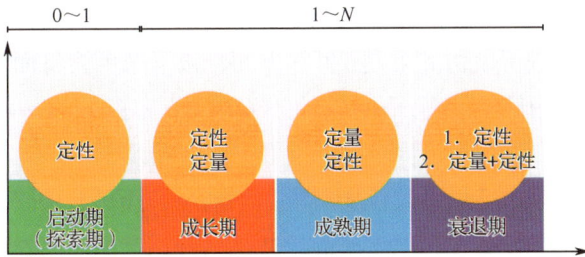

图 3.41　定性、定量阶段

首先，设计师需要了解一个产品所经历的各个阶段。产品阶段分为启动期（探索期）、成长期、成熟期、衰退期。这个概念最早由哈佛大学教授雷蒙德·弗农（Raymond Vernon）提出，弗农认为产品如同人一样有自己的生命，有自己的周期；与一个人的生长曲线相似，产品同样也有生老病死。

### 1. 启动期（探索期）

启动期（探索期）就是一粒种子发芽的时候，萌发了一个想法，或者找到了一个核心功能点，要去实现。但是这个核心功能点首先要找到需要它的目标用户。这个阶段就是 0 ~ 1 的阶段，从没有到有，也是一个产品最艰难的阶段。

现在很多公司针对一个产品启动期（探索期）的做法是"想当然"，想到就去做，但是当产品真正推出或者执行的时候，就会发现与自己所假设和想象的有着很大的差距。大部分时候用户根本不买账，更不会埋单。投入了很多成本，却没有回报，这就是因为没有前期细致的调研，没有建立最初的产品用户画像。

用户画像在这个阶段的最大意义在于为你的产品找到一个切入的市场。而这个市场有什么特征，你的产品对它来说是否合适，如果不合适是否需要调整产品的方向，这些都要去了解。通过对用户画像的调研，你会逐渐找到用户画像中角色和你产品的契合点。

但是这个阶段的用户画像确实也有一定的难度，由于没有很多的用户群体，所以你所萌发的想法或者某个功能点需要用定性的方法做用户画像，以确定所针对和服务的目标人群。定性的用户画像需要非常谨慎地挑选调研的人群，当无法确定调研人群的范围时，需要尽可能地选择不同类型的用户。当然，如果有一些行业内的报告，也可以将其作为参考来缩小自己所调研人群的类型。

### 2. 成长期

顾名思义，成长期是产品用户群逐步发展壮大的阶段。在这个阶段，产品已经甩开了最初的漫无方向和不知所措，开始拥有一定的使用者，并且用户的量级会快速增长。由于在这个阶段中，形式千变万化，用户画像的迭代就变得尤其重要，它不仅可以指引产品的方向，同时也可以带给运营更多的指导。然而最大的危机还是来自残酷的市场竞争。如果你的产品有价值、有意义，很有可能产生模仿者，或者抄袭者来复制你的产品，因此这个阶段最需要保持警惕心。

### 3. 成熟期

成熟期意味着产品用户群已经基本到达饱和的状态，产品已经进入一个自我稳定运作的时间段。即使没有很多功能的优化，产品一样能运作良好。但这个阶段往往也是一个产品最危险的时期，一方面因为这个时期是竞争者最旺盛的时期，大家都会留意到该产品模式的可行性，因此争相进行模仿和复制；另一方面，接下来可能将面临产品的衰退期。用户对产品的心理预期变得越来越高，而该产品已经很难再有提升的空间。所以在这个时期，需要找到产品最好的要点和特色，同时必须要积极寻找转型点。

用户画像在这个阶段，已经不仅仅要解决用户痛点，而是着手于如何能找到用户的满意点，让用户愿意在众多竞品中选中该产品，并且信赖该产品。当然还需要在这个阶段确认产品转型方向和用户接受度，产品转型方向必须能让老用户和核心用户所接受。

此外，在这个阶段，饱和的量级是你最大的优势。因此在做用户画像时，完全可以根据产品的使用者来进行后期定性研究的样本挑选。所以在这个阶段应该先定量进行用户群的细分，再进行定性部分的深入访谈，从产品使用者中挑选样本，最后生成用户画像。

### 4. 衰退期

在衰退期，产品的使用用户会骤然减少，这一点刚好与成长期相反。成熟期到衰退期的过渡可能会是一瞬间的，也可能有一个从量变到质变的过程。但是越是这种时候越不能放弃，在这个时候，更应该对不同类型的用户进行深入了解，了解他们对于产品的使用体验或者痛点。同时，还要了解他们对于竞品和自己产品中差异的评价。不仅如此，积极寻找产品的新功能或者创新方式成为这个阶段的重中之重。

由此不难看出，在这个阶段的用户画像需要分成两方面，一方面对目前仍然在使用产品的用户群，通过先定量后定性的方式来确定用户画像；另一方面，需要积极寻找新的机会，和启动期（探索期）一样，要针对大范围的人群，来进行定性的调研。

## 3.4.6  定性用户画像的方法

定性研究是以小规模的深入访谈或观察为主，定性的用户画像研究方式也不外乎于此。

尼尔森（Nelson）关于可用性测试的经典理论中谈到"6～8人便可以找到产品80%以上的可用性问题"，其实也同样适用于定性用户画像研究。访谈能有新发现的极限人数为15人，超过15人，基本就是在浪费时间。因此，定性用户画像访谈的人数可以设定极限为15人，而最合适的基本在8人左右。在访谈的过程中，当发现有同样属性或者特征的受访者很多时，就可以及时停止了。

那么做定性用户画像需要哪些步骤？基本分为五大阶段：准备阶段、分析阶段、构建阶段、优先级排序、完善画像。

**1. 准备阶段**

准备阶段有4件事需要做：确定目标、确定访谈人群、确定方法、确定问题。

1）确定目标

对于整个项目，需要有一个大致的目标，这个目标要包含设计用户画像的大致范围，如针对的产品或者服务，或者一个产品的最初设想等。这点非常重要，会影响用户画像最终的结论。

例如，要做一个用户画像，这个画像是针对旅行，还是针对团队游或是针对自由行，所产出的最终结果是完全不同的。因此，在最初就要明确、细化自己想要的用户画像范围，只有这样才不会造成后续的偏差。

2）确定访谈人群

当目标确定完之后，就要确定需要访谈的人群。人群筛选和确定目标是息息相关的。这个时候，可以通过一些官方的调查报告，或者公司其他部门收集到的比较明确的目标消费人群的分析来进行人群的筛选。如果上述都没有，则只能从访谈中尽量挑选更多不同类型的人来进行尝试了。当然前期也可以通过一个简单的问卷，尽可能缩小人群筛选的范围。

例如，当前需要用户画像的目标是养车的用户，但没有针对行业报告的人群数据，也没有公司内的目标人群分析报告。这个时候，可以尽可能地挑选不同类型的用户，如涉及不同性别、不同年龄。为了访谈有效，可以先打电话，问清楚对方是否有车。如果有车，那么在家中承担养车的角色是谁，以此保证后面的访谈方向正确，不浪费彼此的时间。收集来的最终用户群体可以适当多邀约，在后期聊的过程中，如果发现有重复的情况，再考虑调整或者结束。

3）确定方法

方法是多种的，关键是找到适合自己的那一种。定性访谈可以选择的方法有很多种，可以面对面访谈，或者电话访谈，也可以让受访者当场使用目标产品或服务来进行观察。如果需要更深入的了解，也可以进行一整天的生活观察。

4）确定问题

问题的确定直接影响后面收集来的信息，也直接影响设计用户画像的颗粒度。这些问题大致可以分为以下几个部分：基础属性、行为属性、心理属性、社会属性。当然，这其中各个属性都和你想要了解的最终目标有关联。如果你的时间和成本比较宽裕，也可以多聊些目标范围之外的问题，这样可以更好地了解受访者的个性和性格。无论怎样，一定要把问题做细，准备做充分，这样可以避免遗漏而进行再次回访。

**2. 分析阶段**

分析阶段是用户画像中最难的部分。分析有很多种方法，但是无论哪种方法，都需要收集、整理、切分、提取、分析（整个分析过程分为寻找规律和总结归类）这几个步骤。

1）收集

按照之前筛选好的人群范围开始访谈邀约，接着按照既定的方法和整理的问题，开始访谈阶段。正式开始之前，我们会首先准备一份比较简易的问卷，由受访者自己填写或者由工作人员以问答方式代为填写，完成问卷上的一些封闭式选择题。这个过程以收集基础属性和社会属性为主，为了避免一些敏感问题导致用户不愿意作答，尽量把这份问卷做成封闭式的选择题。行为属性和心理属性是无法通过简单问卷或者问答获得的，因此需要有很多技巧性的引导。当用户提到他之前的经历时，除了用 STAR（情景 Situation、任务 Task、行动 Action、结果 Result）的方式来提问，还可以采用 5W2H 模式来提问，甚至可以用 STAR 结合 5W2H 的模式来进行提问。5W2H 的用法很广泛，在后面拆解需求部分会重点讲解，这样可以帮助你收集到更多细节。但是在这个过程中，切记多问少插嘴，尽量让受访者自己去说，不要过多引导和提醒。5W2H 法的具体内容可参见本书 4.2 节。

当然，不管是 STAR 还是 5W2H 都只是为了让受访者多说一些关于事情的来龙去脉和更深层的心理活动。但是如果用户健谈，并不需要访谈员引导时，千万不要过多干预，让用户尽情地去述说过程就可以了。

2）整理、切分和提取

当访谈结束，就需要进行资料的整理，整理得越清晰，后面的提取和切分就越方便，因此需要把用户说的和你所看到的、感受到的记录下来。通常访谈的时候会对用户进行录音和摄像，此外在访谈过程中，还有一个叫记录员的角色，通常会记录一些小细节，这部分的整理也不要错过。

设计师可以把信息首先录到一张总表中，例如表 3.9 所示的用户信息表。

表 3.9　用户信息表

| 照片<br>（我们可以挑选受访者的典型装扮，或者他在叙述中的经典表情动作来记录受访者（用户）的特征和性格） | 姓名 | |
| --- | --- | --- |
| | 语录<br>（经典语录） | 基础属性<br>行业属性 |
| 行为描述（背景介绍）<br>（这里主要记录受访者曾经经历的一些事情） | 目标 | 动机 |
| | 行为 | 情绪／态度 |
| 行为描述（背景介绍）1 | 目标 | 动机 |
| | 行为 | 情绪／态度 |
| 行为描述（背景介绍）2 | 目标 | 动机 |
| | 行为 | 情绪／态度 |
| 受访者的目标／故事<br>（受访者在描述过程中产生的痛点或者满意点，甚至是需求点） | 影响者<br>（在受访者经历事情中起到关键影响的人） | 影响环境<br>（在受访者经历事情中起到关键影响的外在因素） |
| 记录者<br>（这部分由记录者来整理） | 细节观察<br>（受访者在某个节点的经典表情或经典动作） | 情绪抓取<br>（受访者在受访过程中所产生的情绪变化记录） |

这样是为了方便把每个受访者所说的信息做一个整理和记录。面对不同目标所制订的模板是不同的，在此阶段必须要整理出适合自己目标的表格和字段名称。在这里建议把每条信息做成小的便利贴，贴在相应位置。完成这步之后，可以让团队中的其他成员来帮忙看一下你所完成的表格。一方面，可以避免自我的主观成见；另一方面，可以删掉一些冗余信息。此后团队中的每一位成员都会不断地推敲和琢磨所有受访者的卡片，慢慢减少不必要的信息，直到剩下的信息不仅能体现这个人的性格特征，而且有价值为止。这样就完

成了整理、切分和提取的过程。

3）分析

完成以上这些信息的整理、切分、提取之后，就要开始分析。这里推荐几个比较常见并且实用又简单的分析方法：四象限法、三维立体解析法、亲和图分析法。这部分内容会在后续进行详细的解释和说明。

### 3. 构建阶段

分析完成之后，就进入构建阶段。对分析阶段中发现的一些规律进行基本梳理后，产出一个最粗和最基本的画像框架，也就是雏形画像，这个雏形画像拥有用户画像中很多的关键信息，但与最终用户画像相比欠缺更细致的基础属性、社会属性或缺少对于用户深层心理属性的描述。

### 4. 优先级排序

优先级排序是为考察所设计的用户画像在实际运用中的重要度做准备的。可以通过对于公司具体的运营策略或者现状来进行画像的筛选，删减一些目前无法满足或者不具代表性的画像，而挑选出一类最难满足的用户画像作为优先对象。原因是满足了这个画像，很大程度上就满足了其他画像的大部分需求。

### 5. 完善画像

最后，进入完善画像的环节。在这个阶段，设计师将之前的基础属性和社会属性进行结合，并且增加一些访谈中具有显著代表性的叙述和情节性的描写，来丰满整个画像，增加整个画像的性格特征甚至价值观。至此，一个完整的画像就完成了。

接下来，具体看一下分析阶段最常用的三种方法。

（1）四象限法。

四象限，就是通过 $X$ 轴和 $Y$ 轴的垂直交叉，从而产生的 4 个象限。四象限法是一个简单而且非常好用的方法，其目的明确，且能够直接表现出你想要的结论。

四象限法是种对变量细分的方法。把两种变量或者两个维度垂直交叉，得到 4 个象限，如图 3.42 所示。这两种变量之间的交集产生了不同的象限。如果在调研中，得到了两组变量，这两组变量符合调研目标且非常重要，那么通过这样的组合分析，可以得到更多的结论。

四象限法也分为连续变量四象限和离散变量四象限。

变量相当于一个盒子，这个盒子里可以放任何东西。刚才整理和提炼出来的某一张卡片，调研当中碰到的某一个问题的回答，都可以看作一个变量。而连续变量和离散变量相当于两种类型的盒子，一种盒子里装的是连续变量，一种盒子里装的是离散变量。所谓连续就是变

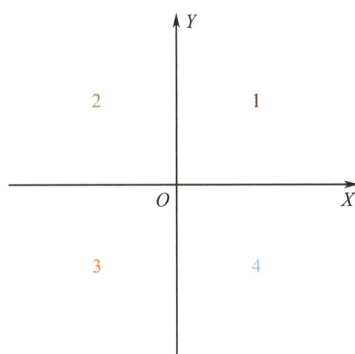

图 3.42 四象限法

量之间的关联是不间断的，两个相邻的变量中间可以切分出无限多个值。例如，从低到高，从少到多，从早到晚，总之是有规律可循的。而离散则完全不同，变量中的任意值之间是没有关联的。例如，有个变量是年龄，那么从年轻到年长，这显然就是一个连续变量。但是如果变量是职业，那么就可以是老师或者公务员、健身教练、财务等，这就是离散变量。

（2）三维立体解析法。

在了解三维立体解析法之前，首先要了解相似矩阵。有一句俗话叫"物以类聚，人以群分"，这个"聚"就是归纳的意思，聚类就是归纳出类别或者类型，而相似矩阵就是寻找变量与变量之间的关联性。

可以想象一个立方体，有 $X$ 轴、$Y$ 轴和 $Z$ 轴。$X$ 轴和 $Y$ 轴之间产生了很多的相似矩阵，而 $Y$ 轴和 $Z$ 轴之间也是一个相似矩阵；同样，$X$ 轴和 $Z$ 轴之间也有相似矩阵。

（3）亲和图分析法。

和三维立体解析法一样，亲和图分析法也是寻找变量关联和规律的一种方法。不同的是，亲和图分析法是一种手工聚类的方法，通过把大量收集到的信息及资料进行归纳整理，从而找到信息中的关联性和规律性，并得出结论。亲和图分析法可以分为 5 个步骤：切分信息、形成卡片、开始群组、合并群组、提炼结论。

## 3.4.7 定量和定性用户画像

定量和定性用户画像可以分成两种，一种是先定性后定量，另一种是先定量后定性。

### 1. 先定性后定量

在介绍过的定性方法之后，增加上线后的定量验证阶段，通过线上数据来验证为用户画像设计的功能点。当然，也可以通过问卷的形式来进行画像的验证，这就是一个典型的从定性产出画像，再定量验证画像的过程。

### 2. 先定量后定性

这种方法完全不同于先定性后定量。这里的定量主要以筛选定性所需的访谈用户为目标。为了让之后的画像更为精准和可信，通过定量的研究方法，先筛选出需要研究的目标对象，再进行定性的研究。当然，这种方法要建立在有较大量级用户的产品基础上，否则会造成遗漏和偏差。

先定量后定性的研究过程主要有数据挖掘、问卷收集和分析、访谈，最后定性画像。其中，定量部分的数据挖掘、问卷收集和分析是可以选择的，一旦数据挖掘所产出的结论可以直接确定访谈的对象，就可以跳过问卷收集和分析。当然，也可以直接用问卷来筛选用户访谈的样本。下面以数据挖掘及问卷收集和分析为例，具体说明定量到定性前期用户筛选部分是如何进行的。

以 App 为例，在 App 量级较大的情况下，针对不同类型的侧重点会细分成多个画像。就好比，App 中有用户活跃度（用户黏度）和注册时长（可以分辨新老用户），据此得到一个四象限图，如图 3.43 所示。

四象限中的两个维度是如何切分得来的呢？通过 Excel 可以轻松进行分段的操作。以每周打开次数为例，可以得到每周打开最大值和最小值，然后设置一下需要的分段数量，就可以轻松获得打开次数

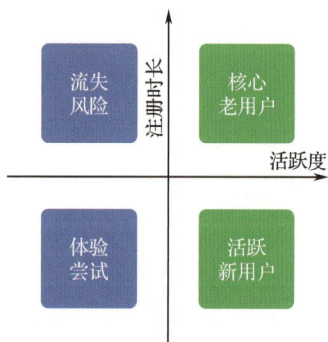

图 3.43　用户活跃度与注册时长四象限图

的区间。

有了区间后，再对活跃度进行简单的定义，就产出了一个针对用户活跃度的大概区间范围。接着，研究需要定义不活跃、活跃和非常活跃的区间范围。这里可以参考一个比较简单的线性公式。在使用时长和打开次数中，研究认为打开次数和活跃度更为紧密。将 $z$ 定义为活跃度，$x$ 代表使用时长（每日），$y$ 代表打开次数（每周），因此产出公式为

$$z=ax+by^2$$

将活跃度 $z$ 的级别定义为 1 ~ 10，$z=1$ 时，$x=1$，$y=1$，代入公式；$z=10$ 时，$x=5$，$y=5$，代入公式，得到 $a+25b=10$、$a+b=1$，最后反推出 $z=0.75x+0.25y^2$。

在此定义一个活跃度 $z$ 的区间：不活跃为 1 ~ 4，活跃为 4 ~ 8，非常活跃为大于等于 9。

然后，定义新老用户的区间，如表 3.10 所示。

表 3.10　定义新老用户的区间

| 用户类型 | 老用户 | 普通用户 | 新用户 |
| --- | --- | --- | --- |
| 注册时长 | >3 年 | 1 ~ 2 年 | < 半年 |

数据层面用户的筛选完成后可以得到 9 类标签用户人群：不活跃新用户、不活跃普通用户、不活跃老用户、活跃新用户、活跃普通用户、活跃老用户、非常活跃新用户、非常活跃普通用户、非常活跃老用户。接下来需要做的是针对这批用户进行问卷的发放。当然，在发出问卷的同时，应尽量在问卷链接中增加标签代号。例如，若发放的对象是一个活跃的老用户，则可以在问卷链接后缀代码中带上 Active Old 之类的代码。这样做的好处是在回收的样本中，可以轻松分辨对方的数据筛选类型。在样本数量需要相对公平的情况下，也可以通过标签的形式进行样本比例的挑选。

在问卷发放的过程中，我们会碰到活跃用户的问卷提交量一定远大于不活跃用户的。这也是问卷的局限性所造成的，因此需要格外珍惜那些不活跃用户所提交的问卷。在回收问卷后，经过分析可以得到上述 9 类不同标签人群的基础属性和社会属性的具体百分比，也可以得到产品总的基础属性和社会属性的百分比。在访问数量有限的情况下，我们应该按以下三点进行选择：

（1）选择活跃老用户、活跃新用户、不活跃新用户、不活跃老用户。由于活跃度和新老用户分类太细，筛选访谈用户的数量也有限，因此可以只取以上 4 类标签作为访谈人群筛选的区间。

（2）不活跃用户填写问卷的数量可能会比较少，设计师可以定义活跃和不活跃占比为 8:20，之所以强调不活跃，是因为这类用户虽然不是活跃度高的用户，但是并不代表不是设计师所关注的用户类型。因此在前期调研中，不能完全摒弃这部分用户。

（3）最终受访者名单尽量按照问卷中回收的基础属性占比来确定。例如，男女比例为 7:3，那么挑选受访者男女比例应该按照 7:3 来设计。在这当中，尤其重要的是年龄和性别，也应该严格按照比例分布来选择受访者。当然，根据不同的 App 类型，我们可以进行这些属性的删减和添加。

到此我们就得到了受访者的名单。接下来的步骤就和之前的定性用户画像相似了。除了从定量到定性的用户画像方法，还有一种纯定量的方法，即 User Profile，很多地方也

将此定义为用户画像，但是从本质上来说这种类型定量的方法和之前提到的用户画像有着质的差异。User Profile 更像一个用户的大数据标签化生成器，通过大数据平台对用户建模和分析，产出一个标签人，这个标签人会同时具备基础属性、社会属性和行为属性，但是不会拥有心理属性。这个标签型的用户画像可以提升偏好推荐的精准度，同时在运营渠道推广中也能产生非常大的帮助。

由于缺失心理属性和一些行为的动机及分析过程，该方法也就无法做到一些合理化的场景设计，从而无法实现真正意义上的角色互换。因此，其在产品设计优化上的作用是有限的。

## 3.4.8　用户画像的误区

### 1. 用户画像不需要验证

对于用户画像来说准确性是非常重要的，因此验证的环节也是非常重要的。而验证对于用户画像来说分为两方面：事中验证和事后验证。

1）事中验证

事中验证是在画像过程中，基本完善画像之后进行的。因为用户画像设计尚未提交，所以这种验证方法是无害的。但是，其缺点在于它的验证是局部的。

事中验证有以下两种方法。

（1）抽样验证法：从画像所描述的一些典型人群中挑选一部分用户来进行随机抽样验证。如 P2P 公司会产出一套高风险用户画像，俗称欺诈画像。他们验证时会偶尔放贷给一些欺诈画像人群。通过小部分样本的开放，来验证他们产出欺诈画像的可信度。如果发放的欺诈用户画像样本中，80% 以上都不还贷或者拖延还贷，那么就可以论证这个画像是成立的。

（2）交叉验证法：可以反过来查找一些外部的公开报告或者内部定量数据分析，进行验证比对。但是这样的做法是有前提条件的，首先要能找到外部一些公开的报告，如果没有，则应拥有公司内部一些比较官方的定量数据分析，因此难度不言而喻。

2）事后验证

事后验证是一个很有效的验证方法，通过画像应用之后所产出的产品设计来进行倒推式验证。其缺点在于，如果画像有方向性错误，则会导致浪费大量的人力。

目前比较推崇 MVP 用户画像。MVP 是一种最小可行性的产品快速迭代优化方法。其实，用户画像同样也可以使用 MVP 这种方法进行快速迭代和优化。

在公司中客观的问题在于时间。做一个用户画像，从定量到定性的画像来说，从定量数据准备到问卷收集，再到访谈和分析、整理数据，最短也需要 1 个月的时间，因此在公司里推动用户画像研究会碰到相当大的阻力。这个阻力来源在于产出用户画像成本很高，但是收益又一时看不到。在这种情况下，我们需要考虑是否可以进行 MVP 用户画像，先用简单方法产出一个最小的、可用的用户画像，颗粒度一开始不用定那么细，定量收集过后可以直接挑选一些样本进行访谈，完成之后再进行画像的验证和下一轮计划、调整。

### 2. 用户画像是一成不变的

由于产品每个阶段面临不同的挑战，同样也会面对不同的用户群体。因此，当产品的状态发生变化时，设计师所面临的用户群体也会发生变化。此时，用户画像中用户的想法、用户发生行为的目的、行为也都会发生变化。所以，设计师不仅要实时关注产品的变化，同时也要随时进行用户画像的调整和优化。

### 3. 用户画像完成即结束任务

在产出用户画像之前，应该将后期希望得到的效果和起到的作用做一个基本的预估。只有在这样的情况下，才不会在产生了一份庞大的用户画像后，却发现无法使用，或者是可以使用但是因为无法推动而被搁置。

### 4. 用户画像在团队里不应该是一份保密文件

曾经有一家公司，花了很多钱，请来很厉害的公司产出了一份很专业的用户画像分析报告。但是这份报告却被非常谨慎地收藏起来，只有少部分核心人员才能阅读。原因是这份报告很贵，害怕流传出去。但其实对于用户画像来说，其作用之一就是让项目组所有参与人员都比较熟知，这样不仅能统一基础认知，还能成为沟通的基本语言。保密行为不但无法将用户画像的作用发挥出来，更是一种非常大的浪费。

### 5. 用户画像是万能的

思考：如果我们针对机票产品得出了一个用户画像，那么是否可以同样运用于同公司的酒店业务呢？回答当然是否定的，显然针对机票和酒店的业务差异性是巨大的。有很多公司为了节约成本，通常希望产出一个用户画像可以通用于所有业务中。但是必须牢记，用户画像是围绕着特定的产品核心来进行的，我们关注的是在此基础上的行为、动机、目标和心理上的一些描述。因此，如果忽略业务差异而直接使用，反而会有偏差和错误产生。例如，购车的用户画像和养车的用户画像基本无法通用。

### 6. 用户画像没有优先级排序

思考：在图 3.44 所示的四象限图中，你会以哪个区域作为优先级排序的首选？

答案一：很多人会使用人数居多的人群来作为用户画像优先级排序的证据，因此他们会选择 A。

答案二：也有很多人认为对于企业来说收益是最重要的维度，因此他们觉得 B 应该最优先考虑。

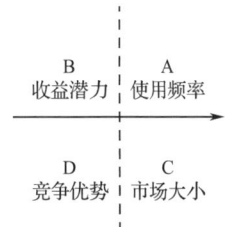

图 3.44　四象限图

然而若以一些小白用户作为研究对象，或许我们会有意想不到的收获。在某种程度上，太过于熟悉产品的用户会陷入自身的思考惯性区，有时候反而无法从他们身上获得更多的机会点和痛点。因此研究小白型的用户，满足他们的需求，有时候会起到非常大的优化作用。

在这里需要提出一个"领先用户"的概念。了解领先用户的需求，会给我们带来非常超前的市场趋势的预测。他们有时候只是非常小的一部分人群，看起来不具备代表性，也并没有为公司的收益带来太多帮助，但是如果能找到他们，对他们进行深入了解，并且对他们的需求进行满足，那么或许已经走在竞争对手前面了，且已经占领了一个潜在未知的市场。这表明，一小部分用户的需求具有前瞻性。总的来说，用户画像是用户体验地图的基础。

从 2015 年前后开始，服务设计这个词越来越火。在互联网行业中越来越多的人开始提出用服务设计思维来进行产品设计甚至交互设计。同时，一个服务设计中经常出现的方法，也被很多人关注，这就是用户体验地图。

用户体验地图其实是一个以第一人称体验产品每个环节，并且记录自身的心理变化的过程。结合用户画像，可以发现用户画像和体验地图的关系，是先有用户画像再产出体验地图。因为用户画像产出了丰满的有血有肉的客户形象之后，我们才能把自己带入这个人物中，以这个人物的角色状态进行思考和体验，也才能记录这个人物的心路历程。所以，用户画像其实就是用户体验地图的基础，有了用户画像的体验地图才更为科学和可信。

# 3.5 用户体验地图

## 3.5.1 什么是用户体验地图

用户体验地图（User Experience Map），也称为 User/Customer Journey Map，它是用户增长策略体系的一部分，是产品优化的重要工具。

用户体验地图用于定位和描述一个完整服务过程中的每个阶段的产品或服务的体验情况。从用户角度来看，用户体验地图就是记录用户在整个使用流程中的行为和情感，如用户做了什么，感觉怎么样，以此来发现用户在整个使用过程中的问题点和满意点，并从中提炼出产品或服务中的改进点和机会点。用户体验地图主要以画图的方式产出，如图 3.45 所示的知乎用户体验地图。体验地图的价值在于信息整理与可视化，它能提供一个整体视角，方便观察产品的优势与缺陷，然而它无法代替其他调研方式获取信息的作用。

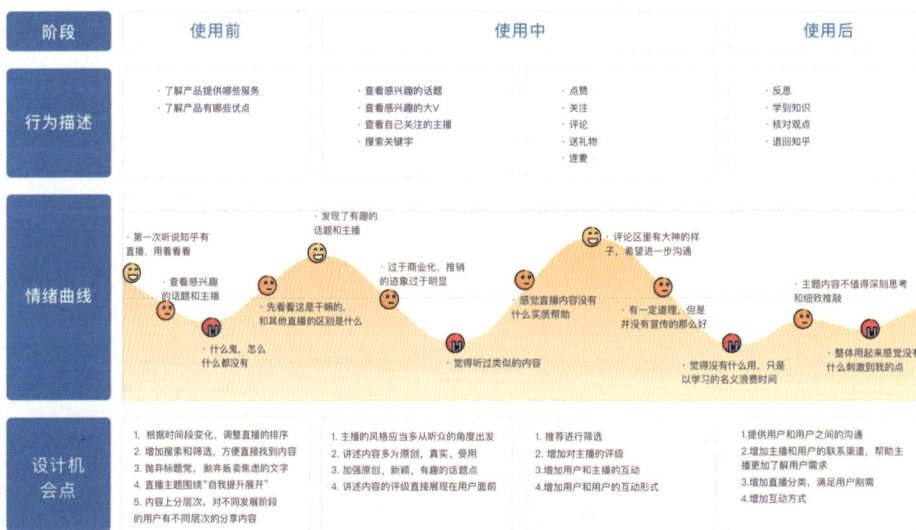

图 3.45　知乎用户体验地图

结合项目周期，用户体验地图可以选择不同的流程开展。如果项目时间紧，用户体验地图可以通过定性的方式快速产出；如果时间较充裕，则可以采用定性与定量相结合的方式开展。用户体验地图最基本的形式是把一系列用户需求和行为集合在一个时间框架上，然后把用户的思考和情绪填充进时间框架里加以叙述，最后把这个叙述以视觉化形式表现出来，用于以用户的视角指导设计过程。

用户体验地图集合了两个强大的方法：讲故事和视觉化，因为它们是一种有效机制，可以把信息转化为精练和可记忆的形式，并因此提供视角用于分享、沟通。

一些机构以单独部门或小组为基础分配和度量主要业绩指标（Key Performance Indicator，KPI），由此造成的碎片式理解成为一种长期弊病，因为他们从未从用户的角度拼凑起整个体验过程。建立分享和沟通视角是制作用户体验地图的关键目的，因为如果没有部门间的沟通和分享，大家对如何提升用户体验就无法达成共识。用户体验地图是具有全局观的用户体验展示，正是这种把截然不同的数据点整合和视觉化的过程，可以让来自团体各个方面的决策者促成合作性的对话和改革，否则他们就会产生冲突甚至失去对改革的兴趣。

## 3.5.2　用户体验地图的特点

### 1. 从用户的视角构建

用户体验地图描述了用户的使用经历，是一个从用户的视角去理解用户如何与产品交互的设计工具，能直观地展示出用户（使用特定产品）在达成某个具体目标的过程中的接触点、行为流、需求、期望和整体体验水平。因而在构建用户体验地图时，自始至终都需要以用户的视角来审视各个阶段的产品体验。通过用户体验地图来描述用户与产品的互动，可以让所有利益相关者了解用户在使用过程中的所见、所想、所闻、所做、所感，让他们能够从用户的角度去考虑产品、设计产品，从而可以有效地避免在后续的设计及沟通过程中发生"把自己当成用户"的情况。

### 2. 故事性与图形化

很多研究人员都熟悉如何去获取和收集用户数据，但常常无法清晰地传达数据的结论和其中用户的体验。而故事可以做到这一点，故事可以以更加趣味性的形式帮助各利益相关者了解用户，用户体验地图就是一个很好的"讲故事"的工具。用户体验地图通过图形化的方式来呈现用户的故事，将用户与产品或服务进行互动时的体验分阶段呈现出来，不仅具有形式美，还能清晰地暴露出用户体验地图中的每一个节点及节点间的问题，进而对产品进行评估和改善。故事性和图形化是用户体验地图的重要特点之一，因为两者的结合形成了一种有效的机制，可以把信息转化为易于理解且可记忆的形式，从而能够迅速建立利益相关者的同理心，并为利益相关者提供一个统一的视角去理解用户。

### 3. 全景视野

交互分析报告有多种形式，如用户访谈报告、用户角色文档等，但都比较孤立和片面。而用户体验地图以前期其他设计方法（用户角色、情境故事、行为研究、调查问卷、竞品分析）的研究材料为基础进行构建，把以往处于割裂状态的不同类型的数据和材料进行整合和视觉化，呈现方式完整、直观，便于合作中的沟通交流。用户体验地图关注用户从最初接触到目标达成的全过程，而不是仅关注其中的某个环节。它整合了跨平台的体验、不同时间和不同场景下的体验，并且综合了多种分析维度，提供了一个看待产品的全景视野，且能够帮助各利益相关者（客户、设计师、管理人员、市场人员等）理解用户、了解产品以及使用产品的整个路径和感受，从而对产品决策和设计决策起到促进作用。

**4. 多人参与**

用户体验地图的创建能够让多人参与，可以让团队的所有人一起梳理产品流程，在对用户的理解上达成共识，从而有助于决策的快速决定，也便于项目推进、保持团队和睦。同时，有助于打破"组织孤岛"，在跨部门与其他团队进行讨论时，能快速介绍背景开始合作，创建以用户为中心的工作流程。

# 3.5.3 用户体验地图的价值

用户体验地图的价值如图 3.46 所示。

图 3.46 用户体验地图的价值

**1. 用户视角**

很多产品工作人员都有一个通病，习惯性地沉浸在自己的逻辑世界中，以工作者的视角去做产品功能，从"我"的目的是什么，"我"有什么东西出发，然后把功能罗列上去。一顿操作猛如虎自嗨地去设计，以为用户就会在这个规则中完成任务。相反，用户感觉很迷茫，甚至想卸载你的产品。

如果运用用户体验地图，参与者需要切换成用户视角、小白模式去看待产品体验问题，去观察用户在整个路径中是如何满足自己的目标的，以及在满足自己的目标时，是困难的还是容易的，而不只是停留在主观的想法中。

**2. 全局思维**

身为设计师或产品经理，对"体验优化"应该再熟悉不过了，大家往往单纯从产品功能出发，通过数据或用户反馈，割裂地去看每一个模块。这样做的问题在于，很难做到整体系统的提升体验，一直处于头痛医头、脚痛医脚的优化中，被问题牵着鼻子走，不能从全局视角出发去发现更多的潜在机会点。而用户体验地图可以让我们拔高一个视角，以更全局的思维去看待用户使用流程，从而把握节奏，在资源有限的情况下，科学地进行体验优化。

**3. 达成共识**

由于团队角色不同，项目经理更关注在 KPI 的压力下自己的需求有没有排进去，RD

（后端工程师）更关注突显自己能力的技术实现，UE（用户体验师）更关注功能体验和美观程度，老板们可能会拍脑袋说竞品有了××功能我也要……

在这种多角色易冲突的环境下，想要做一个人人都认同并全力以赴的决定，并且持续保持平衡太难了。所以，只有各角色成员亲自去访谈用户，参与到用户体验地图的绘制中，才能感受到那些让用户眉头紧锁的操作，而不是每天对着冰冷的屏幕只关注个人利益，存在于"我觉得"的主观认知中；才能使大家更能同理心地去看待用户体验问题，充分地达成共识，拧成一股绳去高效团结地推进项目。

## 3.5.4 定性用户体验地图

### 1. 目标
定性阶段主要实现以下三个关键目标：

（1）记录用户行为和情感。

（2）发现痛点和满意点。

（3）确定阶段任务。

### 2. 方法
定性阶段可以通过用户访谈、用户反馈、走访调查、桌面研究、产品数据分析等方法收集数据。收集的信息包括产品数据、用户数据，必须是真实的原始数据。产品数据如产品策略、核心目标群体；用户数据包括用户的行为、感受、想法、疑问。用户的行为既包括外在的行为，如点击，也包括内在的思维过程，如回忆、判断、注意等。

### 3. 注意事项
定性阶段需要注意，如果使用用户访谈方法收集数据，则用户招募环节应尽量选取典型用户；样本配比参照用户画像；与用户面对面访谈比电话访谈收集到的问题更清晰；前期用户思考决策阶段、产品目前没有覆盖到的环节对应的数据也需要采集；综合定性阶段收集到的数据可用于确定出整个行为路径的各个阶段任务。

## 3.5.5 定量用户体验地图

### 1. 目标
定量阶段通过定量问卷验证，主要实现以下三个关键目标：

（1）量化痛点、满意度。

（2）确定情绪曲线的高低。

（3）提炼机会点、改进点。

### 2. 方法
设计问卷并投放，计算各阶段用户满意度得分、痛点占比，并划分痛点等级，如表3.11、表3.12所示。

表 3.11　痛点占比

| 阶段 | 流程 | 选 项 | 样本量 | 人数 | 百分比 | 痛点评级 |
|---|---|---|---|---|---|---|
| 准备找工作 | 选择渠道 | 不知道自己适合什么职位 | | | | 非常严重 |
| | | 不知道如何确定目标薪资 | | | | 严重 |
| | | 没有问题 | | | | |
| | | 其他 | | | | |
| 查找信息 | 查找信息 | 职位类别不全 | | | | 严重 |
| | | 筛选后的职位数量很少 | | | | 非常严重 |
| | | 筛选后还是会出现不相关职位 | | | | 严重 |
| | | 无法在列表页切换城市 | | | | 不严重 |
| | | 在列表页无法区分已投递或阅读过的职位 | | | | 不太严重 |
| | | 列表的信息和职位详情不符 | | | | 一般 |
| | | 没办法屏蔽不喜欢的职业和职位信息 | | | | 一般 |
| | | 没有遇到问题 | | | | |
| | | 其他 | | | | |
| | 查看职位信息 | 职位描述太少，没有参考性 | | | | 非常严重 |
| | | 工作时间和薪酬计算不清晰 | | | | 严重 |
| | | 部分职业薪资虚高，不能判断真假 | | | | 非常严重 |
| | | 很多职业详情重复 | | | | 一般 |
| | | 公司信息不完善 | | | | 严重 |
| | | 公司描述质量不高 | | | | 一般 |
| | | 没有遇到问题 | | | | |
| | | 其他 | | | | |
| 申请前准备 | 申请前准备 | 工作经历比较少，不知道怎么填写简历 | | | | 严重 |
| | | 不知道简历刷新的作用 | | | | 不太严重 |
| | | 收到不相关的招聘信息 | | | | 一般 |
| | | 不想让有些公司看到我的简历 | | | | 不太严重 |
| | | 需要借助其他平台确定信息的真实性 | | | | 一般 |
| | | 没办法评价公司，或查看公司评价 | | | | 严重 |
| | | 没有遇到问题 | | | | |
| | | 其他 | | | | |
| | 沟通 | 聊天时不知道对方的身份信息 | | | | 非常严重 |
| | | 聊天时对方的名字和招聘公司无关 | | | | 一般 |
| | | 不知道聊天的这条职位是否投递过 | | | | 一般 |
| | | 现有的聊天功能不能满足我 | | | | 不太严重 |
| | | 看不到对方的招聘信息 | | | | 严重 |
| | | 没有遇到问题 | | | | |
| | | 其他 | | | | |

表 3.12　用户满意度得分

| 阶段 | 流程 | 体验点内容 | 样本容量 | 问卷平均值 | 满意度得分 |
|---|---|---|---|---|---|
| 准备找工作 | 确定基本需求 | 对职位的要求，包括求职地点、薪资、职位类型等 | | | |
| | 选择渠道 | 通过什么方式了解招聘信息 | | | |
| 查找信息 | 搜索 | 搜索职位（输入关键字或历史记录） | | | |
| | 选择职位类别 | 选择职业类别 | | | |
| | 筛选 | 筛选（选择区域、职位类别、薪资等） | | | |
| | 浏览列表页 | 浏览职位列表 | | | |
| 了解职位信息 | 查看职位详情 | 了解职位详情 | | | |
| | 了解公司信息 | 了解公司信息 | | | |
| 申请前准备 | 简历管理 | 简历的创建、修改、置顶、刷新、隐私设置 | | | |
| | 沟通职位详情 | 跟招聘方沟通，以了解职位详情 | | | |
| | 进一步了解职位 | 了解公司相关信息等 | | | |
| 申请职位 | 申请职位 | 申请职位 | | | |
| | 面试 | 面试 | | | |
| | 职位进度跟踪 | 跟踪职位进度 | | | |
| 入职及入职后 | 入职 | 入职 | | | |
| | 其他服务 | 会员服务、培训、举报等 | | | |
| 整体满意度 | — | — | | | |

### 3. 注意事项

定量阶段需要注意：

（1）控制问卷题目量，题目量太大容易影响回收量，且会造成回收时间长（答题时长以 5 分钟为宜，最长不超过 15 分钟）。

（2）如果阶段任务多、追加验证问题点导致的问卷题目量较大，可以拆分问卷投放。

（3）如果项目周期紧张，可以选择删除不必要的题目。

（4）问卷中的满意度题目选择 5 分制/7 分制/10 分制均可，但分制要统一，方向要一致。

（5）问卷题干要注意长度适中，描述清晰；问卷题目不宜过长，否则容易导致用户未理解题干盲目选择；阶段任务的题目在描述时需要保证用户准确理解所指阶段。

## 3.5.6　绘制用户体验地图

关于用户体验地图的构建步骤，目前没有统一的规定，结合 Adaptive Path 公司克里斯·瑞斯顿（Chirs Risdon）的五维度理论，以及在实际操作中的经验，用户体验地图的构建大致可以分为前期材料准备、梳理行为流、诊断体验问题、绘制用户体验地图、解读用户体验地图、推动用户体验地图落地这 6 个步骤。

### 1. 前期材料准备

在用户体验地图构建之初，需要明确目标用户、目标用户所要完成的核心任务以及任务发生的情境。用户体验地图的价值在于信息整理与可视化，但无法承担获取信息的作用，因而需要以其他研究方式（用户访谈、问卷发放、后台数据、用户反馈等）为基础，来初步了解用户的特征、需求、行为和想法。应准备好人物角色、情境描述等基础背景材料，必要时可为不同的人物角色创建不同的用户体验地图。

### 2. 梳理行为流

在前期用户研究的基础上，厘清用户行为顺序与关系，了解系统中各种角色各自的职责行为，以及行为之间的相互影响关系。把整个体验过程按场景或任务目标划分为不同的阶段。划分完成后，对关键节点进行筛选，移除重复的、非必要的、与目的无关的环节，合并连贯动作，提炼关键流程。然后根据关键流程拆分具体任务流程，描绘出用户的使用路径，标记出操作过程中用户需要接触的关键界面或关键功能模块。在此过程中需要关注各环节的触点，触点是指用户和产品互动时有形或无形的交互媒介。常见的触点有网站、应用、销售人员、商店、广告、电子邮件等。

### 3. 诊断体验问题

定性研究和定量研究的结合可以更加深入地了解用户的需求、行为和想法，从而诊断出产品体验中的问题。定性研究的主要目的是验证并确定各关键节点，挖掘用户在各触点上的正负情绪体验。定性研究的主要方法有焦点小组、一对一访谈、日志研究等。在进行定性研究时需要注意抽样的代表性，专家和新手兼顾，保证各场景和各时段的覆盖。既要保证发现问题的深度（对问题了解尽可能深入、具体、全面），又要保证发现问题的广度（覆盖更多用户、更多场景和时段）。通过定性研究记录和描述用户的使用过程，可以归纳出用户的心智模型，在用户体验地图中展现为用户脑海中的思维和表现出的行为这两个维度。这两个维度可以补全用户的使用过程，记录用户的操作行为（鼠标移动、点击、观看、倾听等）、关注的信息点、产生的疑虑、思维的过程（注意、寻找、理解、比较、回忆、判断等）等。而定量研究主要有以下三种方式：

（1）可通过访谈、日记、观察、后台数据等获取操作频率。

（2）通过满意度调查问卷得出满意度结果。

（3）根据调查问卷及专家判断（研究人员、设计师、产品开发人员），对问题的严重程度进行评判。在定量研究中要注意防止出现错误解读，如重复点击或者长期滞留既可能表示用户的沉浸与开心，也可能是他们已经迷失或困惑。

### 4. 绘制用户体验地图

完整的用户体验地图如图 3.47 所示。

绘制用户体验地图的步骤如下。

1）确定阶段任务

提炼关键任务流程，对任务的描述使用中性词，如"搜索""购买"。

2）确定目标

确定用户的每个关键任务目标。如对于搜索任务，目标 1 用户希望"更快"地找到想要的商品；目标 2 用户希望"准确"地找到想要的商品。

| 阶段任务 | 搜索 | 挑选 | 购买 | 配送 | 退货 |
|---|---|---|---|---|---|
| 目标 | 目标 目标 | 目标 | 目标 | 目标 | 目标 |
| 行为&触点 | 行为1 行为3 / 行为2 | 行为1 行为2 | 行为1 行为3 / 行为2 | 行为1 行为2 | 行为 |
| 疑问 | 1. 2. | 1. 2. | 1. 2. | 1. 2. | 1. 2. |
| 满意点 | 满意点1 满意点2 | 满意点1 满意点2 满意点3 | 满意点 | 满意点1 满意点2 | 满意点1 |
| 痛点 | 痛点1 痛点2 | 痛点1 痛点2 | 痛点1 痛点2 痛点3 | 痛点 | 痛点 |
| 情绪曲线 | | | | | |
| 机会点 | 1. 2. | 1. 2. | 1. 2. | 1. 2. | 1. 2. |
| 竞品优势+劣势 | 优势 劣势 | 优势 劣势 | 优势 劣势 | 优势 劣势 | 优势 劣势 |

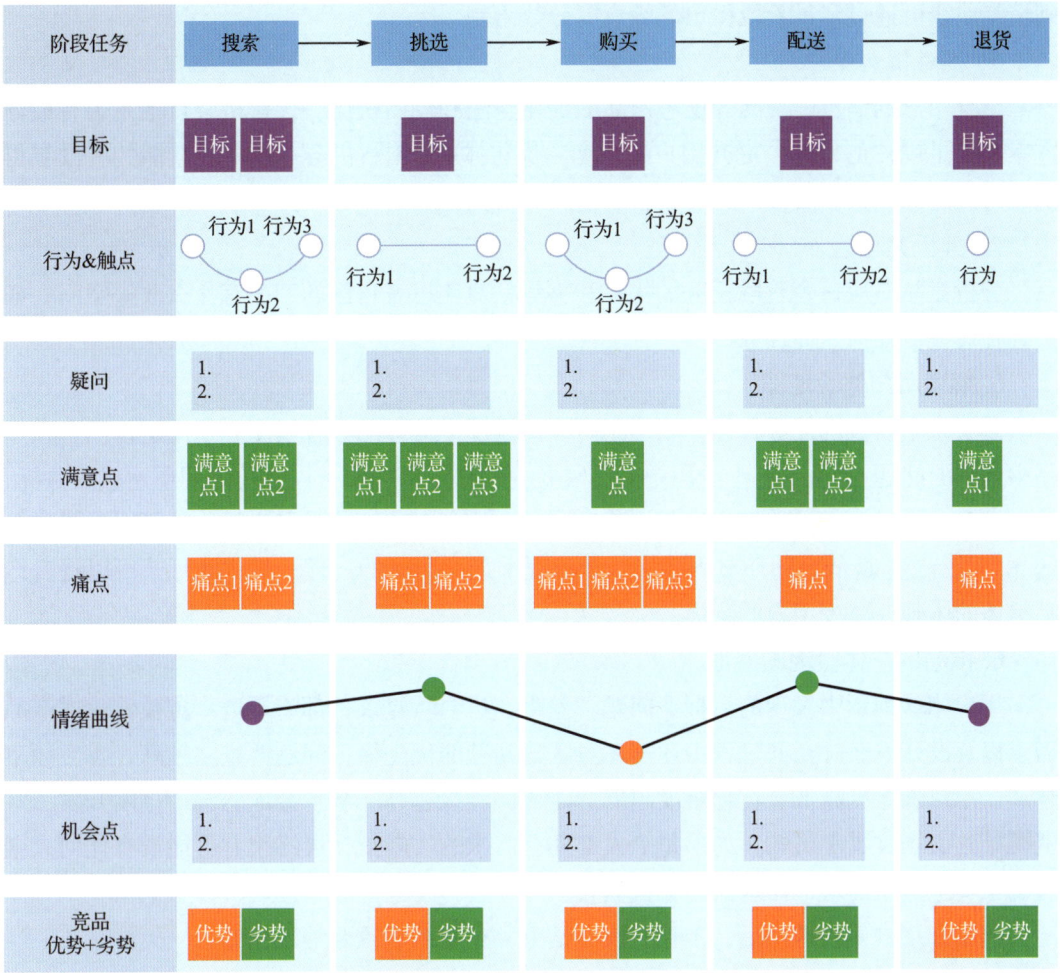

图 3.47  完整的用户体验地图

3）拆分行为、标注触点

撰写用户完成每个阶段任务需要哪些行为，连接形成这个阶段的行为路径。触点是整个产品使用流程中，不同角色之间发生互动的地方。

4）记录疑问、痛点、满意点

撰写用户进行每个行为时的"疑问""痛点""满意点"。"疑问"是指用户在完成当前任务打算进入下一步操作时，有哪些问题。如果有用户实际接触的界面或功能模块，记录下来，方便后续优化。"痛点"是指用户在体验产品或服务过程中，对产品或服务的期望没有得到满足而造成的心理落差或不满，这种不满最终在用户心智模式中形成负面情绪爆发，让用户感觉到"痛"。"满意点"是指用户在完成当前任务时，哪些方面的内容使用户感到愉悦，产生继续使用的想法。提升用户的满意度可以提高用户对此类产品的可持续性使用意愿。

5）绘制情绪曲线

如果项目只选取了定性研究，则绘制情绪曲线时需要判断每个阶段任务的情绪高低，并连线形成情绪曲线。判断依据包括痛点、满意点数量和重要程度；对于痛点，需要关注这类用户角色对这个痛点的在意程度有多大。如果项目选取了"定性＋定量"的方法，则情绪曲线可通过定量阶段得出的满意度分数绘制。

6）提炼机会点

结合用户的痛点、疑问等思考产品的优化空间和创新机会。优化机会点指是否有最佳方案来满足用户的目标，提升用户满意度、优化体验；创新机会点指寻找遗漏的、没有得到较好满足的场景和阶段，思考是否有创新项目的机会。

7）分析竞品

分析竞品对应每个阶段任务的优势和劣势，对比思考自己的产品有什么改进空间，如何弥补短板，如何发挥优势。

**5. 解读用户体验地图**

基于每个阶段的任务目标，利用用户体验地图中梳理的心智模型，帮助定位用户在产品中遇到的问题，提炼出各个阶段中产品需要为用户提供的服务以及用户期望达成的目标，并发现痛点与机会点，从细节优化体验。同时在最高点的环节进一步优化，可以形成产品的亮点及特色；最低点的环节则代表整个流程中最为薄弱的一环，优化此环节可以提升产品整体的体验，减少用户的流失。

**6. 推动用户体验地图落地**

用户体验地图中发现的目标、问题、差距、机会、建议，都需要进一步被转化成产品需求以及设计方案。在此过程中还需注意区分问题的优先级，问题严重度越高、发生频率越高、用户满意度越低、优化难度越低的需求优先级越高。从"公地悲剧"（过度开发公共资源导致市场失灵）可知，如果每个人都拥有需求的实施权，最终很有可能没有任何人会去真正实施这个需求，需求最终会被搁置。

绘制好用户体验地图后，工作并没有结束，还有两项重要的工作。

1）头脑风暴

与用户调研参与者、相关负责人一起，针对已完成的用户体验地图做一场头脑风暴。复现用户体验地图上的每个标签内容，将用户调研发现的用户感受、想法告诉大家，增加相关人员对用户的同理心，帮助大家在当下/未来有更好的决策。

2）安排后续工作

按照情绪曲线、机会点价值大小，梳理优先级，安排后续工作。对于最高点，思考能否优化做到极致；对于最低点，思考如何能提升；对于中线，分析竞品，产品优化空间。

## 3.5.7  用户体验地图的应用

**1. 规划和调研阶段**

用户体验地图可以了解目前用户使用竞品的体验，可以是针对产品纯线下或纯线上的传统体验，来帮助我们理解用户背景，便于寻找设计机会点以及进行设计实施前的梳理规划工作；可以对市场分析的结果进行归类分析，找出本产品不同于竞品的切入点。

**2. 产品优化阶段**

用户体验地图可用于评审现状、头脑风暴、会议讨论、筛选需求、突出痛点、寻找曝光机会点、描述未来愿景。同时，由于用户体验地图的制作需要多人参与，从而让团队中的所有人都能够横向梳理产品流程，使每个人都可以了解项目的整体情况，引导团队成员关注用户感受、问题和需求。

### 3. 成果展示阶段

由于用户体验地图具有图形化和故事性的特点，因而其可以快速、直观地介绍项目背景，展示本阶段的主要工作着力点，对改进前后的体验进行对比，还可用于意见的征集和产品的宣传。

### 4. 走查改进阶段

通过用户体验地图，能够对产品全局有清晰的了解，可以准确判断交互设计缺失的位置、情形及原因，还可以检验产品交互逻辑的合理性以及交互方式的统一性；既可用来走查重要的核心流程，也可用来走查次要的辅助功能设计。

作为一种新的产品设计以及用户体验设计工具，用户体验地图已经被越来越多的交互设计师所接受。在构建用户体验地图的整个过程中，会涉及很多的研究方法，但最重要的是整个绘制的过程。绘制用户体验地图并不是最终目的，而是希望在这一过程中让更多的相关人员能够参与到项目中来，从全局视角来审视产品，找到设计的突破口。

# 第 4 章

# 需求分析

## 4.1 关于需求

### 4.1.1 定义

需求是指在一定时间内和一定价格条件下，消费者对于某种商品或服务愿意并且能够购买的数量。用户需求分析为整个设计流程设定了基础，其主要目的是定义设计的目标和限制，逐步理解用户，了解他们的行为。设计师经过一系列的用户研究之后，会得到大量的需求，在这个过程中也会接触到很多待解决的问题，这些内容被统称为需求，即现状无法满足需要，为达到某种目标而制定的内容。需求主体未必只有用户，也可能是企业、产品、运营、技术等。

### 4.1.2 分类

需求大致可以分为两类，即内部需求和外部需求，如图 4.1 所示。

图 4.1　需求分类

**1. 内部需求**

内部需求是由企业内部发起的，是基于企业、产品本身商业（产品、运营）、体验（设计、技术）等层面的诉求而提出的需求。

1）产品需求

产品需求由产品侧发起，最为常见，通常是基于对产品发展目标、商业目标、竞品动向、行业变化等层面考虑的需求。

2）运营需求

运营需求由运营侧发起，通常是基于运营活动等层面考虑的需求。

3）设计需求

设计需求由设计侧发起，通常是基于对体验、视觉等层面考虑的需求。

4）技术需求

技术需求由技术侧发起，通常是基于对产品技术体验、性能优化等层面考虑的需求。

5）领导需求

领导需求由公司上层发起，一般与产品经理发起的需求类似，但有时也可能是决策层的临时想法。

**2. 外部需求**

外部需求是所有在企业以外发起的，基于对企业产品的诉求、要求得不到满足而提出的需求。

1）用户需求

用户需求主要来自 C 端产品，是用户对于产品的反馈，或企业对用户的调研而得出的需求。

2）客户需求

客户需求主要来自 B 端产品，是客户对于产品功能、性能等层面考虑的需求。

3）政策需求

政策需求主要来自相关政策法规，通常是基于对产品合规性、用户隐私权限等层面进行规范要求而整改的需求。

4）其他需求

还有一些特殊情况下的设计需求，如公共设施的设计，要求要对公共环境的影响进行考虑等。

以上列举的是常见的需求类型，可以发现需求类型其实是多样的，设计师对于需求类型的鉴别也需要有一定的认知。

# 4.2 拆解——5W2H 法

## 4.2.1 5W2H 法的应用思路

我们需要对需求进行进一步拆解，才能知道它是不是我们真正需要的。

这里以一个简单的例子来说明 5W2H 法的基本思路和应用场景。下雨天，在雨中，有人冒雨抽烟，为了在雨中抽烟的时候烟不被淋灭，可以加一个带小雨伞的烟嘴。分析这个场景，我们不由得会思考，有多少人会在雨中抽烟？为何不在某个可以躲雨的地方抽烟呢？一定要边淋边抽烟？有多少人为了可以边淋雨边抽烟去购买加把小雨伞的烟嘴？所以不难分析出来，冒雨抽烟这个需求是伪需求，并且这个发明也不会大规模应用（抽烟有害健康）。

我们在评估这个需求真伪的时候，思考在什么时间、什么场景、服务什么样的人，有多少人因什么样的目的，而有多大的意愿掏钱？这个过程应用的就是 5W2H 法，如图 4.2 所示。

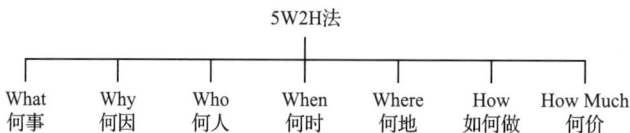

图 4.2 5W2H 法

Who——为谁而做？由谁来做？产品的用户是谁？这个"谁"不是指某个个体，而是产品的某类典型群体。用户需求是什么？用户遇到了什么问题？可以将用户需求枚举出来，但是需要注意用户需求不一定等于产品需求。

Why——为什么要做？可不可以不做？有没有替代方案？需求的背景是什么，产品在当前遇到了什么问题，如数据差、体验反馈差等。想要达到什么目标，是商业需求还是用户需求？产品所在行业的竞品情况如何，市场趋势如何？

What——是什么？目的是什么？做什么工作？需求的内容是什么，基于需求的背景、目标，产品即将做什么事情？注意，不能局限于做某个具体形态的事情，可以尝试描述这件事情如何满足需求。

When——何时？什么时间做？什么时机最适宜？什么时间节点出现这个需求？需求的最终产物会在什么时间节点出现？

Where——何处？在哪里做？什么场景出现这个需求？需求的最终产物会在什么场景/页面/模块出现？

How——怎么做？如何提高效率？如何实施？方法是什么？需求所要做的这件事情，实现方式是怎样的？有没有其他可能的方式可以更好地实现这件事情？

How Much——多少？做到什么程度？数量如何？质量水平如何？费用产出如何？

5W2H法是一种思考方法，也是一种工作方法。它可以帮助我们避免只关注某个细节或者具体的需求方案，而是从顶层开始思考。这个方法非常适合处理中型/大型的需求，在设计师对需求本身疑惑，甚至与产品经理意见分歧时，会有很大的用处。设计师应思考产品提出的需求建议方案，与需求目标是否一致。以需求目标为导向，是判断方案是否可行的最直接的方法。

## 4.2.2  5W2H 法的应用案例

### 1. 案例 1——交互设计

某天，产品经理提出一个需求，优化用户取消订单的挽留弹窗。线上的样式是底部弹窗，但是底部弹窗容易单击"取消订单"按钮，且文字提示不够清晰。初步方案是将弹窗样式改成居中弹窗，对于用户提醒层面会更加明显，如图 4.3 所示。

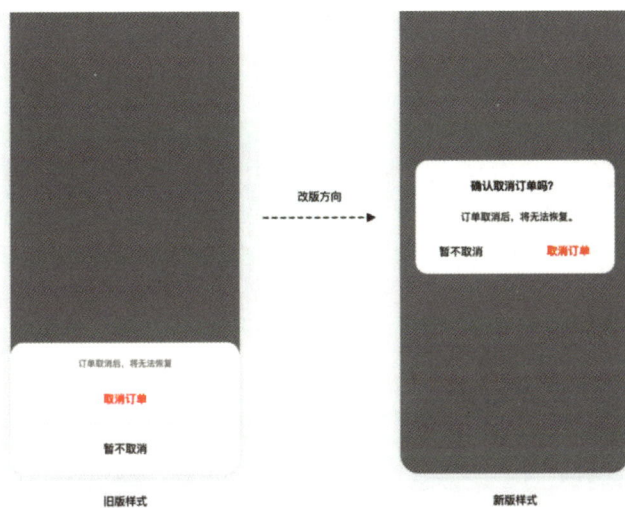

图 4.3　将弹窗样式改成居中弹窗

很多产品都会设计页面退出时的挽留弹窗，常见的如"确定退出页面吗？退出/取消"，但这经常是一种为了做而做的挽留弹窗。对于这种弹窗，不光无法带来目标效果，反而容易引起用户的反感。

此时设计师就遇到了需求方面的困惑。那么在分析需求时，可以尝试简单拆解一下这个需求：

What——通过某种方式，降低订单取消率。目前比较合适的方式是优化取消订单的挽留弹窗。

Where——我的订单页，目前其他场景无法取消订单，所以场景比较明确。

When——用户已经下单（已支付/未支付），单击"取消订单"按钮后触发挽留弹窗。

Who——目标用户，即已经下单的用户。枚举用户遇到的问题，如点错了、忘记支付密码、不想买了、收货地址填错了……

How——初步想法：把底部挽留弹窗改成居中挽留弹窗；其他想法：是否还有其他方式降低订单取消率？

How Much——修改以后用户的订单取消率会降低到什么程度？误操作的概率会降低到什么程度？

Why——行业内，用户下单之后都有取消订单的操作，本平台的订单取消率处于行业中的平均水平，基于对产品的优化，希望可以降低订单取消率。

可以发现，这个需求其实是可以被拆解的。在这个需求里，尽管原因（Why）很清晰，但是用户（Who）推导出来的方法（How）是有问题的。从用户的角度出发可知，仅仅一个居中挽留弹窗是无法解决用户需求的。

这里需要警惕一个点，即设计"挽留弹窗"这件事情，先不管最终产物是不是弹窗的形式，但是不能一开始就陷入"我要设计一个弹窗"的思维，可以先思考下，需要通过什么方式降低用户的订单取消率？

但是我们如何发现潜在的更优方案呢？可以尝试多几个问号：用户为什么会取消订单？设计挽留弹窗，是否真的对降低订单取消率有帮助？设计挽留弹窗，能否解决用户在这个场景遇到的问题？是否可以不用挽留弹窗而采用其他方式降低订单取消率？这时需求的解决方式，可以从以下两个角度寻找，最终修改方案可能如图 4.4 所示。

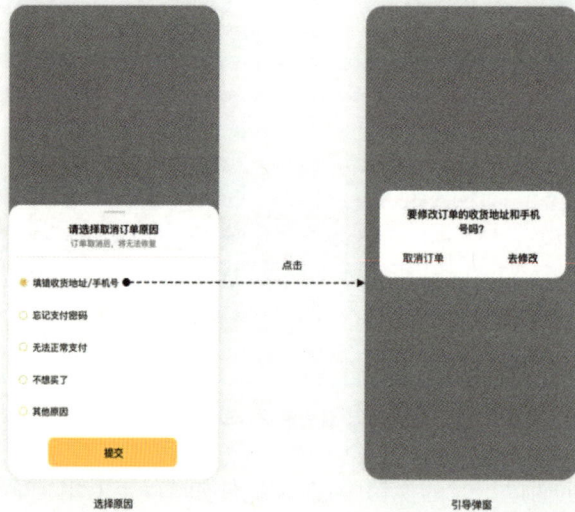

图 4.4　最终修改方案

（1）通过向用户提供修改收货地址的入口降低订单取消率。

此时弹窗的动机不再是为了"阻挡"用户，而是推测用户的操作意图，帮助用户解决问题。相比于单纯的阻挡弹窗，这种处理方式的好处是通过找到并解决部分操作的根本原因，以减少负向操作，帮助平台更好地分析用户取消订单的原因以改善产品体验。

（2）如果填错地址的用户占订单取消率的比重很高，是否可能尝试优化下单流程？如让用户更明确订单地址，避免用户选错地址。从而通过优化本质的问题，减少用户取消订单的比例，也减少弹窗出现的频次。最后会发现，设计出来的方案可能会以弹窗作为表现形式，也可能通过优化下单流程降低订单取消率。

### 2. 案例2——语音直播产品设计

我们先抛出几个语音直播产品最常见也是最关心的问题，然后具体分析。

问题一：直播间用户流失跳出率很高，为什么留不住用户呢？

What——直播间用户用户的互动越来越少。

Where——直播间里在线人数和发言互动人数减少。

When——最近一段时间（明确时间、几周、几日、几月、哪个时间段）。

Who——以前活跃的人，现在都不怎么在线或发言互动了。

How Much——以前直播间至少几千的在线人数，互动发言的能占百分之三十，现在在线人数减少到一两百人，活跃的不到百分之十。

Why——主播内容质量不够新颖，互动不够强烈？直播间功能单一无趣？用户被其他平台的更大魅力吸引去了？产品的用户体验不够完善？或者一些不确定的外因？

在明确了这些原因或者找到了新的研究方向后，可以开展进一步的研究，如对用户做一个调研，明确用户更喜欢什么类型的业务，什么样的主播，从而针对性地提升主播的业务能力；通过分析用户数据，做一些多元化功能，在满足用户基本需求的基础上，增添一些期望需求和魅力需求（这一点在 4.3 节的 KANO 模型部分会有详细的解释），不定期增添制造惊喜功能，刺激用户；对用户从进来到出去流程的数据节点做一个分析，是哪个环节出现了问题，导致用户流失的，有无办法补救，无法补救的话，是否需要及时止损，重新探索一条更适合的路径（考虑时间成本和技术成本）。

问题二：直播间用户付费率越来越低，为什么？

What——直播间付费用户越来越少。

Where——直播间里愿意花钱消费的用户逐渐减少。

When——最近一段时间（明确时间、几周、几月）。

Who——以前付费的用户或新用户，现在都不怎么产生消费行为了。

How Much——以前直播间上万的流水，现在的流水在原先的基础上减少一半。

Why——直播间氛围不是很好？付费路径入口太少，门槛高或缺乏引导？礼物样式不够独特新颖，缺乏创新？运营活动单一，优惠不够完善？不会用？

将直播间用户付费率的问题进行细化分析，就可以找到问题出在哪里，从而采取相应的解决措施，如增设更多的创新运营活动，给平台注入活力，营造氛围；按用户分类，调整付费结构，适当增设付费路径；跟随时代潮流和热点，抓住用户从众心理，实时更新礼物样式，不断创新等。

# 4.3　优先级——KANO 模型

## 4.3.1　什么是 KANO 模型

KANO 模型是一种对用户需求进行分类和优先级排序的工具。它以分析需求对满意度的影响为基础，体现了产品性能和用户满意度之间的非线性关系。KANO 模型是日本东京理工大学教授狩野纪昭（Noriaki Kano）提出的，也由此得名。

KANO 模型将产品服务的质量特性分为 5 类，即基本（必备）型需求、期望（一元）型需求、兴奋（魅力）型需求、无差异型需求和反向（逆向）型需求。

一般来说，产品质量（Quality）指的是在商品经济范畴，企业依据特定标准，对产品进行规划、设计、制造、检测、计量、运输、储存、销售、售后服务、生态回收等全程的必要信息披露，是产品适合社会和人们需要所具备的特性，包括产品结构、性能、精度、物理性能、化学成分等内在特性，以及外观、形状、手感、色泽、气味等外部特性，可以概括为性能、寿命、可靠性、安全性、经济性、外观质量及生理和心理反馈等方面。从价值角度来看，质量的含义是效益导向的，体现在追求高质量和实现更高的用户满意度，从而期望实现收益的增加。产品质量的好坏可以通过对特定的质量要素或质量整体的优劣程度进行定性或定量的描述和评定，这称为质量评价。质量评价是质量管理体系的一个重要组成部分，如图 4.5 所示。

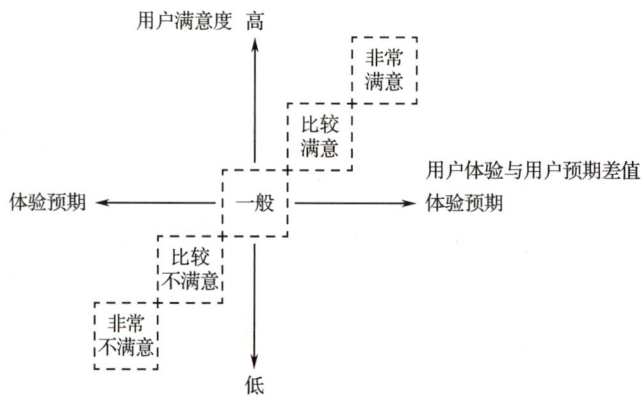

图 4.5　质量评价

## 4.3.2　KANO 模型的需求分类

所谓满意是一种心理状态，是用户的需求被满足后的愉悦感，它标示着用户对产品或服务的事前期望与实际使用或服务后得到的开心或失望感觉的程度。满意是用户忠诚的基本条件，KANO 模型中影响用户满意度的因素如图 4.6 所示。

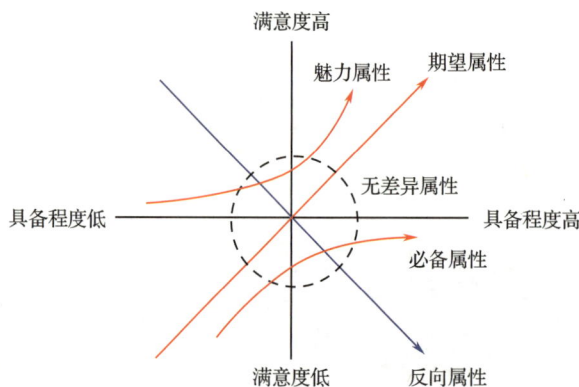

图 4.6　KANO 模型中影响用户满意度的因素

### 1. 基本型需求

基本型需求又称必备型需求，是用户对企业提供的产品或服务的基本要求，也是用户认为产品或服务"必须有"的属性或功能。

与基本型需求相对应的是产品的基本品质，也称理所当然品质、必备属性。产品基本品质的优劣能消除用户的不满，但不能提升产品的满意度。企业应注重的是不要在这方面失分，过度地强化基本品质会带来无谓的成本上升，对产品体验的提升作用却不明显。

### 2. 期望型需求

期望型需求也称一元型需求，指用户的满意状况与需求的满足程度成正比关系的需求。此类需求得到满足或表现良好的话，用户满意度会显著增加。

期望型需求对应的是产品的期望属性。

例如，在国内对质量投诉处理的现状始终不能令人满意，该服务也可被视为期望型需求，它常常被许多企业所忽视；对质量投诉处理得越圆满，那么用户的满意度就越高，相应地，体验感和忠诚度就会得到提升。

### 3. 魅力型需求

魅力型需求又称兴奋型需求，指不会被用户过分期望的需求。

魅力型需求对应的是产品的魅力品质、魅力属性。即便是表现并不完美的魅力品质，所带来的用户满意度的提升也是非常明显的；但在魅力品质期望不满足时，用户并不会因此而表现出明显的不满意。魅力品质往往代表用户的潜在需求，带给用户的是惊喜，企业应该寻找和发掘这样的需求，达到大幅提升用户满意度、领先竞争对手的目的。

### 4. 无差异型需求

无差异型需求指不论提供与否对用户体验均无影响的品质，对应无差异属性。

无差异型需求是质量中既不好也不坏的方面，它们通常不会导致用户满意或不满意。这种需求是用户不关注的需求。无论产品或服务是否具备这种品质，用户满意度均不会受影响，如游戏中的一些多余的设计，一般就是无差别品质，通常是设计者考虑不周全或因为特定目的而产生的信息冗余，如航空公司为乘客提供的、没有实用价值的赠品，由于免费因此很少有人去关注，也很难说能带给乘客什么样的感受。而且一旦乘客发现赠品粗制滥造，反倒会起到不良的影响。鉴于无差异型需求对用户满意度的作用可有可无，企业应该不提供或慎重提供。

### 5. 反向型需求

反向型需求也称逆向型需求，指能引起强烈不满或导致低水平满意度的质量特性，对应产品的反向属性。

依据 KANO 模型的思想，在改善产品和企业服务时，应遵循以下原则。

首先，要全力以赴地满足用户的基本型需求，保证其提出的问题得到认真的解决；重视用户认为企业有义务做到的事情，尽量提供方便，以实现用户最基本需求的满足。

其次，企业应尽力去满足用户的期望型需求，这是质量上传统的竞争性因素。提供用户喜爱的额外服务或产品功能，使其产品和服务优于竞争对手、并有所不同，形成差异化优势，引导用户强化对本企业的良好印象，使其满意。

最后，企业应争取实现用户的魅力型需求，以期带给用户惊喜，达成完美的体验，为企业建立最忠实的用户群。

KANO模型的思想给体验设计带来了全新的启发：传统体验设计往往面面俱到，无差别地追求所有交互属性的完美。这样的做法不仅徒劳无功，有时还会适得其反。正确的做法是，应准确辨识交互的基本型、期望型和魅力型等需求，并依据KANO模型的思想区别对待，在满足基本型需求的基础上，力争带给用户惊喜，以达成大幅提升体验效果的目的。

## 4.3.3  如何使用KANO模型

KANO模型分析方法是基于对用户需求的细分原理开发的一套结构型问卷分析方法。严格地说，该模型并不是一个测量满意度的模型，而是一个典型的定性分析模型，主要用于识别用户需求，通过对不同的需求进行区分处理，帮助企业确定影响满意度的关键要素，找出提高产品或服务的切入点，通常在满意度评价工作的前期作为辅助研究模型来使用。

产品或服务效果的评价可以从两个方向来考虑，首先是从用户让渡价值的角度，即从用户获得的价值和用户付出成本的差值大小来评价，其次是从用户需求的角度。

然而，根据可行性、可衡量性、可比较性和可操作性四原则及项目实际要求，无法对用户的时间、体力和精神成本进行准确的衡量，而服务的提供也多表现为非货币成本，因此，从用户让渡价值的角度建立评价模型的难度较大；从用户需求角度提出服务有效性评价模型，则具有较高的可操作性。用户角度的有效服务要满足两点：一是满足不同用户群的不同需求；二是使用户感到满意。具备这两点的服务就是有效服务，反之就是无效服务或低效服务。通常，无效服务或低效服务应予以取消，或者改进。

由此，可以剥离出三个维度的指标来建立有效服务的评价体系，即需求层次识别、用户细分和用户满意度，如图4.7所示。

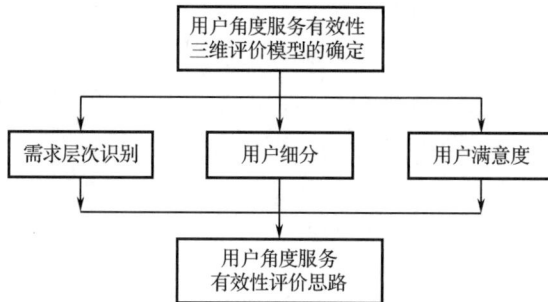

图4.7  用户角度服务有效性评价

1）需求层次识别

通常，不同的服务满足用户不同层次的需求，用户对服务质量和内容也有着不同的心理预期。为了能够将质量特性区分为不同的层次，KANO问卷中每个质量特性都由正向和负向两个问题构成，分别测量用户在面对存在或不存在某项质量特性时所做出的反应。问卷中的问题答案一般采用五级选项，分别是"喜欢""理应如此""无所谓""勉强接受""讨厌"，如表4.1所示。

对表4.2所示的问卷实施调查，按照正向问题和负向问题的回答对质量特性进行分类：

当正向问题的回答是"喜欢"，负向问题的回答是"讨厌"时，则在 KANO 评价表中，这项质量特性就分类为 O，即期望型需求；如果对某项质量特性正向问题的回答为"理应如此""无所谓""勉强接受"，但对负向问题的回答为"讨厌"，则分类为 M，即基本型需求；如果对某项质量特性正向问题的回答为"喜欢"，但对负向问题的回答为"理应如此""无所谓""勉强接受"，则分类为 A，即魅力型需求；同样，可得出分类 R，表示用户不需要这种质量特性，甚至对该质量特性有反感；I 表示无差异型需求，用户对这一因素无所谓；Q 表示有疑问的结果，用户的回答一般不会出现这个结果，除非这个问题的问法不合理或是用户没有很好地理解问题、又或者是在填写问题答案时出现了错误。

将被试对象的所有回答进行统计，并将统计得到的结果填入表 4.2 中，然后按各质量特性对应被试人数的多少将其分成基本型、期望型和兴奋型等需求。

表 4.1　KANO 问卷中每个质量特性问题和答案选项

| 正向评价 | 如果具有 ××× 功能，您如何评价 | | | | |
| --- | --- | --- | --- | --- | --- |
| | 喜欢 | 理应如此 | 无所谓 | 勉强接受 | 讨厌 |
| 负向评价 | 如果不具有 ××× 功能，您如何评价 | | | | |
| | 喜欢 | 理应如此 | 无所谓 | 勉强接受 | 讨厌 |

表 4.2　对质量特性进行分类

| 产品/服务需求 | | 负向问题 | | | | |
| --- | --- | --- | --- | --- | --- | --- |
| | 量表 | 喜欢 | 理应如此 | 无所谓 | 勉强接受 | 讨厌 |
| 正向问题 | 喜欢 | Q | A | A | A | O |
| | 理应如此 | R | I | I | I | M |
| | 无所谓 | R | I | I | I | M |
| | 勉强接受 | R | I | I | I | M |
| | 讨厌 | R | R | R | R | Q |

2）用户细分

用户细分是指企业在明确的战略模式和特定的市场中，根据用户的属性、行为、需求、偏好及价值观等因素对用户进行分类，并提供有针对性的产品、服务和销售模式，如图 4.8 所示。这样就可以分别采取相应的市场营销手段，提供差异化的产品和服务，从而大大提高产品体验和营销效率。下面从三个角度来讲述用户细分。

不进行用户细分，是进行大众化的营销

对所有用户使用相同的方法
● 完全相同的价值/方法
● 完全相同的服务/产品

进行用户细分，可以实施有针对性的营销

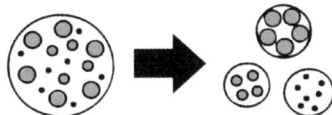

对不同类型的用户使用不同的方法
● 不同的价值/方法
● 完全个性化的服务/产品

图 4.8　用户细分

（1）用户细分的步骤。用户细分通常由 5 个步骤来实现：

① 用户特征细分，包括地理（如居住地、行政区、区域规模等）、社会（如年龄范围、性别、经济收入、工作、职位、受教育程度、宗教信仰、家庭成员数量等）、心理（如个性、生活形态等）和消费行为（如置业情况、动机类型、品牌忠诚度、对产品的态度等）等要素。

② 用户价值区间细分。如对用户进行从高价值到低价值的区间分隔，以便根据二八原理，锁定高价值用户。

③ 用户共同需求细分。围绕用户细分和用户价值区间细分，选定最有价值的用户细分作为目标用户细分，提炼它们的共同需求。

④ 选择细分的聚类技术。常用的聚类方法有 K-means、神经网络等，用于对数据初始化和预处理。

⑤ 评估细分结果。评估规则包括与业务目标相关的程度、可理解性和是否容易特征化、基数是否大到能保证一个特别的宣传活动，以及是否容易开发独特的宣传活动等。

（2）用户细分的维度。

在进行用户细分时，首先要选择合适的维度。常见的用户细分维度包括行为、价值、用户历史数据、人口统计、地理统计、态度/倾向、制约条件、认知/印象、场合和需求等，如图 4.9 所示。当然，有时根据具体情况也可以产生新的维度。

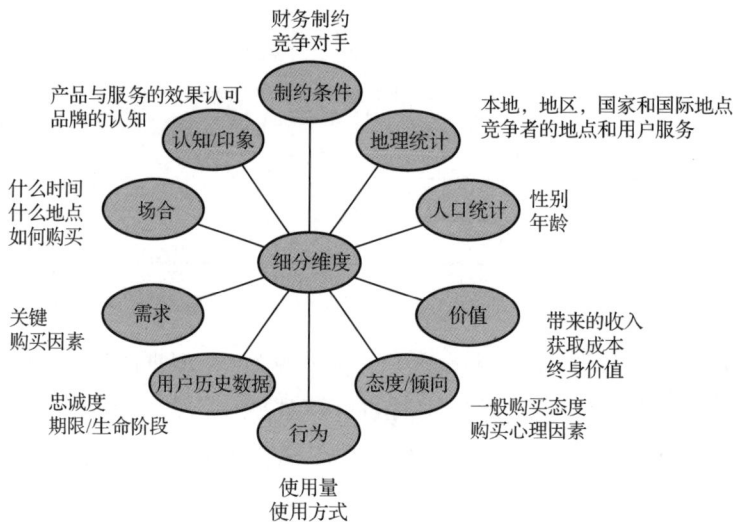

图 4.9　常见的用户细分维度

象限法是进行维度筛选常用的方法，如图 4.10 所示，其具有容易实现且非常直观的特点。当用户细分的目的不同时，象限法所采取的横纵坐标轴也不一样。即便是为同一种目的，仅用一种二维的分析也不一定全面。所以可以考虑几种横纵坐标轴的定义，进行不同的组合，对得出的结果加以综合考虑。有时候为了更好地通过细分来获取对用户内在需求的洞察力，细分维度会多于一个。

一般来说，维度越多获取的洞察力就越多，但同时复杂性也就越大。细分维度可依据实际对象的特点进行选择。

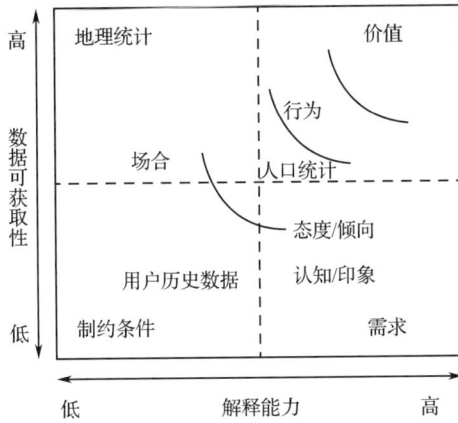

图 4.10　进行维度筛选的象限法

（3）用户细分的模型。

建立用户细分群、实现知识分析平台，将用户数据转化为对用户需求的了解，并由此产生出有针对性的产品或服务品质提升方法，这一过程就是用户细分模型建模。

图 4.11 给出了一个用户细分具体实施的模型，其重点反映了用户价值、用户周期价值、用户流失的原因分析等因素与用户细分的关联。

由于每种细分方法都有其优缺点，因此根据实际情况的需要，比较各种用户细分方法的优劣，评估其实施难度及有效程度，是确定合适细分组合的关键。同时也要牢记，增加企业股东价值和满足决策目标是用户细分所要达到的最终目的。

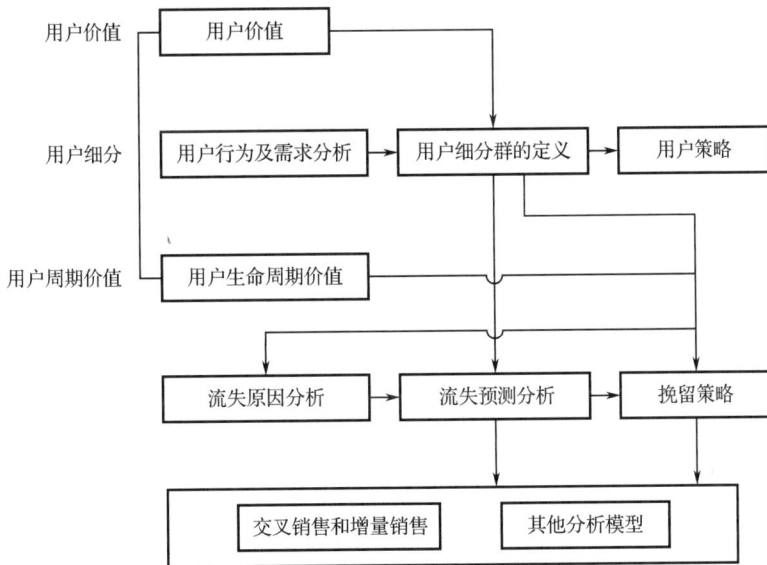

图 4.11　一个用户细分具体实施的模型

3）用户满意度

满意影响程度（Satisfaction Index，SI），也称用户满意指数或用户满意度，是用户期望值与其体验的匹配程度，即用户通过对一种产品可感知的效果与其期望值相比较后得出的结果，是一种愉悦或失望的感觉状态。与用户满意度相对的是用户不满意度（Dis-

Satisfaction Index，DSI），即不满意影响程度。

① 用户满意度系数指标，包括以下几种。

（a）Better 系数：增加后的满意系数。其值通常为正，代表如果提供某功能属性，则用户满意度会提升；正值越大（越接近 1），提升的影响效果越强，上升得更快。

（b）Worse 系数：消除后的不满意系数。其值通常为负，代表如果不提供某功能属性，则用户的满意度会降低；负值越大（越接近 -1），降低的影响效果越强，下降得越快。

② 用户满意度的影响因素。研究发现，用户满意度通常受到以下 4 个因素的影响：

（a）产品和服务让渡价值的高低。如果用户得到的让渡价值高于他的期望值，他就倾向于满意，差额越大越满意；反之亦然。

（b）用户的情感。用户的心情会对服务产生影响，也会影响用户对服务的满意度。

（c）对服务成功或失败的归因。当产品服务比预期好得太多或坏得太多时，用户总是试图寻找原因，这就是归因。而对原因的评定能够影响其满意度。

（d）对平等或公正的感知。公正的感觉往往是用户对产品或服务满意与否的感知的中心。

将各质量特性以 SI 值为横坐标、DSI 值为纵坐标纳入 KANO 模型敏感性矩阵中，如图 4.12 所示。在半径圈（$O$ 为原点（0,0），以 $O$ 为圆心、$OP$ 为半径的圆，$OP$ 是过纵横 0.5 处交点的线段长度）以外且离原点越远的因素，敏感性越大。

在此基础上企业尽力去满足用户的期望型需求，如录音机的录音功能，这是质量的差异性、竞争性因素。之后争取实现用户的魅力型需求，如外观、续航、良好的售后服务等，力争带给用户惊喜，建立用户的忠诚度。

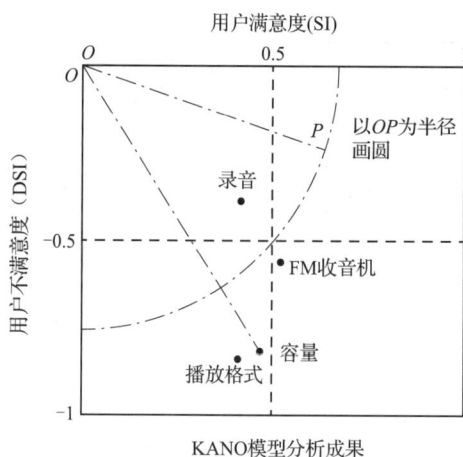

图 4.12　KANO 模型敏感性矩阵

## 4.3.4　KANO 模型应用的思考

为什么要用 KANO 模型？KANO 模型能够很好地贴合业务需求，从具备程度和满意程度这两个维度出发，对功能进行细致、有效的区分和排序，从而理解哪些功能一定要有，否则会直接影响用户体验（必备属性、期望属性）；哪些功能没有时不会造成负向影响，但拥有时会给用户带来惊喜（魅力属性）；哪些功能可有可无，具备与否对用户都不会有太多影响（无差异因素）。

KANO 模型设置题目时，对于每一个想要探查的问题都要了解两个方面，即用户对于具备该功能时的评价和不具备时的评价。如在探讨"信息管理 - 购买行为信息"功能点时，会分别正向和反向地询问用户对是否具备该功能的评价。

为保证用户对问卷中各功能点的准确理解，保证数据质量，需要做两件事：一是对于每个功能点进行举例说明；二是预访谈三名卖家，请卖家做完问卷后提出疑惑的地方，检验功能点的阐述是否容易理解，对不清晰的部分加以修改和完善。另外，由于每个用户对于"喜欢""理应如此""无所谓""勉强接受""讨厌"的理解不尽相同，因此需要在问卷填写前给出统一的解释，让用户有相对一致的标准，方便填答。

投放了足够的问卷后，接下来开始进行数据的收集、清洗和分析，具体如下。

1）数据收集

调查的样本为 3 ~ 4 月有成交的卖家，通过邮件营销系统进行问卷投放，共回收 5906 份数据。

2）数据清洗

目的是剔除明显不合逻辑或不合理的数据。例如，在 KANO 问卷中，清除了全选"喜欢"和全选"讨厌"的数据（全部是极端选择）。经过清洗得到有效数据 4395 份。

3）数据分析

重点针对近一个月发单量大于 20 单的 139 名用户进行分析。具体分析方法为"KANO 二维属性归类"和"Better-Worse 系数分析"。

（1）KANO 二维属性归类。

KANO 评价结果分类对照表可参照表 4.2 制作。每一个功能在 6 个维度上（魅力属性、期望属性、必备属性、无差异属性、反向属性、可疑结果）均可能有得分，将相同维度的得分百分比相加后，可得到各个属性的占比总和，总和最大的那个属性便是该功能的属性归属。

如表 4.3 所示，在对"信息管理 - 购买行为信息"这一功能进行统计整理时，发现魅力属性的占比总数最高，进而得到"信息管理 - 购买行为信息"功能属于魅力属性。

表 4.3  功能属性结果举例

| 用户信息管理：可以帮助您了解用户的购买行为信息，如不同类目下的购买历史等 | | | | | | KANO 属性：魅力属性 | |
| --- | --- | --- | --- | --- | --- | --- | --- |
| 具备 ＼ 不具备 | 喜欢 | 理应如此 | 无所谓 | 勉强接受 | 讨厌 | 魅力 | 36.7% |
| 喜欢 | 9.4% | 5.0% | 11.5% | 20.1% | 28.8% | 期望 | 28.8% |
| 理应如此 | 0.7% | 5.8% | 2.9% | 1.4% | 2.9% | 必备 | 2.9% |
| 无所谓 | 0.0% | 0.0% | 9.4% | 0.0% | 0.0% | 无差异 | 21.6% |
| 勉强接受 | 0.0% | 0.0% | 0.7% | 1.4% | 0.0% | 反向 | 0.7% |
| 讨厌 | 0.0% | 0.0% | 0.0% | 0.0% | 0.0% | 可疑 | 9.4% |

（2）Better-Worse 系数分析。

除了对于 KANO 属性归属的探讨，也可以通过对功能属性归类的百分比计算出

Better-Worse 系数。Better-Worse 系数分析的四分位图如图 4.13 所示，散点被划分到了以下 4 个象限。

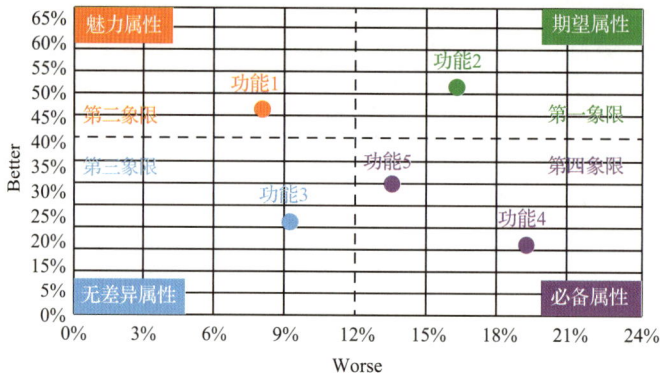

图 4.13　Better-Worse 系数分析的四分位图

第一象限表示期望属性：Better 系数值高，Worse 系数绝对值也很高。落入这一象限的属性，称为期望属性，即产品提供此功能，用户满意度会提升。这是质量的竞争性属性，应尽力去满足。

第二象限表示魅力属性：Better 系数值高，Worse 系数绝对值低。落入这一象限的属性，称为魅力属性，即产品不提供此功能，用户满意度不会降低，但当提供此功能时，用户满意度和忠诚度会有很大的提升。

第三象限表示无差异属性：Better 系数值低，Worse 系数绝对值也低。落入这一象限的属性，称为无差异属性，即无论产品提供或不提供这些功能，用户满意度都不会有改变，这些功能点是用户并不在意的。

第四象限表示必备属性：Better 系数值低，Worse 系数绝对值高。落入这一象限的属性，称为必备属性，即当产品提供此功能时，用户满意度不会提升，当不提供此功能时，用户满意度会大幅降低，说明落入此象限的功能是最基本的功能，这些需求是用户认为我们有义务做到的事情。

根据 Better-Worse 系数，对绝对值较高的功能/服务需求应当优先实施。如将表 4.4 中"信息管理－购买行为信息"数据带入式（4-1）、式（4-2），得到 Better-Worse 系数为

$$\text{Better} = (0.367+0.288) / (0.367+0.288+0.029+0.216) = 0.73 \tag{4-1}$$

$$\text{Worse} = (0.288+0.029) / (0.367+0.288+0.029+0.216) \times (-1) = -0.35 \tag{4-2}$$

如表 4.4 所示的 KANO 属性结果，反映的是日发货 20 单以上的 139 名卖家的选择结果分布情况。可以看到，在用户关系管理工具的 17 个功能点中，大多数为魅力属性，而本次调研中并没有发现必备属性。

从 Better-Worse 系数这一衡量指标中不难发现，"忠诚度-C2""忠诚度-C3""信息传达-F1""信息传达-F4"都是 Better、Worse 均值很高（大于平均数）的要素。用户关系管理工具一旦加强了这些功能，不仅会消除用户的不满意，还会提升满意度。表 4.4 中，*表示大于增加满意指标及小于消除不满意指标的平均数。

表 4.4　KANO 属性结果

| 用户关系管理工具功能点 | 属性归属 | Better | Worse |
|:---:|:---:|:---:|:---:|
| 信息管理 -A1 | 魅力 | 0.70 | −0.70 |
| 信息管理 -A2 | 魅力 | 0.73* | −0.35 |
| 用户分层 -B1 | 魅力 | 0.66 | −0.35 |
| 用户分层 -B2 | 魅力 | 0.66 | −0.29 |
| 用户分层 -B3 | 无差异 | 0.55 | −0.35 |
| 忠诚度 -C1 | 魅力 | 0.67 | −0.36 |
| 忠诚度 -C2 | 期望 | 0.80* | −0.42* |
| 忠诚度 -C3 | 魅力 | 0.72* | −0.38* |
| 忠诚度 -C4 | 魅力 | 0.68 | −0.37* |
| 活动设置 -D1 | 魅力 | 0.68 | −0.37* |
| 活动设置 -D2 | 魅力 | 0.65 | −0.33 |
| 活动效果 -E1 | 期望 | 0.67 | −0.39* |
| 活动效果 -E2 | 期望 | 0.66 | −0.66 |
| 信息传达 -F1 | 期望 | 0.72* | −0.44* |
| 信息传达 -F2 | 魅力 | 0.64 | −0.34 |
| 信息传达 -F3 | 魅力 | 0.69* | −0.34 |
| 信息传达 -F4 | 魅力 | 0.78* | −0.39* |

辅助进行业务的优先级排序，是 KANO 模型的一大功能特点。业务方在进行功能优先级排序时，可按照必备属性 > 期望属性 > 魅力属性 > 无差异属性的基本顺序进行排序。

通过上述应用案例，可总结出如下的建议：一是期望属性的功能点对于工具的意义重大，建议优先考虑开发或强化；二是对于魅力属性的功能点，建议优先考虑 Better 值较高的功能，有事半功倍的效果；三是无差异属性可以成为节约成本的机会。

同时，KANO 模型也有它的不足：KANO 问卷通常较长且从正反两面询问，可能会导致用户感觉问题过于重复，并引起情绪上的波动；若用户情绪受到影响而没有认真作答，则会导致数据质量的下降；用 KANO 问卷针对产品属性进行测试时，部分属性也许并不好理解，导致选择结果出现模糊；KANO 模型属于定性的方法，以频数来判断每个测试属性的归类，这可能会导致同一属性出现在不同归类（频数相等或近似）中。一旦这种情况出现，就需要对这一属性进行单独的重新考察。

由于这些不足的存在，因此在用 KANO 模型分析数据时应注重数据收集前的准备工作，如在问卷设计时应尽量把问卷设计得清晰易懂、语言尽量简单具体，避免语意产生歧义，同时可以在问卷中加入简短且明显的提示或说明，方便用户顺利作答。

# 4.4 沟通——和产品经理一起做需求分析

## 4.4.1 不同职能角色的需求分析

在互联网公司中，常见的职能角色主要有产品经理、交互设计师（主要分布在中型、大型互联网公司）、UI 设计师、研发人员、测试人员。但除了产品经理，设计师对于需求分析的了解也有很大的必要性。

不同职能角色对于设计需求的分析有着不同的立场，但最终目标是一致的。不过难免在需求分析的过程中产生矛盾和冲突，尤其是产品经理与设计师之间常常会因为需求分析不同而产生矛盾。因此就需要我们对需求分析抱有一个正确的态度，对"需求分析"本身有足够清晰的认知。

将用户体验五要素与不同职能的需求分析点进行对应，得到如图 4.14 所示的需求分析侧重点图。

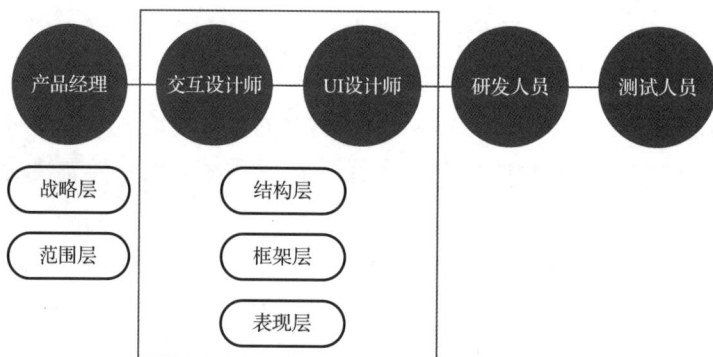

图 4.14　需求分析侧重点图

可以发现，产品经理的需求分析侧重于从商业维度考虑产品目标，考虑用户的需求是什么，以及用什么样的产品去满足用户需求。而设计师的需求分析更侧重于基于对产品需求的正确理解，从用户、商业的层面考虑，并采用合适的设计形式来实现。

## 4.4.2 对齐需求：正确沟通

在体量较小的公司，产品经理会肩负需求分析、交互设计等工作；而在体量较大或者更重视用户体验的公司，设计师则可以聚焦于如何权衡商业需求与用户体验。

这时，摆在产品经理与设计师面前的是需求理解和意见冲突的鸿沟。产品经理是设计师最常见的需求对接者，基本上是产品经理发起需求，设计师执行。这个过程是先后关系，大部分情况下也是单向传递的。当产品经理比较强势时，即使设计师对需求有疑问，也只能当成意见补充，而是否接受很大程度上是产品经理决定的。这里面的沟通很关键，因为这条鸿沟决定着设计师能否正确理解需求背后的本质，理解本质需求就是跨越这条鸿沟的桥梁。

产品输出需求文档的时候，大多会输出初步的交互框架想法或者视觉设计建议，但在需求沟通时，最关键的一点是关注本质需求，避免一开始就陷进需求细节。如果沟通需求时过于关注细节，容易看不清需求的本质。所以，当与产品经理沟通时，可以多问问为什么要做这个需求，是为了达到什么目标，满足什么需求，然后从交互体验、创意性等角度出发，思考更好的交互方案。

产品经理与设计师的职能不同，所以立场、关注点都会有差别。首先，我们需要接受产品经理与设计师的意见是一定会产生冲突的，所以不要觉得我们为什么与产品经理怎么总是意见不合。其次，站在双方的共同目标都是让产品变得更好的角度，不要认为意见冲突是不好的。相反，这是在前期基于双方不同立场对于需求本身合理性的充分讨论，达到双方都认同的意见，然后共同将产品做好。

那么，如何跨过产品经理与设计师意见冲突的鸿沟？要看清这个问题，需要回归到产品经理与设计师立场的差异上，设计师习惯性地会站在用户体验的角度上思考问题，也往往需要为体验负责，而产品经理需要考虑更多产品策略方面的问题，如业务的KPI。

在沟通需求时，双方意见不合主要是因为关注的目标不一致。这时，设计师不该只从体验好与不好、这么做好不好看的角度出发思考问题，而需要基于用户体验并在理解商业目标的基础上进行沟通。作为设计师，不能盲目接受需求，更不能盲目拒绝需求。

不同企业的产品流程会有一些差异，但大部分是产品需求过了几轮评审之后，就会流转到设计。此时就算设计师对需求有不同意见且产品经理也同意调整，在某些情况下也可能造成项目延期的风险。如果条件允许，设计师可以提前介入需求评审阶段，即在需求评审初期表达对需求的看法，而需求评审可以充分进行需求讨论。此外，某些产品需求（如要求较多的设计创意发散）可能会强依赖于设计、动画等职能角色的参与，提前介入可以在需求前期有充分表达设计观点的机会。

# 第 **5** 章
## 原型测试

说到"原型"，可能会联想到"模型"这个词，在建造房屋、桥梁前人们通常会先构建等比缩小的模型，以检验设计是否合理，而缩小的模型可以起到一定的展示效果，也便于用户与设计师之间的沟通。事实上，在交互设计中原型也基本可以用模型的概念去理解。概括地说，原型就是整个产品面市之前的框架设计。

原型有很强的功能目标，可以解决交互设计中想法模糊和无法表达等问题。原型的目标是将想法、功能、内容形象地表达出来，以此得到反馈并改进它。原型是设计团队成员共享交流的工具，能够在团队内部推广想法，有助于进行设计的检验。原型可以展示、讲述体验过程、减少误解，也可以节省时间、精力和费用，减少浪费。原型可以提供一定的真实价值，可用于可用性测试，让用户测试、评估设计，使设计师获得反馈后快速修正以完善设计，避免设计方向偏移，做无用设计。

原型是一种受限制的设计表达，它既是测试设计的工具，也是设计师与用户沟通的媒介。一个好的原型功能分布是合理的，这要求设计师对产品有宏观的了解，保证在功能设计的过程中有清晰的思路。同时，一个好的原型也要具有逻辑清晰的流程、必要的页面批注及充分的交互说明、符合规范的界面设计和统一的风格。

## 5.1 原型的类别

根据实现实物界面的完整程度，原型可以分为低保真原型和高保真原型。

## 1. 低保真原型

低保真原型指的是实现最终产品完整度较低的原型，主要表现产品的重点功能和基本的交互流程，通常用于设计初期，其优点有成本低、易于制作和修改、可以利用任何可利用的材料、适合于尝试不同的方案等。低保真原型包含以下两种：

（1）纸面原型。纸面原型是低保真原型中比较常见的一种，类似于纸面的草图绘制，如图 5.1 所示，通常在头脑风暴后使用，能够快速且直观地描述头脑风暴中获得的灵感，常用工具主要有纸、笔、白板、便利贴等。纸面原型的优点主要在于它的易用性，它能够非常简单、快速地表达出初步的设计思想，技术要求不高，不受软件或硬件限制，能够随时随地记录想法。但是其缺点也很明显，因为纸面原型只是一个快速的纸面草稿，它不具有交互性，需要去想象其交互流程，同时纸面原型也不能进行视觉上的展示，不能验证设计的视觉效果。

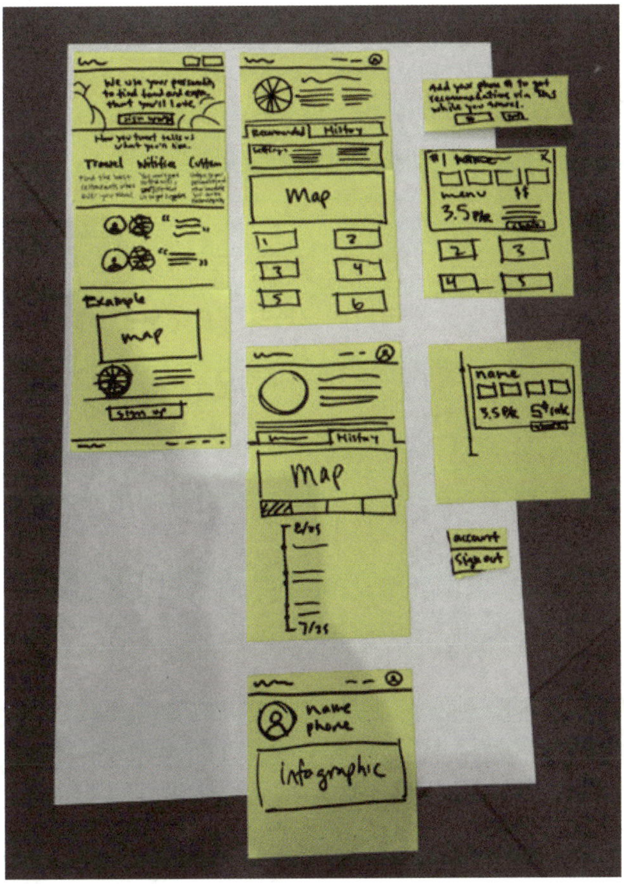

图 5.1　纸面原型

使用纸面原型在与团队或用户交流时，每一张纸都代表一个界面，需要根据使用者的操作不断地替换纸张以模拟页面切换的效果。纸面原型是设计初期设计团队内部、团队与客户沟通与协调的重要媒介，这种低保真原型测试的方法十分高效，也有利于用户对最终设计建立信心。

（2）线框图。线框图也是低保真原型的一种，是对设计想法的一种静态呈现方式，如图 5.2 所示。线框图主要对内容大纲、信息架构、布局、部分界面进行视觉设计，再配以对交互行为的描述。线框图的制作要做到又快又能明确表达设计想法，它不必过于注重视觉效果，通常采用黑、白、灰色块进行页面区域的划分。

设计师通常会使用一些原型制作软件进行线框图的制作，虽然线框图不是很注重视觉的美感，但是对于页面内一些模块的尺寸位置等的显示还是比较注重的。线框图可以用来与用户进行非正式的对话，也可以快速测试界面功能，便于之后对产品的优化。

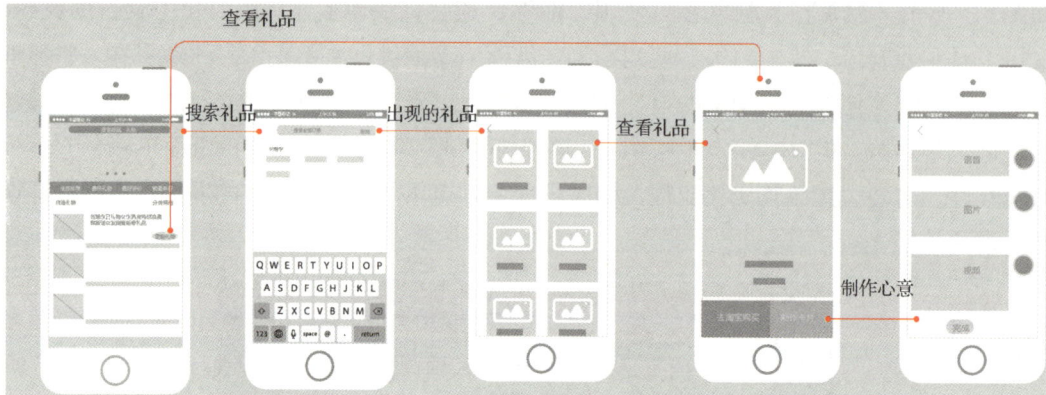

图 5.2　线框图

### 2.高保真原型

与低保真原型相比，高保真原型更接近最终产品，如图 5.3 所示。但是高保真原型和低保真原型一样，都是一种设计师与用户沟通的媒介。高保真原型通常是完整的、可与用户进行交互的。在高保真原型的制作中，会尽可能地将目标用户、用户需求场景、信息架构、布局、控件逻辑、尺寸、色调、肌理、风格等元素都充分展现出来。

高保真原型的"高"不仅是界面视觉效果的完整，还包括交互逻辑的完整，也就是说高保真原型不仅有完整的界面排版、视觉传达效果，还要实现界面切换的效果，它在产品逻辑、交互逻辑、视觉效果等方面都已极度接近最终的产品。因此，这也意味着高保真原型在制作的时候会耗费大量的时间、精力和资金等。

图 5.3　高保真原型

高保真原型的原则：

（1）高保真原型是建立在低保真原型基础上的。

（2）在制作高保真原型的时候要避免对产品重新定义。

（3）不应该过度依赖高保真原型。

在实际应用中，设计师应该根据需要在不同的研发阶段使用不同种类的原型，表 5.1 概括了低保真原型与高保真原型的优缺点。

表 5.1　低保真原型与高保真原型的优缺点

| 类型 | 低保真原型 | 高保真原型 |
|---|---|---|
| 优点 | 开发成本低<br>可评估多个设计概念<br>便于设计团队、设计师与用户之间对方案的交流<br>可解决一些界面排版的问题<br>有利于通过用户反馈快速确认市场<br>能够快速证明设计概念<br>易于修改 | 产品功能完整<br>实现完整的交互<br>以用户的需求为导向<br>定义了完整的使用流程<br>能给用户提供最接近真实产品的使用体验<br>可用于产品的验证与测试<br>包含详细的设计规范<br>可作为销售的工具 |
| 缺点 | 发现设计问题的作用有限<br>缺乏细节<br>沟通难度高、易产生交流障碍<br>对设计后期的作用有限 | 开发成本高<br>制作的过程费时费力<br>修改成本高<br>不适合证明设计概念和收集需求 |
| 侧重点 | 核心功能与产品框架 | 交互和视觉的呈现 |
| 用途 | 探索和测试最初始的概念<br>制作很多版本用于测试对比 | 测试非常具体的交互细节和最终的用户流程 |

# 5.2　原型的制作工具

随着互联网的发展，原型的制作工具越来越多，本节简要介绍一些目前主流的原型制作工具，包括 Figma、Sketch、Axure、Adobe XD、墨刀。相信读者在学习本书之前章节的内容后，对原型已经有一定的了解，这些原型的制作工具可以进一步帮助读者更好地制作原型。在这些主流的原型制作工具中，Figma 是近两年异军突起的设计工具，本节首先重点介绍 Figma 的特点及使用。

## 5.2.1　Figma

Figma 是一款最近非常受欢迎的用户界面设计工具。虽然国内用户最近才开始使用它，但有超越其他设计工具的态势，目前国内许多一线互联网公司都在使用这款设计工具，如图 5.4 所示。

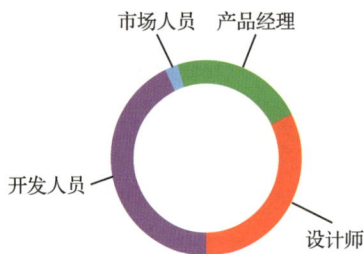

图 5.4　在腾讯内部使用 Figma 的员工身份

　　Figma 最初的想法来自它的创始人狄兰·费尔德（Dylan Field）2012 年在 Flipboard 实习期间，当时团队使用的设计工具是 Adobe Fireworks，一款很古老的设计软件，而 Dylan 深受 Fireworks 糟糕体验的困扰，不禁想到：为什么不能有一款设计工具能够像 Google Docs 那样方便呢？于是他开始和自己的大学同学 Evan 研究如何使用 Web 来构建一款可以在浏览器上运行的设计工具。他们的初心是让设计更加触手可及，让更多人可以接触设计。潜心研究三年之后，2015 年他们正式对外发布了第一个版本，并以此开启了创业生涯。

　　后来 Figma 也确实不负 Dylan 所望，收获了一大批粉丝，也逐渐占领了 PS、AI、Sketch 等老牌设计软件的一部分市场。现在越来越多的设计师和产品经理开始转向 Figma，并喜欢上这款软件，很多非设计师也开始使用这款软件。现在的 Figma 已经完成了让更多人可以接触设计这个愿景。如果给设计软件划分年代，则 PS、AI、Sketch 应该是上一代，而 Figma 是新生代，Figma 对设计软件进行了一次彻头彻尾的创新。回想一下你第一次看见 Photoshop 界面（如图 5.5 所示）时，是不是对复杂而又专业的界面望而却步呢。

图 5.5　Photoshop 界面

　　Figma 完全摒弃了这种将所有菜单摆在界面上，看起来很专业但其实特别复杂的做法，转而采用了非常简洁的界面，如图5.6所示。但当我们使用一段时间后，就会发现Figma只不过是把很多功能隐藏了起来，让它们在适当的时机出现，并且非常直觉化，也非常强大，这对于设计师和非专业用户非常友好。

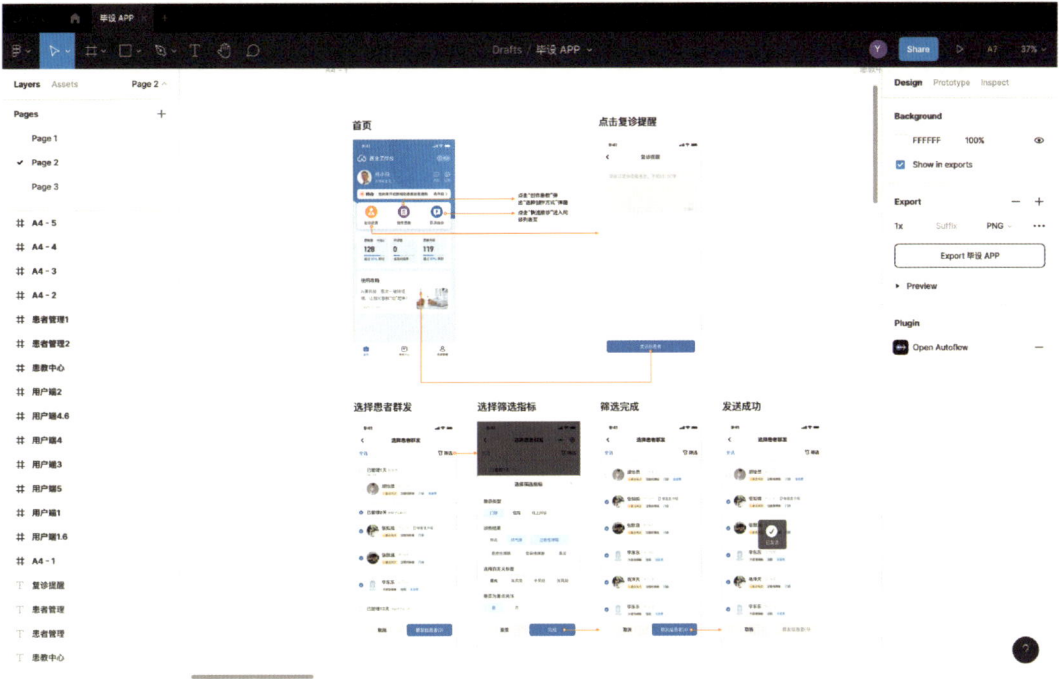

图5.6　Figma界面

Figma是基于Web的一款软件，这意味着不需要去下载安装包安装它，只要有浏览器就能打开。Figma也不需要额外的电脑存储空间来存储本地文件，更不用担心文件的不同版本和命名。所有这一切，Figma都帮你做了，你可以使用团队、项目、文件进行归类，同时Figma可以实时自动保存，再也不需要手动存储副本。

云端存储也可以方便地把文件分享出去，只需要一个链接发送一次，每次更新对方都能及时看到，再也不用把文件发来发去了。而且，Figma支持在线协作，有什么问题直接在设计稿上讨论，同时支持多人在线编辑。离线和异步的设计流程现在变得实时和同步，大大提升了效率。

此外，Figma本身的产品设计遵循直觉化原则，操作时几乎不用太多思考，十分顺手，如图5.7所示。如果你在使用时突然想到"我是不是可以这么操作呢？"，不用犹豫，大胆去试，你会发现真的可以这么操作。这也是Figma经常给用户带来惊喜的地方，就像是一个朋友和你想到了一起。

进入Figma后首先可以看到Figma的工作台，如图5.8所示，工作台分为左右两侧，左侧是导航栏，右侧是文件列表。其中，左侧有搜索、最近、社区和草稿几个导航，下面是使用者所在的团队列表。

Figma内的设计文件和人都以团队-项目为维度来进行管理，一个人可以创建或加入多个团队，加入的团队都会显示在左侧。在团队内可以创建项目，但项目只有收藏了才会出现在左侧，如图5.9所示。

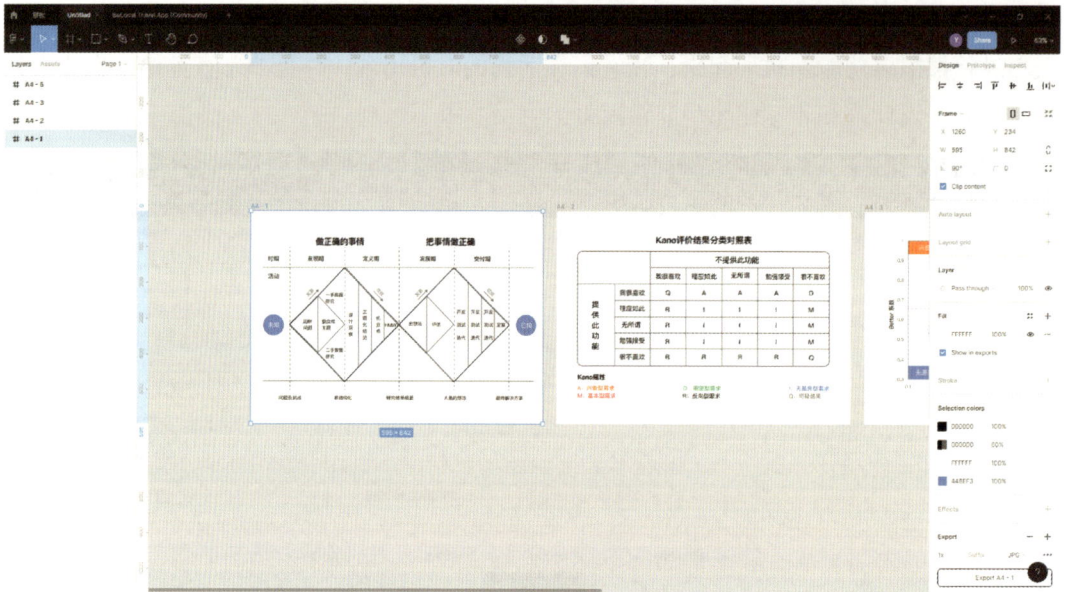

图 5.7　Figma 遵循直觉化原则设计界面

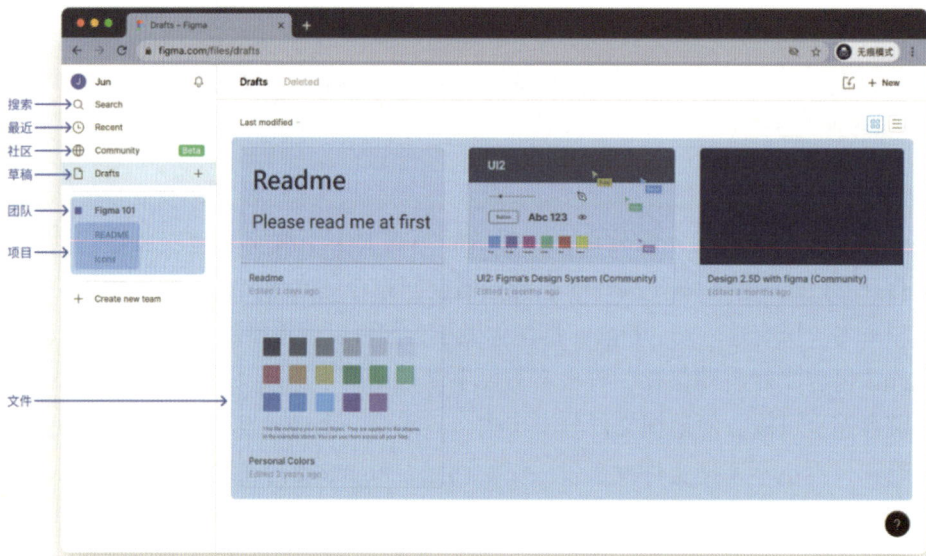

图 5.8　Figma 的工作台

　　Figma 分为入门版（Starter）、专业版（Professional）和组织版（Organization）。其中，入门版是免费的，但是会有一些限制；专业版中每个编辑者 $15/月，或者每个编辑者 $144/年，查看者免费，几乎没有什么限制；而组织版可以拥有多个团队，价格也直接上升到了每个编辑者 $45/月，除了拥有专业版的功能，还有很多针对组织管理的功能。单击左边团队和项目列表最下面的创建团队菜单（Create new team），就能看到选择团队版本的界面。

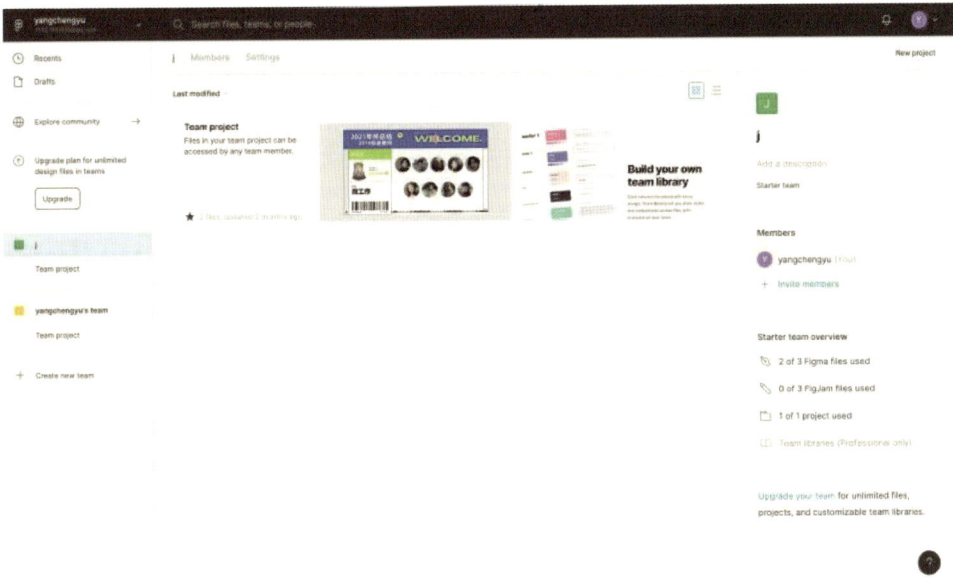

图 5.9　项目收藏了才会出现在左侧

一般来说，对于团队的选择有如下建议。

个人用户，或者刚开始使用 Figma 的，先选择入门版。入门版不妨碍用户使用绝大部分功能。熟练之后，或者公司单个设计团队使用，推荐购买专业版，没有项目和文件的数量限制，还可以跨文件使用组件，团队协作更加省心。大型公司拥有多个设计团队，可以购买组织版。

用户邀请协作者加入团队或项目，邀请时可以给予他们编辑（Can edit）或查看权限（Can view），他们相应的角色也就是编辑者（Editor）或查看者（Viewer）。需要注意的是，专业版和组织版每邀请一个编辑者就要多付一份费用，而入门版目前两个编辑者是免费的，当用户邀请第三个编辑者时就需要升级为专业版了，如图 5.10 所示。

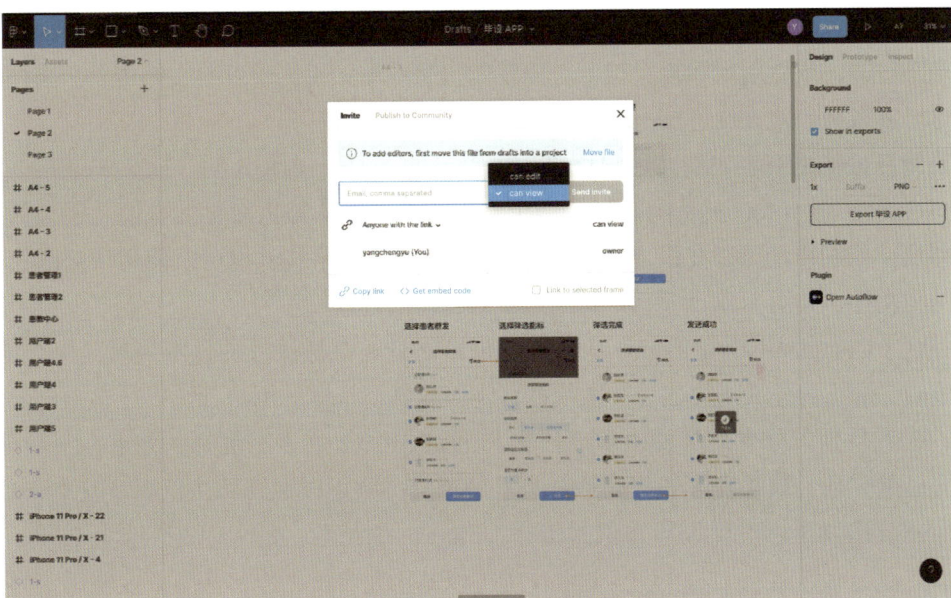

图 5.10　Figma 协作情况

Figma 的草稿箱（Drafts）也比较特殊。草稿箱可以看作未分类的文件暂存区，这里的文件只有用户自己能看到，除非用户在某个文件中单独邀请了某个人。当用户需要探索一些想法，而又不希望团队内的其他人看到时，就可以把文件放在草稿箱。目前草稿箱内的文件不限编辑者，所以如果有一些文件需要别人帮忙修改，可以先把文件移到这里，如图 5.11 所示。

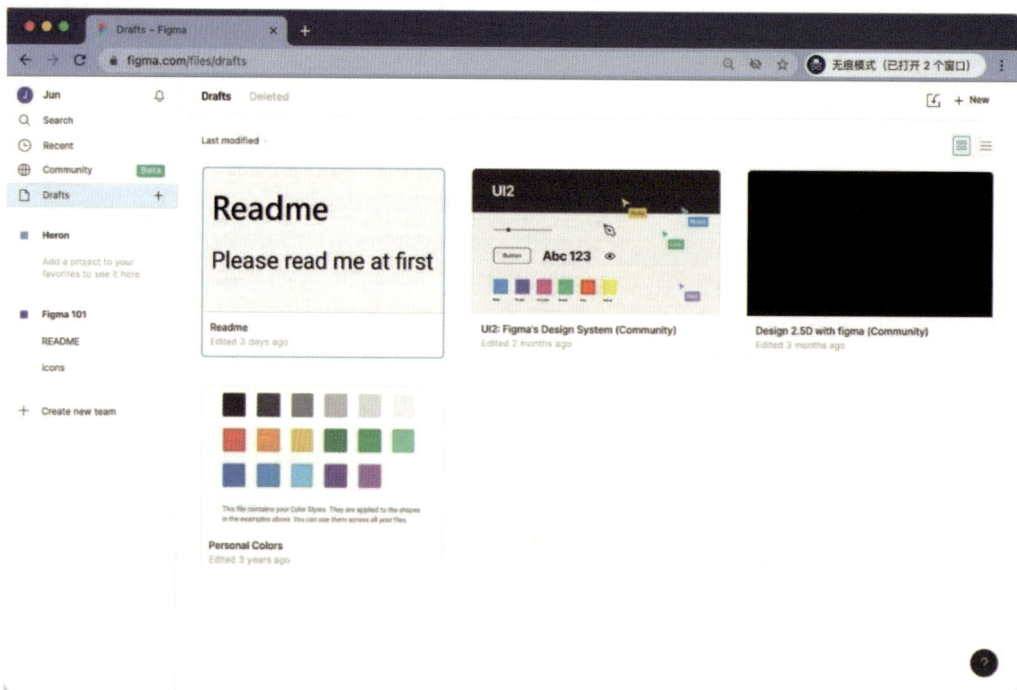

图 5.11　Figma 的草稿箱

文件在不同项目和草稿箱之间移动也很简单，直接拖拽即可，也可以选中多个一起拖拽，这也符合前文提到的直觉化原则。当用户遇到问题需要寻求帮助时，不需要截图或录屏给其他人看，可以直接把文件放进草稿箱，并把链接分享给别人，在出问题的地方直接打字告诉对方，或者用鼠标指一指，对方就能实时看见。相比于以前文件传几个来回的方式，这可以说是非常方便了！

当然 Figma 也有客户端，用户可以根据自己的需要选择使用客户端或 Web 端，客户端和 Web 端区别不大，只是同时查看多个文件或浏览团队等页面更加方便。还有一些微小的差别，如客户端可以在设计中直接复制元素为 PNG 格式，也可以使用快捷键快速开启或关闭文件，如图 5.12 所示。

社区（Community）是 Figma 的另一个创新之处。既然设计文件本身就是一个链接，是在线的，那么为什么不构建一个在线社区呢？这样，全球的用户都可以分享自己的设计文件，或者从别人分享的文件中学点什么。正如 GitHub 之于工程师，大家在上面分享、交流自己的代码，如果别人的代码适合自己的项目，则可以在开源协议下直接拿来复用，避免了重复造轮子，也促进了知识的传播。Figma 的社区（如图 5.13 所示为 Figma 客户端下载界面）有异曲同工之妙，其他设计师可以基于此自由创作，甚至商业使用，只要用户按照作者要求的方式署名即可。

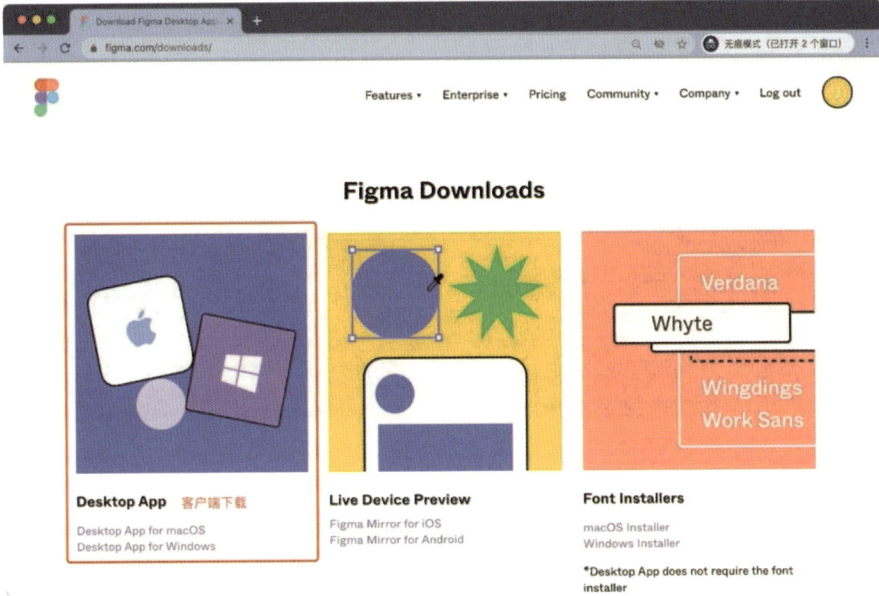

图 5.12　Figma 客户端下载页面

　　如果你是一名初入行的设计师，或者只是业余需要自己设计点东西，你不需要从零开始，可以在社区中找到相似的文件，作为参考或在此基础上进行设计。如果感觉到灵感匮乏，一定要去社区逛逛，社区是"设计更加触手可及"这个愿景的具体体现。

　　Figma 社区将 GitHub 的开源文化带到设计师群体中。来自全球的设计师或公司都在社区分享自己的设计，包括微软、Salesforce、Spotify、Slack 这些知名公司。在浏览器直接输入网站地址就可以访问 Figma 社区，如果使用的是客户端，单击左侧边栏的 Community 即可进入。如图 5.13 所示，Figma 社区中主要有文件、插件和创作者三类，用户可以自由探索。其中，在封面上显示 Fig pick 的是 Figma 官方标记的，一般质量较高。

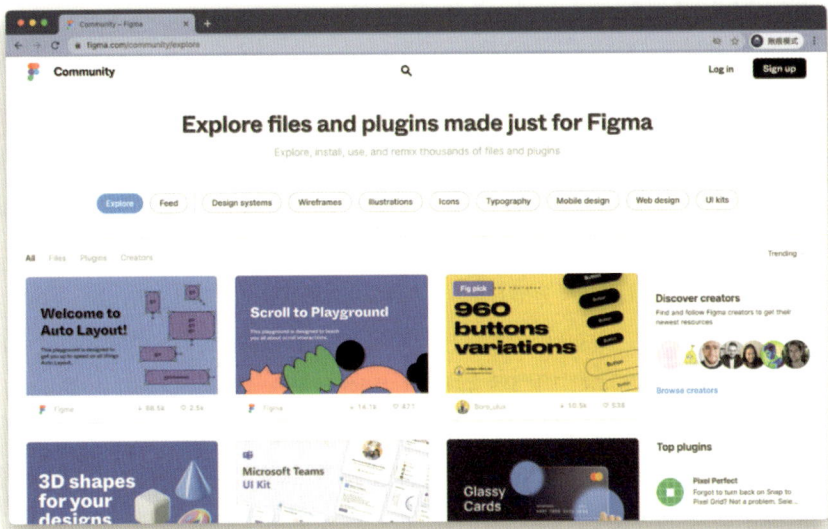

图 5.13　Figma 社区

在封面上显示一个播放图标的是可交互原型,进去后可以直接体验。如果在文件详情页单击了 Duplicate,那么这个文件就会被复制一份到用户的草稿箱,用户可以看到源文件并进行编辑。在社区中,还可以单击他人头像进入个人主页,在个人主页可以单击 Follow 按钮关注他们,也可以看到他们的作品,如图 5.14 所示。

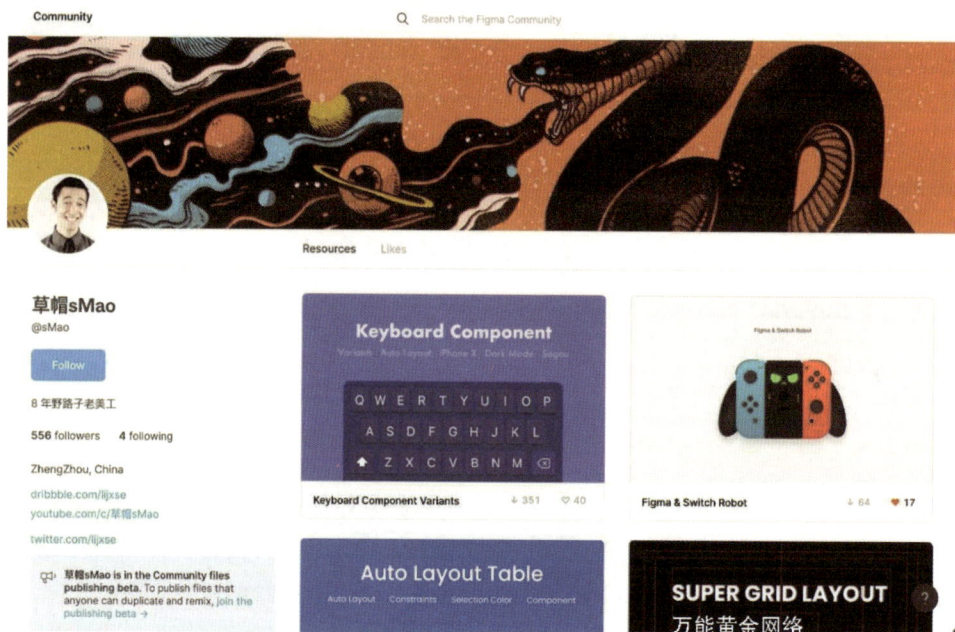

图 5.14　Figma 个人主页

综上所述,Figma 的使用在国内必将成为未来的发展趋势,这个方向是不可逆的,所以 Figma 是目前笔者最推荐的 UX/UI 设计工具之一,也是目前新手学习和入门的首选。

## 5.2.2　Sketch

Sketch 是非常强大的移动应用矢量绘图设计工具,对于网页设计和移动应用设计师来说,尤其是在移动应用设计方面,Sketch 的优点在于其使用简单、学习曲线低、功能更加强大易用、支持自动切图,并且具有移动设计模板,能够大大节省设计师的时间和工作量,非常适合进行网站设计、移动应用设计、图标设计等。但其缺点也很明显,Sketch 仅支持在 Mac 电脑上使用,不支持 Windows 系统。

Sketch 属于轻量级的软件。它的安装包有 20MB 左右,相比于 PS(PhotoShop,一款图像处理软件)等软件,Sketch 在安装方面更加方便、快捷。当然,正是因为它小巧玲珑,注定了 Sketch 的功能相比于 PS 等软件要弱一些,但是它目前具备的功能完全可以满足当前大部分 UX/UI 设计的工作。综合来看,对于 UX/UI 设计而言,尤其对于设计 App/Web,以及出图切图等工作而言,Sketch 是非常实用的工具之一。Sketch 默认提供了 Android Icon Design(安卓图标设计)、iOS App Icon(iOS 应用图标设计)、Material Design(材料设计)、Prototyping Tutorial(原型设计)、Smart Layout Tutorial(智能布局)、Web Design(网页设计)6 种模板以供选择,如果都不满意,还可以选择"最近打开的文档"

新建空白文档，随心所欲地设计自己想要的作品，如图 5.15 所示。

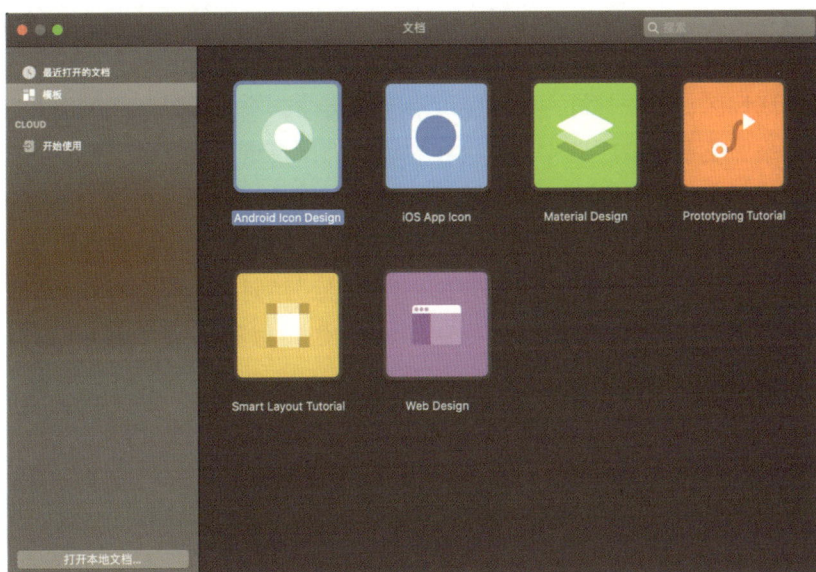

图 5.15　Sketch 界面

对于刚接触 Sketch 的读者来说，任意打开或新建一个空白文档，就可以进入编辑界面，简单插入一些形状和文字，尝试顶部菜单栏的各种功能，就可以慢慢上手 Sketch。这里简单地将 Sketch 划分为 4 个部分，如图 5.16 所示，从顶部至底部左中右依次是"顶部功能区""左侧页面和画板区""编辑和预览区""右侧属性区"，其对应的功能如下。

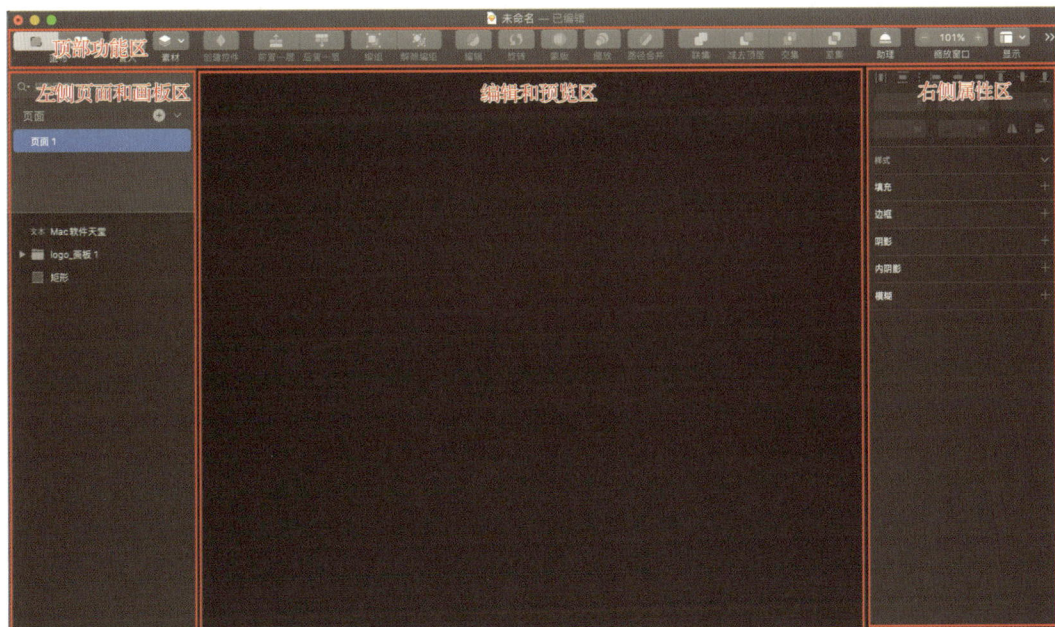

图 5.16　Sketch 分区

（1）顶部功能区：可以添加各种素材，如形状、图片、路径、画板等，同时还可以实现各种元素的编组、缩放、布尔运算等，是最核心的功能区域。

（2）左侧页面和画板区：像 Photoshop 一样可以分图层，可以清晰地显示每一层的内容，还可以通过插入画板仿真模拟素材的实际显示状态。

（3）编辑和预览区：是最主要的操作区域，所有的元素创建、移动、组合等操作均在此区域完成，可以直观地看到作品的全貌。

（4）右侧属性区：针对不同的素材显示不同的属性选项，如最基本的图片和文字的属性就不一样。添加任意元素后选中，即可在右侧属性区自定义元素的属性。

最好的学习方式就是先研究别人的作品，遇到不懂的问题再用搜索引擎或在问答社区里寻找答案。新手用户可以下载一份优秀的 Sketch 源文件，花时间去拆解每一个模块是如何做出来的，再带上自己的理解重新复原一份作品，短时间内就会有很大的进步。同时需注意对 Sketch 中"Symbol 组件"的使用，"组件"可以帮助用户快速实现不同页面中重复使用素材的编辑。对于 Sketch 来说，创建组件也很简单，制作好一个需要重复使用的元素后，选中该元素，单击顶部"工具栏"中的组件按钮，即可将该元素转化为一个组件。以后在任何一个页面需要用到的时候，只需要复制一个使用即可。当后期需要进行修改，只需要双击其中任何一个即可进入编辑界面，修改一个即可实现对所有相同组件的修改。

## 5.2.3 Axure

Axure 是美国 Axure Software Solution 公司的旗舰产品，是一个快速的原型工具，主要是针对负责定义需求、定义规格、设计功能、设计界面的用户而设计的，包括用户体验设计师、交互设计师、业务分析师、信息架构师、可用性专家和产品经理。

Axure 能够快速地进行线框图和原型的设计，让相关人员对你的设计进行体验和验证，向用户进行演示、沟通交流以确认用户需求，并能自动生成规格说明文档。另外，Axure 还能让团队成员进行多人协同设计，并对设计进行方案版本控制管理，且不需要编程就可以在线框图中定义简单链接和高级交互。Axure 可一体化生成线框图、交互原型、规格说明 Word 文档。Axure 作为老牌的绘制原型软件，其功能非常强大，如在做 PC 端设计时丰富的交互形式。以鼠标及键盘交互功能为例，Axure 支持更多的新特性，包括 OnDoubleClick（双击）、OnContextMenu（右击）、OnMouseDown（鼠标按键按下）、OnMouseUp（鼠标按键松开）、OnMouseMove（鼠标指针移动）、OnMouseHover（鼠标指针经过）、OnLongClick（鼠标长按）、OnKeyDown（键盘按键按下）、OnKeyUp（键盘按键松开），但从本身的交互和体验感来说其不及 Figma 和 Sketch。

Axure 的界面大致分为 7 个区域：工具栏、站点地图区域、元件区域、母版区域、编辑区、元件交互区域、页面概要区域，如图 5.17 所示。

### 1. 工具栏

用于执行常用操作，如打开文件、保存文件、格式化控件、自动生成原型和规格说明书等操作。

### 2. 站点地图区域

用于对所设计的页面（包括线框图和流程图）进行添加、删除、重命名和组织页面层次。在绘制线框图（Wireframe）或流程图（Flow）之前，应该先思考界面框架，决定信息内容与层级。明确界面框架后，接下来就可以利用站点地图区域来定义所要设计的页面。

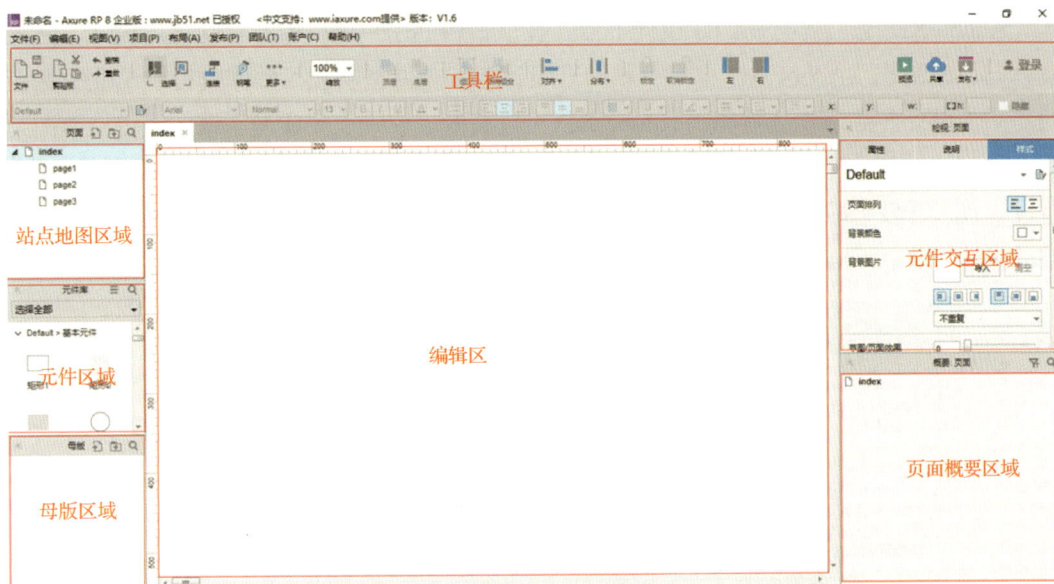

图 5.17　Axure 界面的分区

### 3. 元件区域

元件是用于设计线框图的用户界面元素。在元件面板中包含有常用的控件，如按钮、图片、文本框等。添加元件后，在线框图中点选该元件，可以拖拉移动元件和改变元件的大小，还可以一次同时对多个元件进行选择、移动、改变尺寸。另外，还可以组合、排序、对齐、分配和锁定元件。这些操作可通过元件右键菜单进行，也可单击 Object 工具栏上的按钮进行。

### 4. 母版区域

母版是一种可以复用的特殊页面，在该页面中可进行模块的添加、删除、重命名和组织模块分类层次，相当于 Figma 和 Sketch 的组件。Axure 的母版（Master）是 Axure 的常用功能，可以提高原型设计效率，降低修改成本。使用母版有两个优点：一是通过标准化的交互元素，降低新页面的制作成本；二是降低页面元素的修改成本。

### 5. 编辑区

编辑区是进行原型设计的主要区域，在该区域中可以设计线框图、流程图，还可自定义部件、模块。

### 6. 元件交互区域

元件交互区域中可以定义控件的交互，如链接、弹出、动态显示和隐藏等，可以通过此区域功能实现各种交互。

### 7. 页面概要区域

页面概要区域包含元件的标注、交互和格式设置。用户可以在该区域查看当前页面的组件，快速定位，该区域支持筛选。

## 5.2.4 Adobe XD

Adobe XD 是一站式 UX/UI 设计平台，在该平台上用户可以进行移动应用设计、网页设计与原型制作。Adobe XD 也是一款结合设计与建立原型功能，并同时提供工业级性能的跨平台设计产品。设计师使用 Adobe XD 可以高效、准确地完成静态编译或者框架图到交互原型的转变。Adobe XD 是一款功能强大的原型创建工具，利用该工具，可以快速地将设计投入开发，减少工作流程中的重复性任务和单调任务，并快速地与开发团队共享详细的设计规范。Adobe XD 界面如图 5.18 所示。

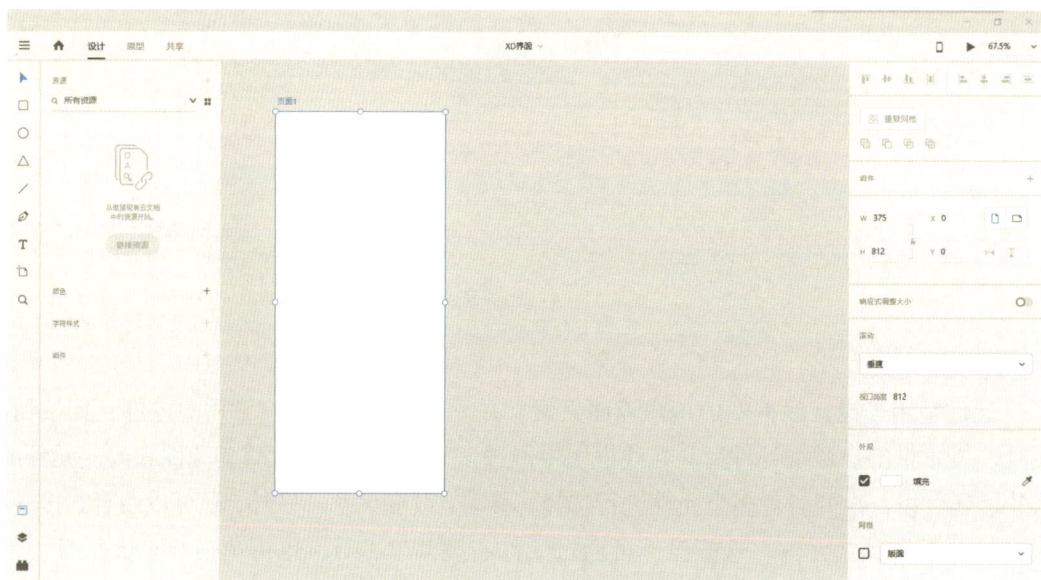

图 5.18　Adobe XD 界面

Adobe XD 可快速创建、构建、共享原型，并向开发团队发送设计规范，从而快速地征集反馈并进行迭代。如今，设备种类繁多，Adobe XD 涵盖多种常见屏幕尺寸的预定义画板，以及创造自定义屏幕尺寸的功能。用户可以使用低保真或高保真进行设计，也可以使用低保真草图进行开发设计，并通过添加图像和副本，将其转变为最终阶段的高保真设计。

用户可通过在画板和对象之间连线，在设计中添加交互关系；利用连线将原型组合起来，可以通过单击"预览"来观看原型并做出微调；分享原型的链接并征集反馈，并通过 USB 连接移动设备查看实时预览。

借助 Adobe XD，用户只需单击一下，即可将静态线框切换为交互式原型，如图 5.19 所示，但 Adobe XD 只能实现简单的交互动画。用户在 Adobe XD 上对设计做出修改，可以在 Web、iOS 或 Android 上实时预览设计的原型，随时查看实际效果，可以录制并共享视频，向团队成员或用户征集意见反馈。根据反馈快速地对设计进行迭代，并可以将包含流程、度量值和样式的设计规范提交给开发人员，以供开发。

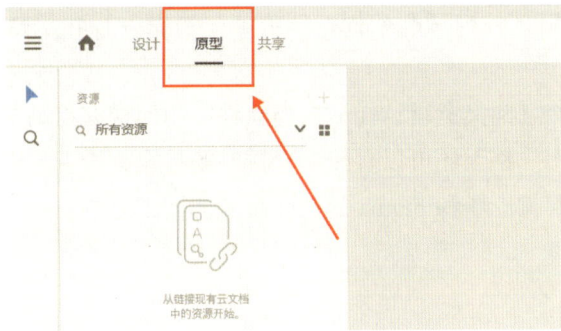

图 5.19　将静态线框切换为交互式原型

在线协同方面，Adobe XD 不支持在线协作，而 Figma 在此方面远优于 Adobe XD。值得一提的是，在 Adobe XD 中可以打开 Photoshop 和 Sketch 文件，即可将这些文件导入 Adobe XD，Photoshop 和 Sketch 文件的设计会自动转换为 Adobe XD 文件，从而快速地构建原型。

## 5.2.5　墨刀

墨刀是一款在线原型设计与协同工具，借助墨刀，产品经理、设计师、开发人员、销售人员、运营人员及创业者等用户群体能够搭建产品原型，演示项目效果。墨刀同时也是协作平台，项目成员可以协作编辑、审阅，不管是产品想法展示，还是向客户收集产品反馈，向投资人进行 Demo 展示，或是在团队内部协作沟通，又或者进行项目管理都可以使用墨刀。墨刀主要有以下 7 个特点。

（1）操作简单：通过简单拖拽和设置，即可将想法、创意变成产品原型。

（2）演示：具有真机设备边框、沉浸式全屏、离线模式等多种演示模式，项目演示效果逼真。

（3）团队协作：与同事共同编辑原型，可提升效率；可一键分享发送给别人，分享便捷；还可在原型上评论、收集反馈意见，高效协作。

（4）交互简单：简单拖拽就可实现页面跳转，还可通过交互面板实现复杂交互，如多种手势和转场效果，可以实现一个媲美真实产品体验的原型。

（5）自动标注及切图：将 Sketch 设计稿墨刀插件上传至墨刀，将项目链接分享给开发人员，无须登录可直接获取到每个元素宽高、间距、字体颜色等信息，支持一键下载多倍率切图。

（6）素材库：内置丰富的行业素材库，也可创建自己的素材库，共享团队组件库，高频素材可直接复用。

（7）免费版：支持产品设计、工作流、原型预览、Sketch 标注插件、移动端演示，可免费创建 3 个项目，每个项目 20 个页面，以及总共 50MB 的素材容量。

墨刀很贴心地给出了自己的官方使用教程，还把教程直接嵌到工作区内，用户可以一边创作一边看教程。墨刀上手很简单，基本就是拖拉移拽，因为墨刀官方出了很多常用组件，而且也有很多刀友积极上传各种组件模板，可直接复用官方自带的原型或组件。

若要改动，工作区列出了各种交互教程，一边看一边做，轻轻松松就可以设计出精美的方案。

对于初入产品或交互岗又觉得 Axure 这类软件入门门槛有点高的人来说，墨刀算是首选的原型绘制工具，用户甚至还可以直接去素材广场寻找有没有自己要做的类似项目。值得一提的是，墨刀的素材广场和 Figma 的社区有异曲同工之妙。

# 5.3 可用性测试

## 5.3.1 可用性三要素

可用性是交互式产品的重要质量指标。优秀的交互设计，其本质是不能妨碍使用者且能达成交互的目的，因此可用性是交互设计的目标之一。可用性的三要素是有效性、效率和满意度，同时，这三个要素也是评价交互产品可用性的重要标准。

### 1. 有效性

有效性是指用户通过产品或系统完成特定任务或达成特定目标的正确性和完成程度。有效性是实现产品或系统可用性最先要解决的问题，如果该产品或系统没有有效性，那也就没有什么意义了。

### 2. 效率

效率是指用户完成任务的正确性和完成程度与所用资源（如时间）之间的比率。在产品或系统能有效完成任务或达成目标的前提下，提高用户的操作效率，才能让用户更愿意使用。

### 3. 满意度

满意度是指用户在使用产品或系统的过程中主观感受到的愉悦程度。例如，用户在使用前还需要先登录、注册信息、填写很多数据，或是系统的反应速度非常迟钝等都会影响用户对产品或系统的满意度。

## 5.3.2 可用性测试概述

可用性测试（Usability Testing）是一项通过用户的使用来评估产品的方法，它反映了用户的真实使用体验，是一种不可或缺的可用性检验过程。也就是说，可用性测试是让用户使用产品的设计原型或成品，通过观察来直观地记录用户的感受和体验，从而改善及提升产品可用性的方法。

可用性测试贯穿于产品发展的各个阶段，设计师应该遵循"时时有测试、事事有测试"的原则。可用性测试的价值在于能够在不同的阶段更加高效地发现问题，从而提高问题解决效率。可用性测试可以帮助设计师确定用户在产品方面遇到的困难，通过及时反馈和建议帮助设计师进行产品的改善和迭代，也可以帮助设计师了解一款产品或一项功能面世前的风险。

尼尔森诺曼将可用性测试的目的总结为三点：①发现产品和服务设计当中的问题；②发现提升产品和服务设计的机会点；③理解用户的行为和偏好。

一般来说，可用性测试可以和用户面对面进行，也可以远程视频进行，通常根据任务时间、错误率、成功率、高效性和满意度来衡量测试结果。其中，不仅需要设计师具有良好的沟通和洞察能力，也需要时刻保持旁观者的态度，尽可能保持中立态度。

## 5.3.3 可用性测试的方法

### 1. 轻量化测试

轻量化测试的原理是替代，在看清根本价值的基础上向短周期、低成本的方向灵活地发散思维。使用这种测试方法时要充分利用人脉，有效利用日常用品和原始的分析方法，要重视对话。

### 2. 分析法

分析法是一种基于自身专业知识和经验进行评价的方法。它的特点主要有：

（1）测试结果很主观，没有科学的实验作为验证支撑。

（2）测试的结果是假设的。

（3）使用这种测试方法耗时及花费都少。

（4）这种评价的范围较广。

（5）不受时间的限制。

### 3. 实验法

实验法就是通过实验收集货真价实的用户使用数据。它的特点主要有：

（1）这种评价是依靠实际的数据说话的，得出的结论有数据支撑。

（2）测试需要花费较长的时间和资源。

（3）评价范围较窄。

（4）要使用实验法进行测试就必须准备原型，而且是尽量贴近最终结果的原型，这就意味着成本的提高。

### 4. 发声思考法

发声思考法是让用户在进行测试的时候，一边说出心里想的内容，一边进行操作。使用这种方法重点需要观察用户是否独立完成任务，用户在达到目的的过程中，是否做了无效操作或遇到了不知所措的情况，用户在使用的过程中是否产生了不满的情绪。

### 5. 回顾法

回顾法是在用户完成操作之后回答问题的方法。这种方法存在一些缺点：

（1）用户很难回顾复杂的状况。

（2）在实际提问的时候，用户经常会为自己的行为找借口。

（3）这种方法非常耗时。

## 5.3.4 可用性测试的流程

可用性测试分为以下 7 个步骤：

**1. 明确测试时机和测试目的**

用户测试的时机和目的包含以下几种：

（1）探索阶段：在产品设计初期，为了测试想法的可实施性，了解用户对产品的接受程度、对于产品基本功能和信息架构的反馈等。测试设备可以是静态的设计图稿，对于保真程度要求不高。

（2）评估阶段：当已经有一个功能方面相对完整的原型时，测试用户是否能够轻松达到目标，完成任务。测试设备是功能性原型，对于 UI 的要求不高，对于功能的完善性要求很高。

（3）验证阶段：当产品已经基本完工，在投入市场之前，测试产品质量是否达到市场标准和用户期待。测试产品是最终原型或已开发出的最终产品。

（4）比较阶段：对于同一功能，设计了不同的达成途径。这时候需要通过测试比较这些不同的途径，寻找最优的解决方式。

（5）持续提升阶段：在产品持续迭代的过程中，测试用户完成任务的高效性。或是因为市场需求变化，测试用户对于某一功能或整体产品的满意度。测试产品是最终面向市场的产品。

例如，Seloger 是一款法国租房和购房软件，买家可以根据自己的需要进行购房、租房和投资等，卖家可以提交自己的房源、对自己的房子进行估值等。在 Seloger 这个案例中，设计师是在持续提升阶段做的测试，目的是测试用户完成任务的高效性和满意度。更具体来说，是为了定义用户在操作过程中遇到的问题，侧重交互方式和寻找信息的过程。

**2. 招募测试用户**

招募测试用户的时候一定要遵循的原则是要尽可能地招募能够代表将来真实用户的测试用户，要尽可能地营造真实的使用环境。在实际操作时，也可以委托一些专门进行可用性测试的咨询公司来负责测试用户的招募。

例如，对于 Seloger 案例，设计师需要测试的用户是"大巴黎地区 28～49 岁想要买房的人群"，则只要在此类用户的基础上，保证用户样本中性别、年龄和地理位置的分布大致均匀，测试结果就不会受到太大的干扰。

**3. 规划测试过程**

在规划测试过程之前，需要明确测试的方式、选择测试的地点和记录方法。通常测试的方法有远程测试与面对面测试，为了不影响最终测试结果，需要保证样本用户测试方式的统一。而测试地点和记录方法则需要根据需求提前规划最有效、可实行的方案。

（1）远程测试：需要首先确定用户是否能在自己的设备上安装你的产品，测试桌面软件时是否需要录屏和在线视频服务，测试 App 时是否需要额外的工具来进行视频录制，如何征得用户同意及取得用户信任等。

（2）面对面测试：该测试相对来说简单一些，首先选择一个能够让用户较为放松的环境，其次决定用户测试时使用的设备。通常对于 App 来说，设计师需要分别进行 Android 版和 iOS 版的可用性测试。

例如，进行 10 ~ 20 人的用户可用性测试，每个用户的测试时间应控制在 20 ~ 45min，具体流程如下：

（1）测试介绍：向用户简单介绍测试的目的和流程，尽量让他们处于一个比较放松的状态，取得录制视频和使用数据的许可，签订保密协议。

（2）测试前问卷：测试产品前，填写一个简单的问卷，除了简单的个人信息，还需要了解用户对相关产品的使用经验和习惯等。

（3）测试场景与任务：开始进行测试，在用户完成任务的过程中观察用户的表情和肢体动作，在完成任务后提出一些简单的问题。

（4）任务后问卷：在完成一个任务后，用 ASQ（After Scenario Questionnaire）梯度问卷调查满意度，再进行下一个任务的测试。

（5）测试后问卷：在所有任务完成后，用户需要填写一个关于整体满意度的梯度问卷，通常使用的是 SUS（System Usability Scale）——系统可用性量表。

### 4. 设计场景与任务

为了让用户能更好地投射到任务中，设计师需要给用户架构一些真实的故事场景，对每个任务设计目标，越细致越好，这些任务应该是产品最终实际使用中的典型任务。此外，在测试开始前主持人应该明确告诉参与测试的人员，本次测试是为了找出产品中的问题，而非测试他们使用产品的能力，以缓解测试人员的心理压力，使他们更好地进行测试。

例如，Seloger 案例中可用性测试准备的三个测试场景如表 5.2 所示。

表 5.2　Seloger 案例中可用性测试准备的三个测试场景

| 测试场景 | 测试目的 | 注 意 点 |
|---|---|---|
| 您希望在巴黎购买自己的第一套住房，在搜索网上信息后，您决定使用 Seloger 来搜索房源以便得到更及时的信息和反馈，为此您需要完成新用户的注册 | 用户是否能成功完成注册任务 | 1. 进入个人主页<br>2. 对于注册方式的理解<br>3. 选择哪种注册方式<br>4. 确认或验证方式<br>5. 观察表情和动作 |
| 您想要在巴黎 18 区购买一套公寓，您的要求是一室一厅一卫，一个阳台，而且浴室和卫生间是分开的，您的预算是 500 000 欧元 | 1. 是否执行搜索<br>2. 是否更改过滤条件并找到相应的房源<br>3. 能否找到公寓界面的关键信息<br>4. 能否区分已查看过的公寓和未查看过的<br>5. 是否会使用保存功能以保存搜索条件 | 1. 搜索界面的浏览方式<br>2. 使用列表视图还是地图视图<br>3. 使用过滤器的方式<br>4. 浏览公寓界面的方式<br>5. 错误次数<br>6. 完成任务的时间 |
| 您找到了满足要求的房源，想要联系房东预约看房时间 | 1. 能否顺利联系到房东<br>2. 能否找到联系的历史记录 | 1. 联系方式<br>2. 是否会想要更多的信息<br>3. 查找历史记录的方式 |

### 5. 准备用户问卷和提问

设计师在提问和制作问卷时，要尽量减少对用户的引导。例如，一定要避免"您喜欢吗？"这一类带有引导性的问题，而将提问方法换为"您的感受是怎样的呢？"会减少很多测试当中的认知偏差。

通常，设计师需要准备三种类型的问卷：

（1）测试前问卷（5 ~ 10个问题）：倾向于选择题，关于个人信息、使用经验、频率和经验的简单问题，便于测试后归拢信息。

（2）任务后问卷：每完成一个场景后的问卷，侧重于任务满意度。

（3）测试后问卷：完成所有任务后的问卷，侧重于整体感受。

### 6. 进行测试

可用性测试的基本过程是：用户通过原型进行操作来完成预定任务，观察者在一旁观察用户操作的过程，记录者把操作过程中的一些问题记录下来。在测试过程中，可以采用发声思考法，让用户一边说出自己的思维方法一边操作，记录者也可以在征得用户同意的前提下，将测试全过程的音视频都保存下来。

这里要注意一点，在测试的过程中，除非用户完全进行不下去了，否则任何人员都不可以给用户任何提示或暗示，因为任何提示或暗示都会直接影响本次可用性测试结论的有效性。

在操作测试结束后，可以采用回顾法简单询问一下用户对产品的主观看法或感觉，说出一些测试过程中没有完全陈述出来的想法。

### 7. 分析用户测试结果，整理报告

在前面的步骤全部结束后，所有进行观察、记录等工作的人员将各自的记录进行汇总分析，得出一些可用性问题列表，并对问题的严重程度进行排序，方便后续有序解决问题。

进行汇总分析的角度主要有以下几种。

#### 1）基于问题的结果分析

设计师可以通过测试过程中的观察记录，提取出用户的提问和主观感受，归纳过程中出现的问题，制作问题出现频率的图表。

例如，测试了6个用户，总结出测试过程中的七大交互问题，基于问题的结果分析如图5.20所示。一个问题出现的频率越高，代表相对应的交互问题越严重。

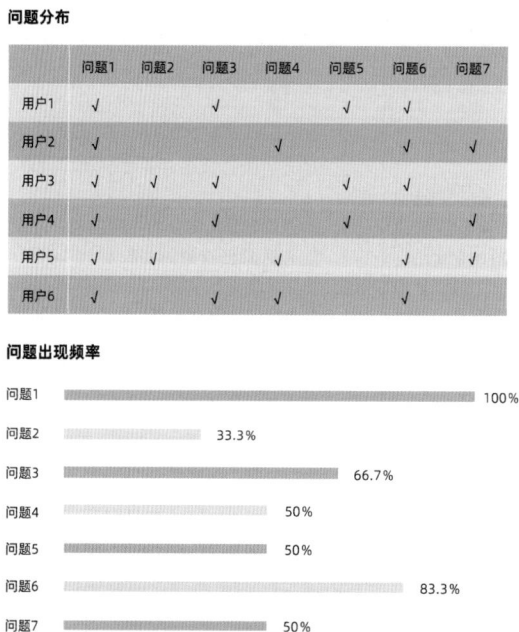

**问题分布**

| | 问题1 | 问题2 | 问题3 | 问题4 | 问题5 | 问题6 | 问题7 |
|---|---|---|---|---|---|---|---|
| 用户1 | √ | | √ | | √ | √ | |
| 用户2 | √ | | | √ | | √ | √ |
| 用户3 | √ | √ | | | | √ | |
| 用户4 | √ | | √ | | √ | | √ |
| 用户5 | | √ | | √ | | √ | |
| 用户6 | √ | | √ | √ | | √ | |

**问题出现频率**

| 问题 | 频率 |
|---|---|
| 问题1 | 100% |
| 问题2 | 33.3% |
| 问题3 | 66.7% |
| 问题4 | 50% |
| 问题5 | 50% |
| 问题6 | 83.3% |
| 问题7 | 50% |

图5.20　基于问题的结果分析

2）基于任务的结果分析

通过前面对用户进行的以任务为导向的测试结果，整理出相关数据图表，便于分析与报告。

假如测试了 6 个用户，5 个任务，用户完成任务的难易程度和任务完成情况如图 5.21 所示。

**任务难易程度**

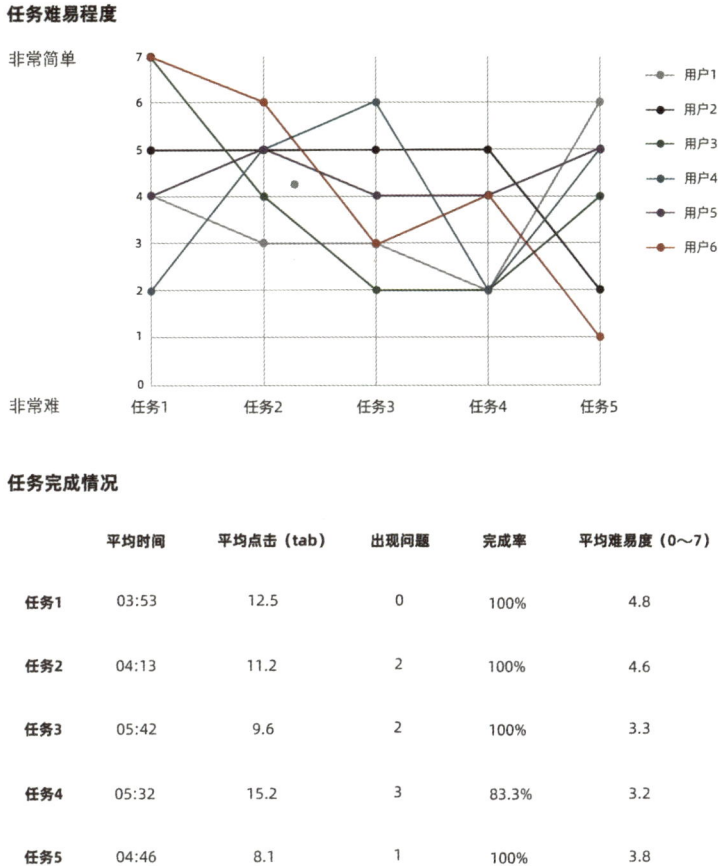

**任务完成情况**

| | 平均时间 | 平均点击（tab） | 出现问题 | 完成率 | 平均难易度（0～7） |
|---|---|---|---|---|---|
| 任务1 | 03:53 | 12.5 | 0 | 100% | 4.8 |
| 任务2 | 04:13 | 11.2 | 2 | 100% | 4.6 |
| 任务3 | 05:42 | 9.6 | 2 | 100% | 3.3 |
| 任务4 | 05:32 | 15.2 | 3 | 83.3% | 3.2 |
| 任务5 | 04:46 | 8.1 | 1 | 100% | 3.8 |

图 5.21 用户完成任务的难易程度和任务完成情况

除了这些简单的数据图表，我们还可以利用 Excel、Airtable、Dovetail 等工具生成更复杂的交叉图表进一步分析。

# 5.4 A/B 测试

## 5.4.1 什么是 A/B 测试

我们所熟悉的一些互联网公司佼佼者都崇尚快速实验，以验证自己的想法，从而推进产品的优化。例如，Google 每年运行超过 1 万次 A/B 测试；Booking 通过大量试验实现超过同行业 2 ～ 3 倍的转化率；美国前总统奥巴马政府在募集选举资金的时候，通过测试对募资网站的图片以及文案进行优化，网站点击率提升了 40.6%，而点击率的提升为奥巴马团队带来了预估 6000 万美元的捐赠……从种种数据资料中可以看到，通过测试可以量化和提高运营效率，优化产品体验，甚至还可以实现营收增长。

2012 年，必应（微软的搜索引擎）的一名员工提出了关于改进搜索页广告标题陈列方式的一个想法：将标题下方的第一行文字移至标题同一行，以使标题变长，如图 5.22 所示。

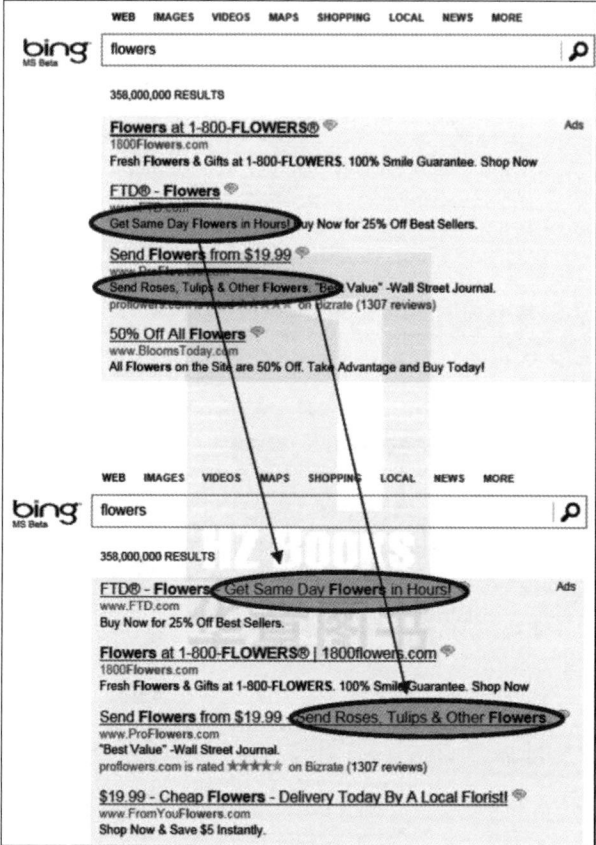

图 5.22　必应改进搜索页

在成百上千的产品建议中，没有人预料到这样一个简单的改动竟然成了必应历史上最成功的实现营收增长的想法！起初，这个产品建议的优先级很低，被埋没在待办列表中超过半年。直到有一天，一个软件工程师决定试一试这个从编程角度来说非常简单的改动。他实现了该想法，并通过真实的用户反馈来评估它：随机给一部分用户显示新的标题陈列方式，而对另一部分用户依旧显示老版本。用户在网站上的行为，包括广告点击以及产生的营收都被一一记录。

这就是一个 A/B 测试的例子：一种简单的用于比较 A 和 B 两组变体的对照实验。A和 B 也分别被称为对照组和实验组。

然而就这个实验而言，营收增长是真实有效的。在没有显著损害其他关键用户体验指标的情况下，必应的营收增长高达 12%，这意味着仅在美国，当年的营收增长就超过

1亿美元。这一实验在后来很长一段时间里被多次验证。

随着现代互联网的发展，试验的门槛不断降低，A/B测试已经被普遍运用在各行各业，用户即使没有做过A/B测试，也很有可能参与过A/B测试。接下来介绍A/B测试相关的内容。

A/B测试是为Web或App界面或流程制作两个（A/B）或多个（A/B/n）版本，在同一时间维度，分别让组成成分相同（相似）的访客群组（目标人群）随机地访问这些版本，并收集各群组的用户体验数据和业务数据，最后分析、评估出最好版本，正式采用，如图5.23所示。A/B测试是一种新兴的网页优化方法，可用于增加转化率、注册率等网页指标。

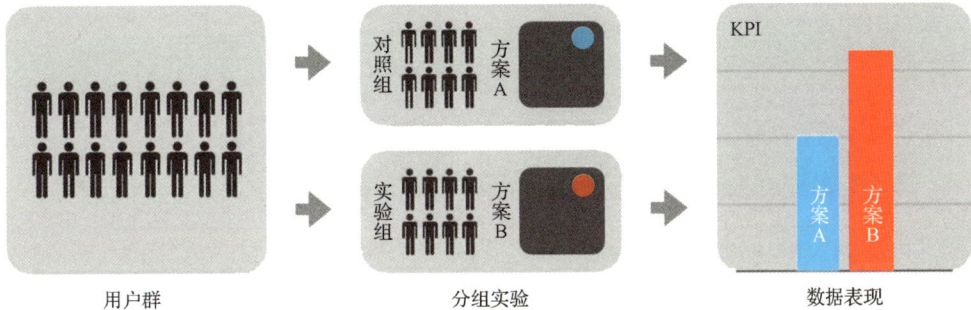

图5.23 A/B测试

## 5.4.2 A/B测试的作用

A/B测试可以让个人、团队和公司通过用户行为的结果数据不断对其用户体验进行仔细更改。这允许他们构建假设，并更好地了解为什么修改的某些元素会影响用户行为，A/B测试的具体作用可分为以下几点。

（1）消除用户体验（UX）设计中不同意见的纷争，根据实际效果确定最佳方案。

（2）通过对比试验，找到问题的真正原因，提高产品设计和运营水平。

（3）建立数据驱动、持续不断优化的闭环。

（4）通过A/B测试，降低新产品或新特性的发布风险，为产品创新提供保障。

既然A/B测试作为提升UX设计、交互设计的重要手段，那么它有哪些应用场景呢？

### 1. 体验优化

用户体验永远是卖家最关心的事情之一，但随意改动已经完善的结果也是一件很冒险的事情，因此很多卖家会通过A/B测试进行决策。常见的是在保证其他条件一致的情况下，针对某一单一的元素进行A、B两个版本的设计，并进行测试和数据收集，最终选定数据结果更好的版本。

### 2. 转化率优化

通常影响电商销售转化率的因素有产品标题、描述、图片、表单、定价等，通过测试这些相关因素的影响，可以直接提高销售转化率，长期进行也能提高用户体验。

### 3. 广告优化

广告优化可能是A/B测试最常见的应用场景了，同时其结果也是最直接的，营销人员可以通过 A/B 测试的方法了解哪个版本的广告更受用户的青睐，哪些步骤怎么做才能更吸引用户。

## 5.4.3 怎样建立有效的 A/B 测试

A/B 测试全流程大致可以分为三个步骤:定义阶段、试验阶段以及分析阶段，如图 5.24 所示。下面以 QQ 浏览器信息流项目为例讲解如何建立有效的 A/B 测试。

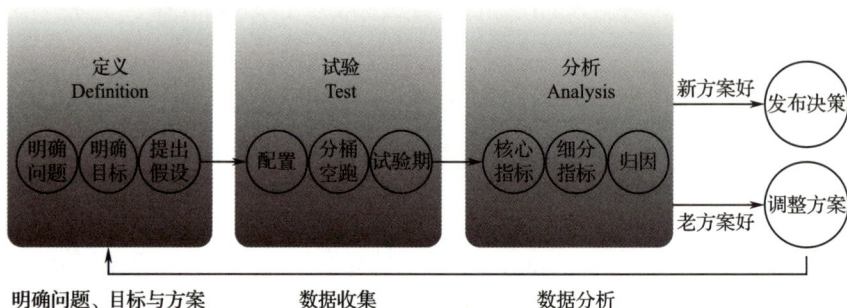

图 5.24　A/B 测试全流程

### 1. 定义阶段

首先，通过定义产品问题，牵引出项目目标;其次，从项目目标制定不同的衡量指标中拆分出理想的用户行为;最后，提出不同的假设方案，如图 5.25 所示。

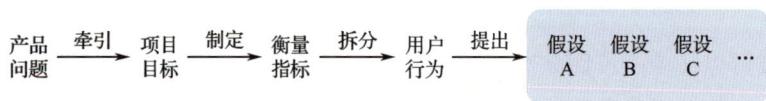

图 5.25　A/B 测试定义阶段

在产品问题不清晰的时候，可以追本溯源，根据北极星指标审视产品问题。北极星指标（North Star Metric）又称 "OMTM"（One Metric That Matters），即唯一重要指标，是指在产品的当前阶段与业务或战略相关的绝对核心指标，一旦确立，就像北极星一样闪耀在空中，指引团队向同一个方向迈进( 提升这一指标 )。北极星指标为团队抓住了发展的重点，把团队拉到一个方向上努力，所有拆分的目标都应该服务于北极星指标。拆分目标的时候可以遵循公式化思维、MECE 原则以及 SMART 原则，如图 5.26 所示。

图 5.26　目标拆分原则

以图 5.27 所示的横纵向拆解为例来说明以上三种原则在拆分目标时是如何思考和运用的。

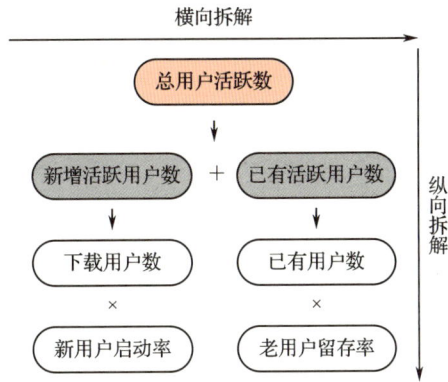

图 5.27　横纵向拆解

1）公式化思维

假设项目的北极星指标是"总用户活跃数"，可以先用公式把"总用户活跃数"拆分为"新增活跃用户数"+"已有活跃用户数"。

2）MECE 原则

拆分的时候，可以先横向拆解再逐层纵向拆解：把"新增活跃用户数"拆分为"下载用户数"×"新用户启动率"，以此类推。

3）SMART 原则

将项目目标逐层梳理，直到分解成部门甚至个人具体的、可衡量的、相关的、可实现的指标，并给这些指标定一个衡量期限。

以 QQ 浏览器信息流项目（如图 5.28 所示）为例：产品目标是提升信息流（Feeds）效率，通过公式，腾讯设计团队把信息流效率拆分为点击 PV 和曝光 UV，然后据此做出方案假设。

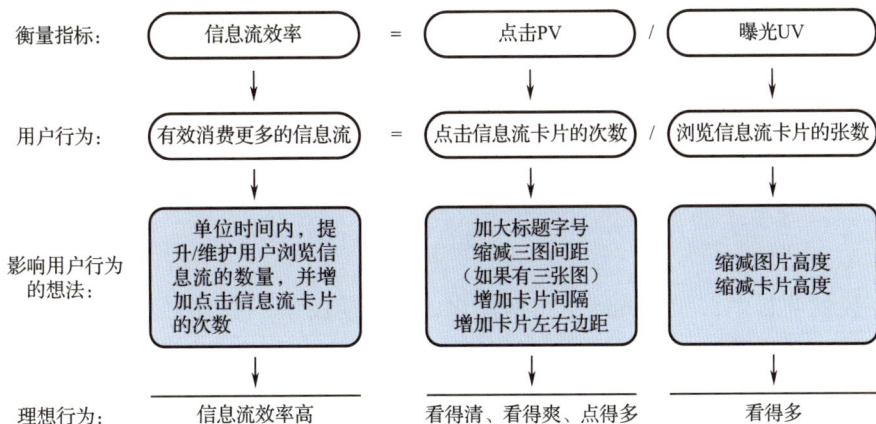

图 5.28　QQ 浏览器信息流项目

根据假设方案中优化的元素个数，在 A/B 测试中可以分为单一变量测试和多变量测试。以 QQ 浏览器信息流项目为例：腾讯设计团队提出方案 A 和方案 B，如图 5.29 和图 5.30 所示，由于设计界面中的每个元素相互影响，最终的方案中均包含了组合型的变量。

**方案A:** 在强化点击欲的基础上，压缩信息密度可以提升信息流效率

缩小图片横向间距 —
分割线区隔信息组 —

— 压缩图片高度
— 压缩内容间距

**强化点击欲**
信息群组化

**提升曝光量**
压缩信息密度

PROPOSAL_A
两端边距24px
标题字号36px
行间距50px
辅助信息字号24px
图片R角12
有分割线

图 5.29　方案 A

**方案B:** 单位时间内消费的卡片更聚焦，信息流效率更高

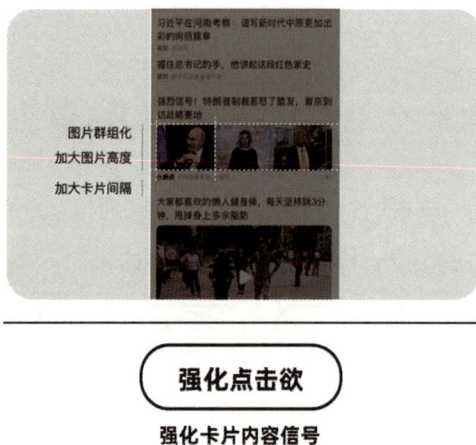

图片群组化
加大图片高度
加大卡片间隔

**强化点击欲**
强化卡片内容信号

PROPOSAL_A
两端边距24px
标题字号36px
行间距50px
辅助信息字号24px
图片R角12
有分割线

图 5.30　方案 B

在一般的项目中，如 Banner、文案优化，建议使用单一变量测试，可快速、有效地得出试验结论；在大改版项目中，由于想要改版的场景涉及不同元素的组合设计，建议先使用多变量测试，能更有效率地为改版指出大方向，如图 5.31 所示。需要特别注意的是，多变量试验组合中的元素不能单独拆分进行评估，因为它们是相互影响的。

**2. 试验阶段**

试验得到的结论（如用户喜欢哪个方案？不同方案对数据指标有多大影响？如何根据试验数据改进新版本？）可以作用于现在，也可以作用于未来。为了保证得到的结论科学可信，试验过程中也有许多需要注意的地方。

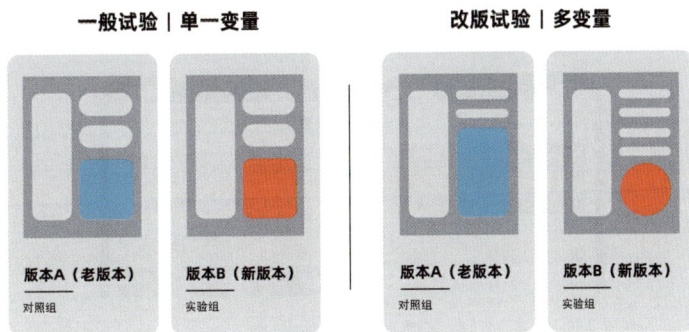

图 5.31　单一变量、多变量

首先要科学分桶，分桶就好比把一个水池里的用户随机捞一桶出来，"捞"的时候要注意三点：

（1）随机。在样本中随机选择所需的流量。

（2）均衡。样本属性要均衡，包括试验流量、男女比例、地区、手机系统等。

（3）充足。保证最小样本量。

关于样本量多少的建议：亿级日活的 App 建议最小抽取 50 万试验用户，小流量的项目或者产品可以用总用户池子的 2% 作为最小试验用户。通过空跑期观察实验组和对照组的重合度再次确认有效性，然后就可以投入不同试验方案收集各项数据了。

那么试验期多久比较合适呢？在试验过程中需要注意新奇效应以及首因效应对数据的干扰，新奇效应是指面对新的事物引起的关注带来理想化的结果；首因效应是指第一印象对产品先入为主的影响，如图 5.32 所示。

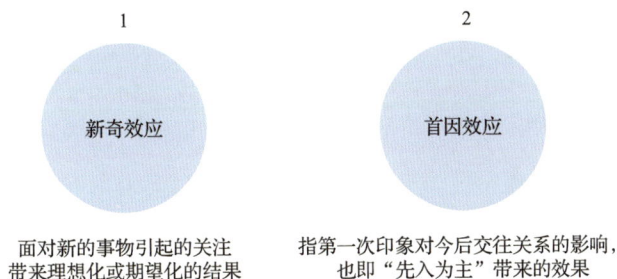

图 5.32　新奇效应、首因效应

一般试验，如 Banner、文案测试，要包含一个人的自然工作周期，也就是 7 天，会影响用户使用习惯的复杂试验需要 14 ~ 30 天甚至更多，如图 5.33 所示。试验期我们要耐心收集数据，不预设结论、不急于下结论，同时监测关键指标并及时终止或调整试验。

以 QQ 浏览器信息流项目为例，除去空跑期，试验一共跑了 30 天，可以从报表上初步看出方案 A 是正向的，方案 B 是负向的。接下来就开始可以对数据进行分析。

3. 分析阶段

分析之前首先要验证试验数据，通常有三种方法：AA 测试、放量测试以及反转测试。AA 测试是指给不同试验用户组看统一方案；放量测试是指增加样本量，同时观察数据表现；反转测试是指将新方案和原线上方案对调做实验，如图 5.34 ~ 图 5.36 所示。待数据验证无误后，再对核心指标和细分指标进行归因。

7天
一般试验（不影响用户习惯）

14～30天
复杂试验（影响用户习惯）

图 5.33　实验周期

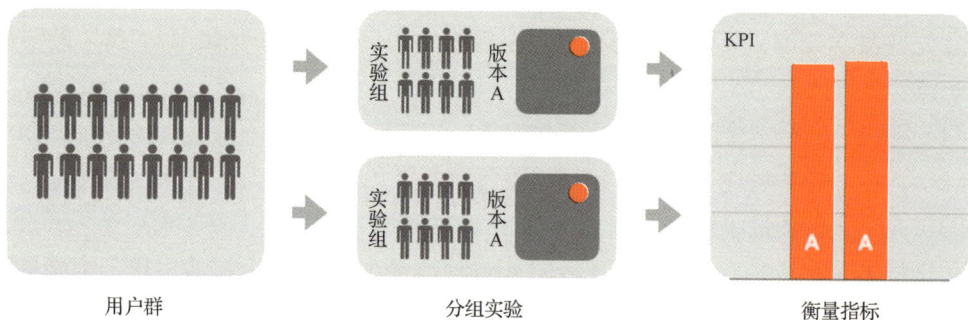

用户群　　　　　　分组实验　　　　　　衡量指标

图 5.34　AA 测试

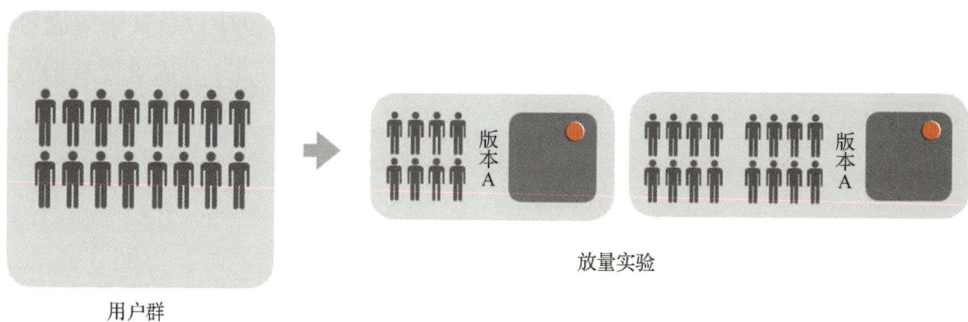

用户群　　　　　　　　　放量实验

图 5.35　放量测试

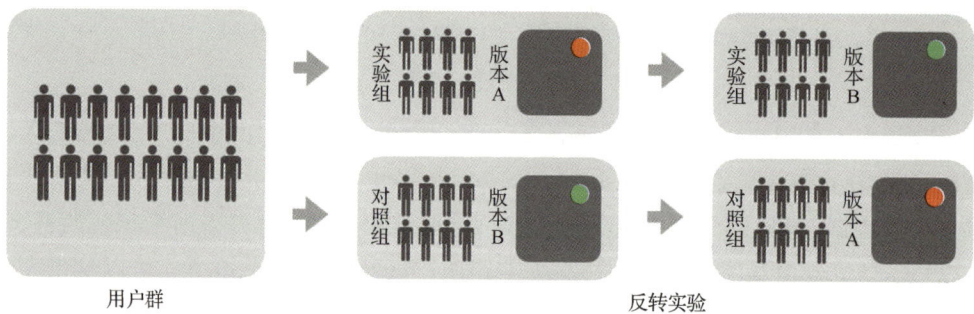

用户群　　　　　　　　　反转实验

图 5.36　反转测试

　　在 QQ 浏览器信息流项目中，腾讯设计团队采用 A/B 测试，新建三个实验桶跑方案 A，最后验证方案 A 的结论数据在三个桶里基本一致，正向的结论是可信的；对方案 B 也进行了细分指标对比，检查不同业务指标，通过深挖细分可以分析出图文效率是符合预期且有正向提升的，但是视频类内容的效率下跌导致整体效率下降。随后，腾讯设计团队针对视频类的内容做了新一轮假设以及试验，直到得出正向的验证结果，然后逐步上线。

最后，试验的目的并不是为了证明方案更优，在快速试错的工作模式下，设计师应该在设计专业的基础上，大胆创新、提出设想，然后选择更优的试验方式进行结果验证，像科学家一样做设计。哪怕试验数据最终是负向的也是有价值的，负向的数据有机会沉淀出具有参考意义的结论，作为经验分享让以后的工作少走弯路。

A/B 测试实施的问题：在 App 和 Web 开发阶段，程序中添加用于制作 A/B 版本和采集数据的代码会导致开发和 QA 的工作量很大、RoI（Return on Investment）很低；A/B 测试的场景受到限制，App 和 Web 发布后，无法再增加和更改 A/B 测试场景；额外的 A/B 测试代码增加了 App 和 Web 后期维护成本。因此，提高效率是 A/B 测试领域的一个关键问题。

如何高效实施 A/B 测试？在 App 和 Web 上线后，通过可视化编辑器制作 A/B 测试版本、设置采集指标，及时发布 A/B 测试版本；在 App 和 Web 发布上线后，根据实际情况，设计 A/B 测试场景。通过以上方法，不需要增加额外的 A/B 测试代码，对 App 和 Web 的开发、QA 和维护的影响也最小。

关于 A/B 测试的一些实用经验：

（1）从简单开始：可以先在 Web 前端上开始实施。Web 前端可以比较容易地通过可视化编辑器制作多个版本和设置目标（指标），因此实施 A/B 测试的工作量比较小、难度比较低。在 Web 前端获得经验后，再推广到 App 和服务器端。

（2）隔离变量：为了让测试结果有用，应该每个试验只测试一个变量（变化）。如果一个试验测试多个变量（如价格和颜色），就不知道是哪个变量对改进起了作用。

（3）尽可能频繁、快速地进行 A/B 测试：要降低 A/B 测试的代价，避免为了 A/B 测试做很多代码修改，尽量将 A/B 测试与产品的工程发布解耦，尽量不占用太多工程部门（程序员、QA 等）的工作量。

（4）要有一个"停止开关"：不是每个 A/B 测试都会得到正向的结果，有些试验可能失败，要确保有一个"开关"能够停止失败的试验，而不是让工程部门发布一个新版本。

（5）检查纵向影响：夸大、虚假的 CTA（Call to Action）可以使某个 A/B 测试的结果正向，但长期来看，客户留存和销售额反而会下降。因此，时刻要清楚测试的目的是什么，事先就要注意到可能会受到负面影响的指标。

（6）先"特区"再推广：先在一两个产品上尝试，获得经验后，再推广到其他产品中。

关于 A/B 测试的一些注意点：

（1）测试时长。

测试时长不宜过短，否则参与试验的用户几乎都是产品的高频用户。同时，实验控制在同一时间段，如在一些特殊日子中，用户的活跃度会暂时性增高，如果方案 A 的作用时间刚好是节日，方案 B 的作用时间是非节日，那么显然这种比较对于方案 B 是不公平的。

（2）分流（或者抽样）：应该保证同时性、同质性、唯一性、均匀性。

①同时性：分流应该是同时的，测试的进行也应该是同时的。

②同质性：也可以叫相似性，要求分出的用户群在各维度的特征都相似。可以基于用户的设备特征（如手机机型、操作系统版本号、手机语言等）和用户的其他标签（如性别、年龄、新老用户、会员等级等）进行分群，每一个 A/B 测试都可以选定特定的用户群进行。

③唯一性：要求用户不被重复计入测试。

④均匀性：要求各组流量是均匀的。如最好保持实验组和控制组具有相同的用户比例，也就是如果实验组有 5% 的用户，那么在数量上也要选 5% 的用户做对照。

（3）A/B 测试只能有两个版本吗？

A/B 测试不是只能有方案 A 和方案 B，实际上一个测试可以包含 A/B/C/D/E/……多个版本，但是要保证单变量，如按钮的颜色赤/橙/黄/绿/青/蓝/紫，这 7 个方案也可以做 A/B 测试；但如果某方案在旁边新增了另一个按钮，即便实验结果产生了显著差异，也无法判断这种差异的成因究竟是哪个变量影响的。

（4）同一段时间内可以做不同的 A/B 测试吗？

例如，一个测试抽取总体 20% 的流量做按钮颜色的实验，另一个测试也抽取总体 20% 的流量做布局样式的实验，是否可行？从理论上来说是可行的。但要求多个方案并行测试，同层互斥。如果从总体里先后两次随机抽取 20% 的流量，则很有可能有重叠的用户，既无法满足控制单变量，又影响了用户的使用体验。

同层指的是在同一流量层中创建实验，在此层中创建的实验共享此层中的 100% 流量。互斥指的是在此层中，一个设备有且只能分配到此层多个实验中的某一个实验。

## 5.4.4  A/B 测试案例

下面来看其他公司或设计团队如何利用 A/B 测试成功达到目的，从而可以带给我们一些灵感和思路。

第一个例子是爱彼迎（Airbnb）为了增加房源预订而做出的 A/B 测试。爱彼迎是一家提供民宿服务的平台，创建于 2007 年，目前估值约 300 亿美元。在 2011 年年初，爱彼迎团队通过查阅数据，寻找房源预订量比较低的地区。他们发现，纽约市的房源预订量竟然不达标。众所周知，纽约是热门的旅行地区，为什么房源预订量低呢？在观察这个地区的房源照片时发现，这些照片都是手机拍摄的，既不清晰也不美观。如果房东发布的房源信息里有拍摄效果更加专业的照片，房东是不是会更容易租出自己的房子呢？为了验证这个假设，爱彼迎团队先挑选了一部分房东作为实验组，免费为他们提供专业的摄影服务。然后，将实验组的平均住宅预订量和纽约其他公寓的平均预订量进行对比。数据显示，如果房源信息里有专业拍摄的住宅照片，房源预订量是爱彼迎平均房源预订量的 3～4 倍。也就是说，照片质量会影响预订量，说明前面的假设是成立的。根据这个 A/B 测试结论，爱彼迎推出一个摄影计划，聘请了 20 名摄影师，专门为房东提供专业的拍照服务，这使得爱彼迎的房源预订量实现了快速增长。爱彼迎团队进一步决定向所有房东推广这一业务，这极大地提升了房源预订量。

第二个例子是 Electronic Arts（EA，美国艺电公司），他们想将网页设计得更好，帮助达到收入最大化。EA 最受欢迎的游戏之一——模拟城市 5，在上线以后的前两周就卖出了 110 万份。该游戏 50% 的销售都来自网上下载,这归功于一个非常厉害的 A/B 测试策略。当 EA 准备发行模拟城市的新版本时,他们提供了一个促销信息来吸引更多的玩家预订游戏。这个促销信息显示在预订页面的 Banner 上,让购买者一目了然。但是据这个团队所说,促销并没有带来他们期望的预订数量的增长。他们决定尝试更多的试验来检验哪种设计和布局可以获得更多的收入。

一个变化是把页面上的促销信息都删除了。这个试验产生了令人吃惊的结果:没有促销信息的版本比最初版本提升了 43.4% 的预订量。结果显示,人们真的很想买这个游戏,不需要额外的刺激。大多数人认为直接的促销可以带来购买行为,但是对于 EA 而言,这个观点完全是错误的。A/B 测试让他们找到了可以让收入最大化的方式,否则这件事不会成为可能,如图 5.37 所示。

图 5.37　EA 公司的 A/B 测试

这两个例子虽然目的不同,但是都通过结合自身情况利用 A/B 测试更加了解用户的心理,选择最适合自己的方案进行运营,并获得了成功。因此,在制定 A/B 测试计划时要多考虑自身情况,并且留意上面提到的注意点和实用经验。

## 5.5　眼动测试

正如柏格森(Bergson)所说,人的眼睛与心理活动总是密切联系着的,当用户在使用产品时,通过他们的眼球运动所获得的信息,往往能比可用性测试和访谈获取更多隐藏但有价值的内容。毕竟,设计师所观察到的和用户所说的,都不是最直接最全面的信息。因此,眼动追踪(Eye Tracking)技术为用户体验行业和交互设计师提供了一种更为直接、更为有效地了解用户行为态度的方法。

当然,目前一台价格不菲的眼动仪设备并不是每家公司都愿意引进的。但随着技术的发展，市场上已经出现了一批"民用眼动仪"新秀。如 the Eye Tribe 眼动仪，全套设备包括邮费只需 650 多元，价格还不如一部手机贵，但其功能和精度完全可以满足平时的项目需求。此外，还出现了可以替代眼动仪的神奇技术——眼动模拟人工智能技术。最近的研究发现，眼动是可以用 AI（人工智能）来模拟的。给机器提供了大量的眼动数据后，AI 算法能够预测出一个会怎样被用户观看的界面。

其中，AttentionInsight 公司把这项技术开发成了一款可以被大众使用的产品。给这款产品一张界面图，它就能生成用户在前 3 ~ 5s 内的真实眼动热点图和预估眼动热点图，如图 5.38、图 5.39 所示。该公司号称对网站的眼动模拟可以达到 90% 的准确度，对于图像更是可以达到 94% 准确度。这个数据是和 MIT（麻省理工学院）数据库对比出来的。

图 5.38　真实眼动热点图　　　　　　　　图 5.39　预估眼动热点图

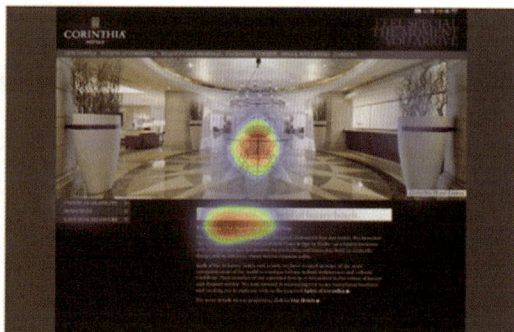

现在的眼动仪一般分为两种，一种是最为常见的非接触式红外眼动仪，如图 5.40 所示；另一种是头戴眼镜式眼动仪，如图 5.41 所示。

目前还有针对 VR（虚拟现实）场景下的眼动仪，如图 5.42 所示。

眼动仪的原理概括来说就是使用机器视觉技术捕捉瞳孔的位置，然后将这个位置信息通过内置的算法进行计算，获得用户在所看界面上视线的落点，即用户当前注视点在界面上的位置。

图 5.40　非接触式红外眼动仪

图 5.41　头戴眼镜式眼动仪

图 5.42　针对 VR 场景下的眼动仪

本节将通过眼动测试在 UX 领域的应用场景、眼动测试数据指标解读、如何开展眼动测试项目以及眼动测试需要避免哪些误区来使读者了解眼动测试。

## 5.5.1 眼动测试在 UX 领域的应用场景

当用户和眼动仪"对接"之后，可以获得的信息有：用户此时在看什么，看了多久；在界面上，用户的注意力是如何从一个元素到另一个元素的；界面上哪些区域用户没有留意到；界面上的元素的尺寸及其如何影响用户的注意力。

基于这些信息，这里列举以下 4 个典型的业务场景。

场景一：了解用户的注意力在界面的各元素上是如何分配的。

当用户访问一个电商网站准备购买一些商品的时候，页面上的哪些元素会影响他们的购买决策？用户是否会考虑商品列表上的所有商品，还是只将注意力放在头几个商品上？为什么不少用户都没有点击页面上大片推广区域中的商品？是因为他们没有看到，亦或是他们看到了然后跳过了那个区域？

场景二：了解用户在界面上的决策过程。

例如，用户在网站上进行搜索时，每条搜索结果需要呈现哪些信息，才会让用户有点击的意愿？是每条搜索结果的标题最重要还是描述信息、URL（统一资源定位器）或者其他信息最重要？如图 5.43 所示，用户使用 Google 搜索 "leather tote"（皮革手提包），图中呈现的是用户在搜索结果页上的视线扫描路径（Scan Path）。通过分析扫描路径，可以发现用户只在头两条搜索条目中看了内容摘要，在后三条条目中只看了标题，而在第四条的标题上注视的时间最久，同时还瞥了几眼第五条的标题，最后用户点击了第四条。将这个观察结果与测后访谈结合，就能了解用户最终决定点击第四条搜索结果的决策过程。

图 5.43　Google 搜索眼动测试

场景三：了解产品页面布局与用户心理预期是否匹配。

例如，用户访问 GAP（一种服装品牌）的在线商店，想要购买一张礼品卡，这时用户会在页面上寻找礼品卡的购买入口。同时，他们会有一个心理预期，认为这个链接可能出现在页面的某个位置。如果这个位置和页面上礼品卡购买的实际位置不一致，就会导致用户寻找的过程受阻，甚至放弃购买。

因此在进行页面设计时，需要知道用户是如何进行寻找的，他们预期这个入口会出现在哪里，他们能否理解页面上入口的文案或者 Icon（图标）的含义，以及用户究竟看了多少次这个入口才意识到这就是他要找的目标。这个时候就需要视线追踪技术。

通过眼动仪获得用户的搜索路径如图 5.44 所示，这是准备要购买礼品卡的用户，在页面上寻找购买入口时的视线扫描路径。可以看出，用户首先在页面的顶端搜索，发现没有找到就马上跳到最下方进行搜索，也就是用户对购买入口的期待首先是页面的顶端，其次是底端。因此在设计入口的时候，必须遵照用户的心理预期，如果把入口放在页面顶端或底端之外的区域，很可能会导致用户寻找入口受挫。

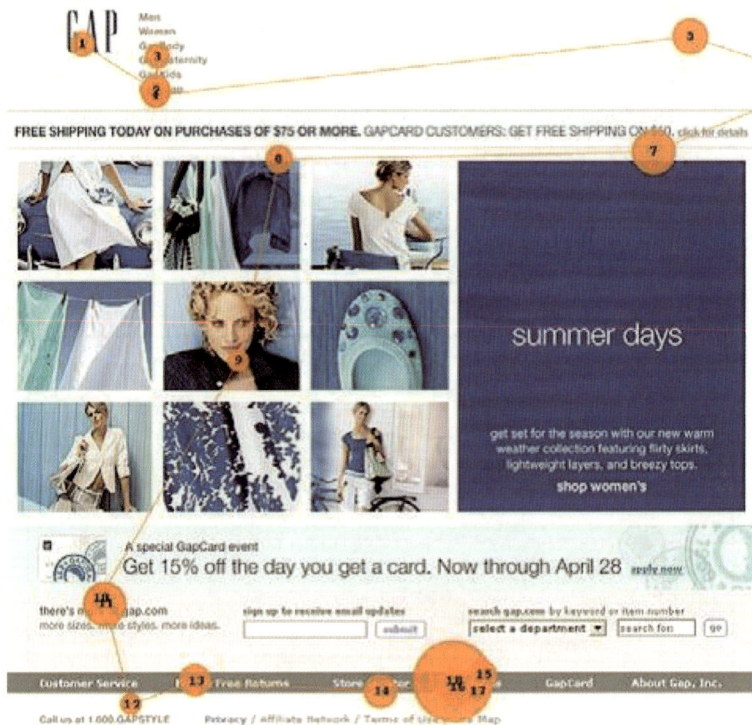

图 5.44　通过眼动仪获得用户的搜索路径

场景四：可用性测试中用于深挖可用性问题的原因。

例如，在对某会议网站的可用性测试项目中，所有的用户都成功地将几个研讨会加入他们的会议日程表，其中有一个研讨会是需要门票的，同时会有一个图标标识该研讨会需购买门票才能参加。但是当用户在最后提交时被告知需要购买门票时，他们往往会觉得很困惑为什么会有这个要求。虽然可用性测试发现了这个问题，但是研究人员并不知道究竟是因为用户没有看到那个需购票参加的图标，还是用户看到了，但是没有明白其含义，以及该图标要放在哪个位置才最容易被用户注意到。

通过眼动测试可以回答这个问题。通过对多名用户的热点图进行叠加，可以发现门票样式的图标几乎没有被热区覆盖，可见用户都没有注意到这个图标。此外，研究人员测后询问了用户这个图标的含义，大部分用户都没有理解这个图标的形状代表的是什么。基于这个结果，可以得出两个建议：首先是将这个图标放在靠近研讨会的标题，从眼动数据来看，这个区域能够获得用户足够的关注；其次要重新设计这个图标的样式，提高辨识度。

总之，眼动技术可与传统可用性测试相结合，作为可用性测试中所观察到的行为与用户口述内容之间的桥梁。以上 4 个场景仅仅是抛砖引玉，读者也可以根据眼动测试获得的数据形式来扩展更多的项目场景。

## 5.5.2　眼动测试数据指标解读

### 1. 基本眼动指标

眼动测试项目中，能够记录到的"眼动事件"主要包括注视和眼跳。

（1）注视：用户视线停留在界面某处，并保持一段时间的稳定的过程。此时用户会对注视到的信息进行理解。

（2）眼跳：用户从一个注视点跳到另外一个注视点的运动过程，如图 5.45 所示。一般情况下，眼跳不会对视线经过的信息进行理解。

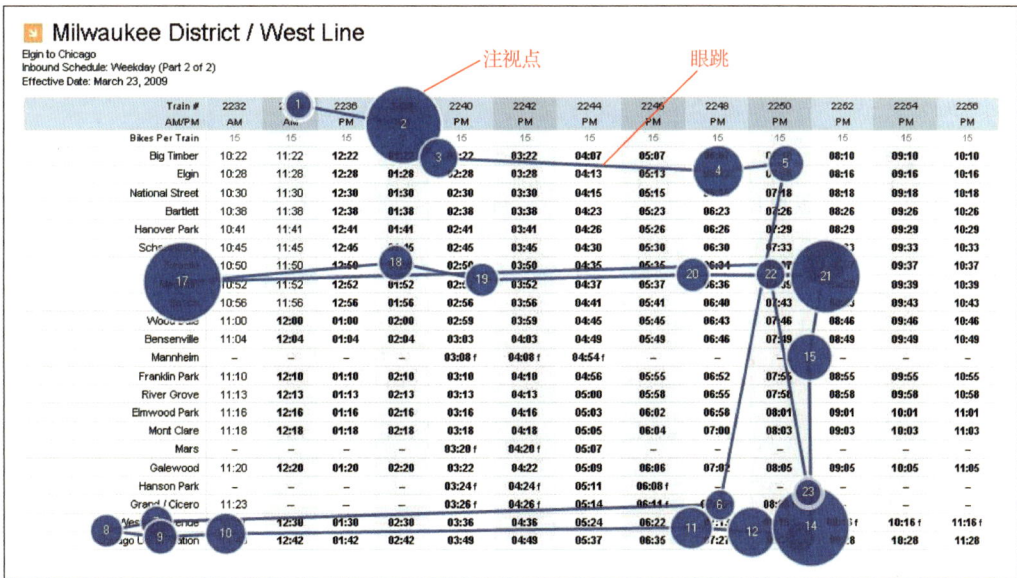

图 5.45　眼跳

此外，一般眼动仪还可以记录瞳孔直径。有研究显示，瞳孔直径和用户的情绪有关。所以这项指标特别适合游戏产品的测试，可以通过对玩家瞳孔变化的监测，了解用户在游戏过程中的情绪变化。这些眼动指标分别代表什么含义呢？可以从关注度和操作性两个方面来总结：关注度是指界面上的兴趣区（Area of Interest，AOI）对用户的吸引力，具体指标如表 5.3 所示。

表 5.3　关注度具体指标

| 眼动指标 | 代表的含义 |
|---|---|
| 注视到 AOI 的用户百分比 | AOI 视觉突显程度 |
| 视线首次进入 AOI 之前注视点的个数 | |
| 视线首次进入 AOI 用时 | |
| AOI 内注视点个数 | 用户对 AOI 的感兴趣程度 |
| 视线在 AOI 内的停留时间 | |
| 视线在 AOI 内的停留时间占整个测试用时的百分比 | |

操作性是指界面上的兴趣区(AOI)对用户使用绩效的影响,具体指标如表 5.4 所示。

表 5.4　操作性具体指标

| 眼动指标 | 代表的含义 |
|---|---|
| 注视过程的平均用时 | 认知过程用时,用时越长,可能是用户有疑惑或者感兴趣 |
| 视线首次进入 AOI 之前注视点的个数 | AOI 的可发现度 |
| 视线首次进入 AOI 用时 | |
| 视线首次进入 AOI 之前的扫描路径长度 | |
| 首次注视 AOI 到鼠标点击用时 | AOI 的可识别度 |
| 点击前视线进入 AOI 的次数 | |

瞳孔的直径既可以理解为关注度指标,也可以当作操作性指标。一般认为,瞳孔直径大小与用户的情绪和认知负荷有关,瞳孔越大,认知负荷越高。但是,瞳孔直径大小容易受到实验室光线和照明角度的影响,所以需要谨慎使用。

### 2. 热点图

热点图是眼动数据的一种非常常见的呈现方式,如图 5.46 所示。它能够直观呈现界面上各个区域受到用户关注的程度,所以大部分眼动报告中都可以看到这种图。

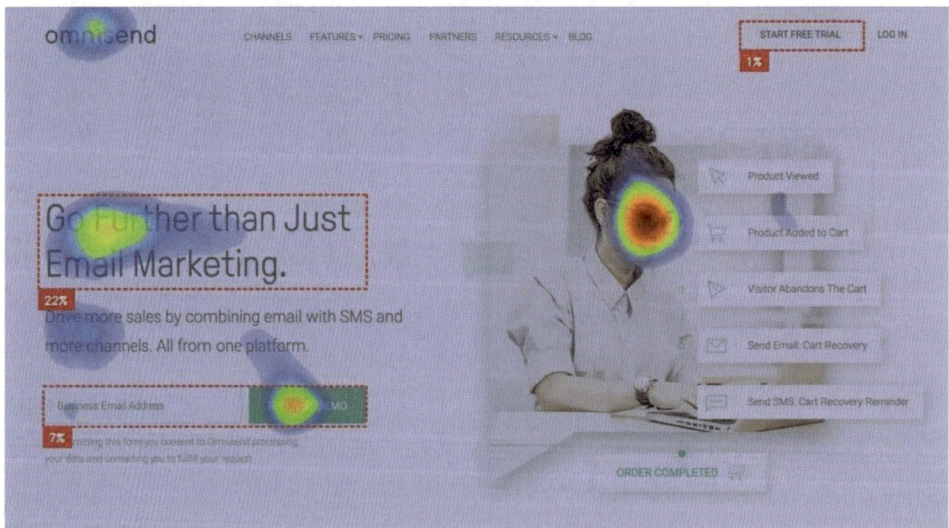

图 5.46　热点图

通俗地说，热点图就是呈现用户在界面上哪些区域看得多哪些区域看得少。一般最终呈现的热点图都是使用多名用户的数据叠加在一起形成的。热点图用颜色的深浅来表示用户的注视情况。注视情况可以是注视点的个数，也可以是注视时间。Nielsen 推荐使用注视时间作为热点图的指标，因为一个长时间的注视点要比"一瞥"更有价值。

热点图虽然很炫酷，但是设计师不能止步于此。热点图往往可以帮助设计师找到有趣的点，这些点可以告诉设计师在回放用户的注视过程中该重点关注什么。

### 3. 兴趣区

在设计测试的过程中，可以使用眼动软件在测试材料上画一个区域，这个区域就是兴趣区。例如，在对页面广告的眼动测试项目中，可以在广告的关键区域，如产品的外观、品牌 Logo 的位置画一个矩形，把关键区域包括在矩形中。在进行数据分析时，可以用关注度指标来评估这个 AOI 对用户的吸引力如何。可以说，画出 AOI 是帮助我们对眼动数据进行定量分析的必经步骤。

## 5.5.3 如何开展眼动测试项目

目前常见的眼动仪主要是非接触式红外眼动仪，本文基于该类型眼动仪，介绍眼动项目的大体流程。

### 1. 界定研究问题，设计测试过程

眼动测试在心理学研究中属于生理实验，有过相关经验的读者一定能体会到生理实验中任何影响被试者（用户）情绪状态的因素都可能会影响实验的结果。因此，无论是科研还是公司的项目，都需要进行严谨的实验设计来减少各种误差。设计测试过程涉及以下几点。

（1）界定问题：根据项目需求提出实验假设或者要验证的问题，如以某次项目为例，界定的问题是网页上两个 Banner 版本，哪个版本吸引用户注意力的效果更好。

（2）用眼动指标来定义问题：这一步非常关键，可以结合眼动指标，对两个版本 Banner 的效果进行指标定义。例如，可以将"用户的视线首次进入界面寻找 Banner 所用的时长"作为评估效果好坏的指标，即这个时长越长，说明这个 Banner 越不容易被注视到，也就是吸引注意力的效果越差。

（3）设计测试任务：对于这个问题，设计的任务可以很简单，即让用户分别浏览带有两个不同版本 Banner 的静态网页界面，并都限定 20s 的浏览时间。

（4）准备测试材料：一般可以直接用实际界面做材料，如上述对比两个 Banner 效果的项目中，可以截取两个 Banner 版本下的网页界面作为实验材料。

（5）准备实验环境：一般要求测试在专用的房间（实验室）中进行，为了让眼动仪能顺利记录数据，这个房间需要尽可能确保：

① 房间低照度，窗户需要使用遮光窗帘隔绝外界光线。

② 座椅最好是位置能固定的，避免用户在测试过程中移动座椅导致记录不到数据，此外可使用高度可调的座椅，以适应不同身高的用户。

③ 干净整洁的办公桌面，避免杂物分散用户注意力。

④有条件的可以设置双屏，一台显示屏用于测试，一台给研究人员进行观察。

图 5.47 所示是 Nielsen 眼动实验室的配置。

图 5.47　Nielsen 眼动实验室的配置

### 2. 招募用户（被试）

招募用户涉及两个方面，招募要求和人数。首先，对于招募用户的要求，除了本身项目的需要（如用户对产品的使用经验），还需要考虑眼动项目的特殊性，由于现在眼动仪的限制，招募的用户需要尽可能符合以下条件，以确保实验顺利进行。

（1）用户可以佩戴眼镜，但镜框不能太粗且不能反光，隐形眼镜则不建议参加。

（2）用户不可有较高度数的散光，眼动仪很可能记录不到有散光的这只眼睛的数据。

（3）用户双眼都没有任何眼疾，眼睑没有下垂。

（4）用户没有非常长、浓密的睫毛，或者涂有较多睫毛膏以及带有假睫毛。

在实际项目中，难免会碰到用户来到实验室后发现眼动仪无法识别用户的眼球位置，所以在招募的时候，可以留有备选用户。实际上，为了避免出现用户到场却无法完成测试的尴尬，一般直接招募没有近视和散光的用户，当然这样的用户招募是有难度的，所以招募多少用户才合理呢？

这和眼动测试的产出形式有关，如果眼动测试是为了产出热点图，考虑到热点图是叠加所有用户数据进行综合分析，所以至少需要 30 名用户才能减少生理实验中个体差异的影响。考虑因眼动仪无法获取数据会导致无效用户，Nielsen 推荐至少招募 39 名用户。如果只是为了定性研究用户的眼动轨迹，则只需要 6 名用户。这里 Nielsen 总结了一份研究方法，如表 5.5 所示。

表 5-5　研究方法

| 研 究 方 法 | 用 户 数 |
| --- | --- |
| 定性用户测试（发声思维） | 5 |
| 卡片分类 | 15 |
| 定量用户测试 | 20 |
| 眼动测试（热点图） | 39 |
| 眼动测试（眼动轨迹） | 6 |

因此，在时间和经费有限的情况下，研究用户的眼动轨迹比研究热点图更划算。当然，还有另外一种方法，就是在测试用户数有限的情况下，观察每位用户的热点图，如果发现大部分热点图可得出的结论是一致的，则可以挑选几个典型的热点图用于展示。

值得注意的是，用户开始测试后，如果发现始终无法被眼动仪追踪到，原则上还应支付礼金，但为了减少损失，此时可以让用户采用发声思维的方式参与测试。另外，在招募用户的时候，招募信息中可以提及一些眼动相关的基本信息，但也不用过于夸大，只要做到用户心里有数，测试时不会太紧张即可。

### 3. 开始测试

由于眼动测试的特殊性，在开始测试之前，需要做一些必要的准备工作。

（1）测试材料：除了呈现在屏幕上的测试内容，还应准备指导语（最好是打印稿）、任务清单、用户信息登记表、问卷（如果需要）、纸笔、礼金等。

（2）调整坐姿：眼动仪所配的软件是可以将用户在眼动仪的"视野"中的位置示意出来的，在调整用户坐姿时，只要让用户的双眼在眼动仪视野的正中即可，必要时调整座椅高度和眼动仪角度。此外，研究人员需要查阅眼动仪的说明书，了解眼动仪的必要参数，如一般非接触式红外眼动仪会要求人眼与屏幕的距离保持在 50 ～ 60cm。

当眼动软件提示眼球位置监测状态良好，且用户表示坐姿舒适时，就可以进行下一步。测试前，应口头告知用户在整个实验过程中，保持姿势尽可能不变。

图 5.48　眼动校准

（3）眼动校准：如图 5.48 所示，这一步非常关键，只有确保校准成功，测试结果才是有效的。研究人员可以手动调节校准的点数，从 4 点校准到 9 点校准都可以。一般情况下，采用 5 点校准。当然，校准点数越多，校准的效果越好，但越费时间，可能导致用户疲劳。校准结束后，眼动系统会呈现校准结果，即误差角度，一般双眼的误差都小于等于 0.5° 时，校准是成功的，否则需要考虑多次校准。不同品牌眼动仪的校准步骤略有不同，可参考该产品说明文档。

（4）预测试：在正式实验之前，需要用户熟悉测试流程，可以让用户做一遍预测试。预测试的流程和正式实验一致，只是测试材料会有不同。预测试过程中，研究人员可以观察用户是否遇到困难，或者是否会不由自主移动身体导致眼动仪无法追踪眼球运动。如果出现这种情况，可以在正式测试前告知用户需要注意什么。如果测试任务较为复杂，可以让用户在非眼动追踪的条件下，让用户完成一遍操作，以便让用户提前熟悉测试过程。

### 4. 测后访谈或问卷

正式测试结束后，对用户进行访谈是非常必要和关键的。如果研究人员在测试过程中可以实时看到用户眼动的轨迹，当发现用户并没有按预期注视某些区域，就可以在测试结束后的访谈中，与用户聊聊，究竟是什么原因导致用户没有留意某个区域，这时用户的解释可以为后续数据分析提供更为丰富的信息。对于测后问卷，则可根据之前设计好的问题收集必要的信息。

## 5.5.4 眼动测试需要避免哪些误区

眼动测试中，还需要避免一些误区，主要如下。

**1. 动态界面记录热点图**

一般报告里的热点图都是静态的，但是如果进行眼动测试的材料是动态的，如大多数网页会有轮播广告，或者鼠标悬停菜单，这些动态元素势必会改变用户的眼动模式，所以所得的静态热点图会有很大的偏差。因此，如果要采用热点图来分析眼动数据，需确保测试材料是静态的，如可以使用网页的截图。

**2. 制作热点图时没有统一用户的测试时间**

测试材料呈现给用户后，眼动仪开始记录数据，这个时候用户在材料界面上的眼动轨迹会被记录下来。在制作热点图时，如果没有限定取用户前多长时间的眼动数据，那么用户看10s的热点图和看100s的热点图将会有很大的差异。所以在对比不同用户的数据时，只有统一取测试中指定长度时间的眼动数据制作成的热点图，才有可比性。

**3. 测试过程中要求用户发声思维**

发声思维法在可用性测试中是很常用的一种方法，但是在眼动测试中并不适用。有研究发现，当用户被要求实时说出自己的思维过程时，用户会倾向于注视界面上的元素更久且更频繁，毕竟用户在表达的过程中，会不由自主地将目光停留在所要描述的位置，这种现象与用户平时的使用情况不符。所以如果采用发声思维法，可能会导致实验结果无法应用于用户实际使用情景。

**4. 仅需要一次校准就可以跑完整个测试**

理论上这是可以的，但是如果每次测试时间较久，用户难免会疲劳而改变坐姿，这个时候可以考虑在测试间隔让用户休息一下。但是在再次测试之前，最好重新校准再进行测试。另外，用户只要坐姿不变，头部有小范围的运动，对数据影响是不大的。

**5. 眼动仪记录的用户视线位置就是用户真实所看的位置**

眼动仪受到当前技术的限制，无论校准精度如何，都会存在一定的误差，特别是屏幕边缘附近的数据，可能误差更大，所以眼动仪分析软件呈现的结果是经过算法处理后，求得的用户注视点落点的"范围"，这个范围里可能有多个注视点，但因距离接近所以通过算法合并为一。只要不使用未经处理的原始眼动数据作为研究对象，就不用担心这个问题，因为眼动仪配套的软件会自动对原始数据进行修正。

**6. 没有考虑用户使用经验的影响**

新用户和老用户，在进行眼动测试时的结果会有很大的差异，因为老用户可能已经对界面很熟悉，有些区域他们没有去看不代表这些区域没有吸引他们的注意力，而可能是用户已经很熟悉这块区域是什么。新用户则可能完全不同，他们对页面很陌生，视线会到处看看，这个时候如果他们没有看某些区域，就可以说明这些区域并没有吸引他们的注意力。所以分析数据时，新老用户是要区别对待的。特别是对于热点图，如果将新老用户的结果进行叠加，结果就可能难以解释。

# 第6章
# 交互验证

## 6.1 交互设计自查表

    交互设计师在日常的工作项目中，可能经常遇到以下状况：产品上线后，发现网络信号弱，加载不出数据的提示页面；不同页面相同属性的操作交互形式不一致；点赞评论的数值没有做极限值规定，预埋了隐形 bug 等。交互设计师在实际项目中，不仅要考虑正常场景的任务流和页面流，还要从特殊场景、操作与反馈、页面状态、数值限制条件等多个维度完善项目，因此就需要一份尽可能全面的交互设计自查表。交互设计自查是设计师常用的检验工具，经常以"自查表"形式呈现，可以帮助我们快速检查设计方案，修正遗漏或不足。善用交互设计自查表，不仅可以避免在设计评审时被指出错误的尴尬，还可以帮助设计师消除思考盲点，使交互设计思维得到系统化的锻炼与提升。

    当交互方案做好后，最好给自己做一个自查，一条条去核对，看自己是否遗漏了，如果遗漏了就立马补上，前期自查认真一点，后续能避免大量的差错。如前期做交互的时候有一个状态没有考虑到位，评审的时候大家也没注意到，结果前端做出来后发现少了一个状态，这时候再去补的话就会涉及一系列的改动，修改成本会更大。所以，能提前把问题扼杀在摇篮里是最理想的工作状态。

    设计自查好处多多，但谈起如何构建一个比较全面和完整的自查表，很多人顿感千头万绪，原因是交互设计在产品设计流程中处于一个交叉性非常强的位置，功能特性、UI

细节、平台/设备特性、异常流程等都会涉及。那么，构建交互设计自查表应该从哪些角度入手呢？如何做到全面、完整？本节将以百度设计团队的《智能小程序设计自查表》为例（以下简称《小程序自查表》，如图 6.1 所示），讲解基于产品/项目特点构建交互设计自查表的思路，希望能够帮助读者了解自查方法，触类旁通地建立自己的"个人专属"自查表。自查表整体的构建过程可总结为 4 个步骤：搭结构、填内容、用起来、迭代升级。

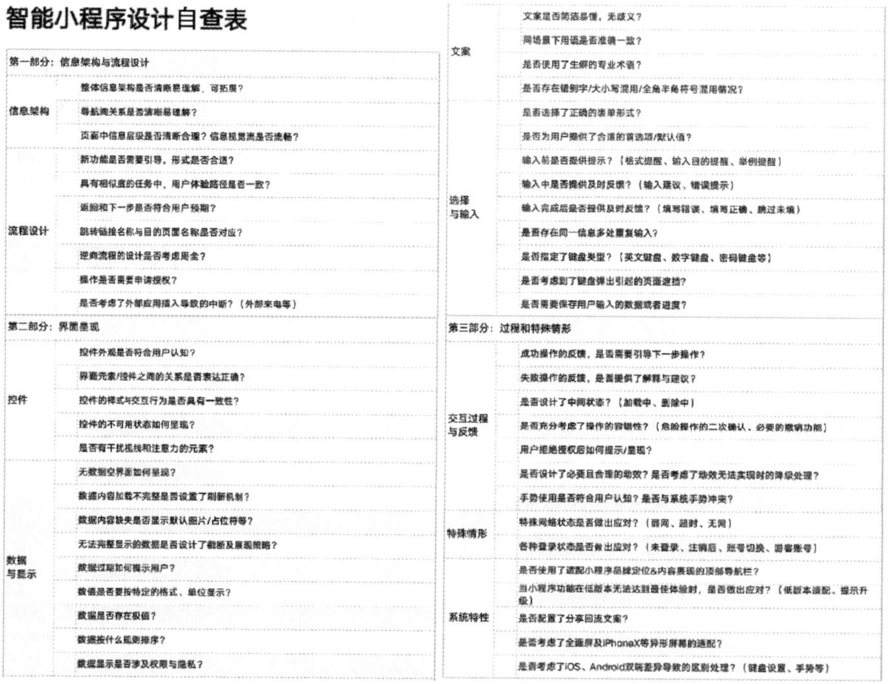

图 6.1 百度设计团队的《智能小程序设计自查表》

## 6.1.1 搭结构

一个自查表常常包含几十条各式各样的自查项，因此需要搭建一个容易理解、好记忆的自查结构，便于我们对众多自查项留下印象，从而在实际应用中能够快速定位问题。《小程序自查表》的三大自查模块结构设定借鉴了一个通俗的日常场景——"吃面"的步骤，方便使用者联想记忆，如图 6.2 所示。

首先，一碗面端上桌，我们会有一个整体的印象"面的种类对吗？""口味对吗？"这一步可以对应小程序的信息架构、流程设计。其次，我们可能会仔细看看"面的卖相如何？""颜色、香味各几分？"这一步可以对应小程序的界面细节展现，包括控件、数据与显示、文案、选择与输入等。最后，开始吃面了，过程中我们会感觉到"面吃到嘴里够不够筋道""烫不烫嘴"，或者发生特殊情形"汤滴到衣服上"，这一步可以对应小程序的交互过程与反馈，以及各种特殊情形。

由此形成的"底层到表层，整体到细节，常态到边界"的自查思路，与设计师产出方案的思考路径保持一致，便于对照参考。以上案例意在抛砖引玉，读者可以尽情发挥，用自己的方式去搭建自查表结构，适合自己的才是最好的。

图 6.2 《小程序自查表》的三大自查模块结构设定

## 6.1.2 填内容

设计自查具体查什么，怎么查呢？《小程序自查表》的 51 个自查项主要基于以下两个原则：

原则一：使设计符合基础设计理论。

原则二：使设计符合产品的设计平台/设计对象特性。

这部分将通过百度官方出品的小程序 Showcase 真实设计案例——减压工具小程序"减减鸭"，以及一站式政务服务应用"国家政务服务平台"，讲解《小程序自查表》各模块自查项的内容及自查方法，以供读者参考。

### 1. 信息架构与流程设计

主要检查点：简洁的信息架构、顺畅的用户路径。信息架构与流程设计如图 6.3 所示，不同于 App 设计，小程序是即用即走的轻应用，需注意使用简洁的信息架构，使小程序的功能特色一目了然。同时，应使用顺畅的用户路径，使用户上手即用，无须学习。

- 整体信息架构是否清晰易理解，可拓展？
- 导航间关系是否清晰易理解？
- 页面中信息层级是否清晰合理？信息视觉流是否流畅？
- 新功能是否需要引导，形式是否合适？
- 具有相似度的任务中，用户体验路径是否一致？
- 返回和下一步是否符合用户预期？
- 跳转链接名称与目的页面名称是否对应？
- 逆向流程的设计是否考虑周全？
- 操作是否需要申请授权？
- 用户拒绝授权后如何提示/呈现？
- 是否考虑了外部应用插入导致的中断？（外部来电等）

图 6.3 信息架构与流程设计

自查案例：整体信息架构是否清晰易理解，可拓展？返回和下一步是否符合用户预期？作为一款轻应用，"减减鸭"的核心功能很简洁，它可以为用户分析压力情况，并通过两个小游戏帮助用户调节心情、减轻压力。因此，"减减鸭"选用了扁平的"1"字形信息架构，将三个功能的入口排布在首页首屏，用户可通过最短路径快速触达内容；在用户进入功能并结束使用流程后，"减减鸭"界面提供直返首页，以及进入其他功能的快捷通道，形成路径闭环。"减减鸭"的信息架构如图 6.4 所示，流程设计如图 6.5 所示。

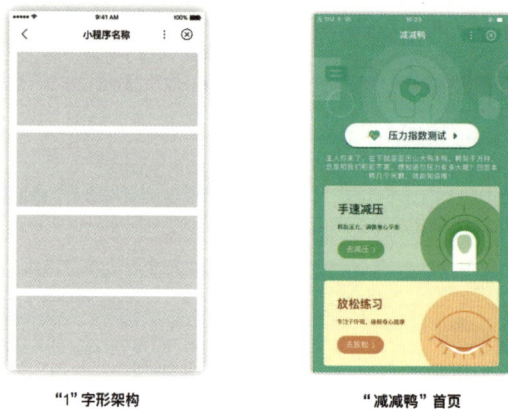

"1"字形架构　　　　　　　　　"减减鸭"首页

图 6.4　"减减鸭"的信息架构

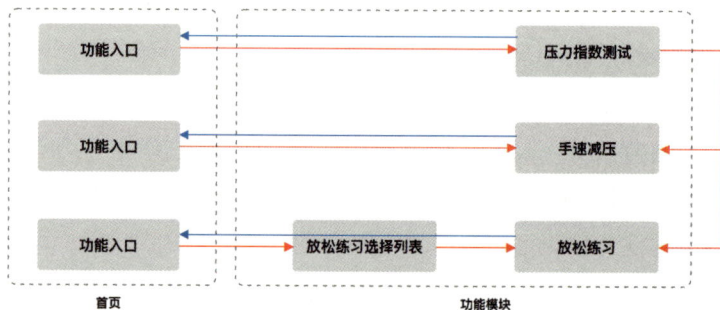

图 6.5　"减减鸭"的流程设计

## 2.界面呈现

界面主要有以下 4 个检查点。

### 1）控件

如图 6.6 所示，通过对控件外观、控件之间关系的正确表达，以及相似任务横向一致性的把控，引导小程序功能使用，进一步降低用户的学习成本。

图 6.6　控件

自查案例：界面元素/控件之间的关系是否表达正确？控件的样式与交互行为是否具有一致性？如图 6.7 所示，"减减鸭"小程序页面内容层次清晰，通过控件的面积、色彩对比等突出用户需关注的操作区，并在部分页面加以动效引导，使操作方法一目了然。此外，"减减鸭"三个主要功能模块内页面布局横向保持了较高的一致性，操作区面积比例接近，且全部集中在页面中下部，良好的一致性使用户便于操作，且降低了学习成本。

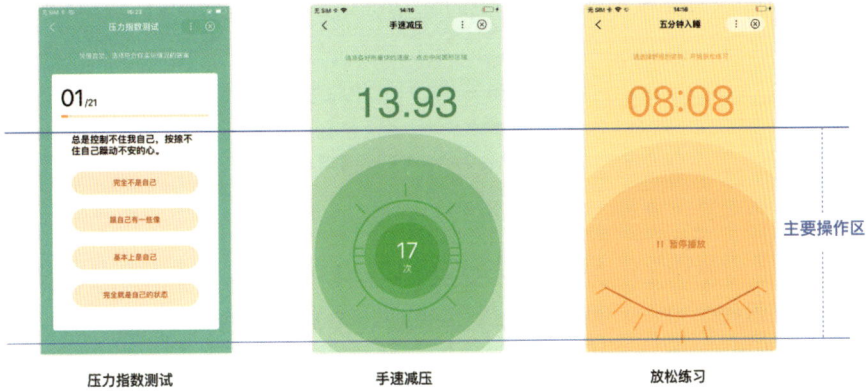

压力指数测试　　　　　手速减压　　　　　放松练习

图 6.7　界面呈现－控件

2）数据与显示

如图 6.8 所示，数据与显示层面需关注数据的格式、单位、排序规则是否合理，以及各种极值状态，如无数据、数据不完整时如何呈现。

图 6.8　数据与显示

自查案例：数据显示是否涉及权限与隐私？如图 6.9 所示，涉及权限与隐私的数据需注意掩码或隐藏处理。"国家政务服务平台"因其功能特殊，多处涉及手机号码或各种个人证件号码的暴露，为保护用户隐私，小程序对此类信息基于统一规则进行掩码处理（手机号保留前 3 位及后 4 位数字，身份证件等保留后 4 位数字），让用户用得放心。

通信行程卡－手机号掩码　　　设置页－手机号、证件号掩码　　　证照信息-证件号掩码

图 6.9　界面呈现－数据与显示

3）文案

如图 6.10 所示，文案应准确一致，且符合功能情景、符合用户的常规认知和习惯。

图 6.10　文案

自查案例：是否使用了生僻的专业术语？文案使用方面，小程序与其他移动端的应用原则无异。在流程设计中，我们需要预先遍历可能出现的分支情况，铺设符合用户认知的反馈信息，如"出错了，请稍后再试"；避免直接暴露接口回调信息，如"DNS 解析失败"。

4）选择与输入

如图 6.11 所示，表单输入过程的前、中、后均需铺设相应提示，如预置内容、输入提示、输入后反馈等，提示现在该做什么、告知操作结果，防止用户"不知所措"。

图 6.11　选择与输入

自查案例：输入前、中、后是否提供了恰当的反馈？是否指定了键盘类型？

如图 6.12 所示，"国家政务服务平台"小程序的信息查询流程全程提供了各种形式的提示，辅助用户顺畅输入。输入前，通过输入框预置文案提示表单内容要求；输入中，根据表单内容配置对应的键盘类型，并在输入框失焦、表单提交两个节点设置错误校验，及时反馈错误；输入完成、成功提交后，使用 Toast 明确提示"提交成功"。

输入前－预置文案提示　　输入中－配置恰当键盘　　输入中－出错及时提示　　提交成功－及时反馈

图 6.12　界面呈现－选择与输入

### 3. 过程和特殊情形

过程和特殊情形主要涉及以下两个检查点。

#### 1）交互过程与反馈、特殊情形

如图 6.13 所示，小程序虽小，也需要全面考虑交互过程中的各种异常状态，提供完备的容错处理，如授权失败、外部应用插入、断网等状况。

> 成功操作的反馈，是否需要引导下一步操作？
> 失败操作的反馈，是否提供了解释与建议？
> 是否设计了中间状态？（加载中、删除中）
> 是否充分考虑了操作的容错性？（危险操作的二次确认、必要的撤销功能）
> 用户拒绝授权后如何提示/呈现？
> 是否设计了必要且合理的动效？是否考虑了动效无法实现时的降级处理？
> 手势使用是否符合用户认知？是否与系统手势冲突？
> 特殊网络状态是否做出应对？（弱网、超时、无网）
> 各种登录状态是否做出应对？（未登录、注销后、账号切换、游客账号）

图 6.13　交互过程与反馈、特殊情形

自查案例：用户拒绝授权后如何提示/呈现？如图 6.14 所示，小程序功能若需要使用地理位置、相机、手机号等权限，需先通过授权面板提出申请，用户同意后方可正常使用；反之，如用户拒绝，小程序需考虑涉及权限的内容如何呈现，同时恰当提示，引导用户自主开启授权，避免用户因手误导致后续权限无法开启。例如，"国家政务服务平台"小程序为了向用户提供"本地化"的服务内容，在首页向用户提出地理位置授权申请，如用户拒绝授权，页面将显示默认地区信息，并提示授权失败；同时，用户下次进入页面时，用弹窗提供开启授权的路径。

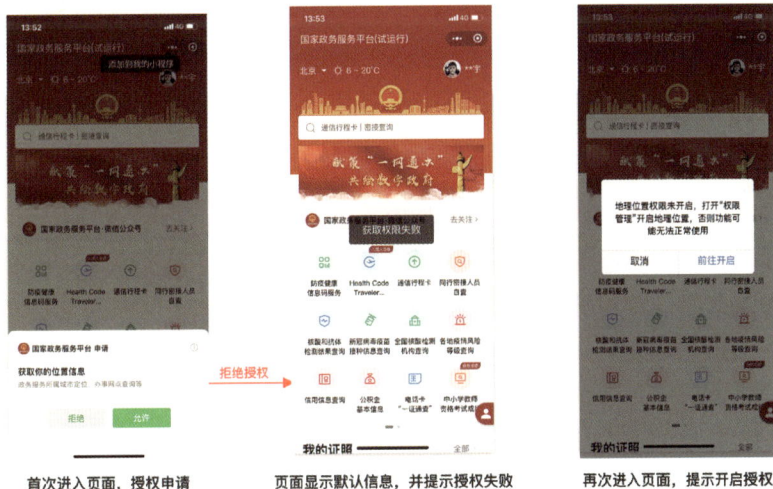

首次进入页面，授权申请　　页面显示默认信息，并提示授权失败　　再次进入页面，提示开启授权

图 6.14　交互过程与反馈、特殊情形——用户拒绝授权

#### 2）系统特性

如图 6.15 所示，智能小程序是在移动端百度 App 环境内运行的，因此应兼顾移动设备特性（单任务、触摸屏、iOS、Android 双端差异等）以及智能小程序特性（小程序框架、基础库版本等）。

- 是否使用了适配小程序定位与内容展现的顶部导航栏？
- 当小程序功能在低版本无法达到最佳体验时，是否做出应对？（低版本适配、提示升级）
- 是否配置了分享回流文案？
- 是否考虑了全面屏及iPhoneX等异形屏幕的适配？
- 是否考虑了iOS、Android双端差异导致的区别处理？（键盘设置、手势等）

图 6.15　系统特性

自查案例：是否使用了适配小程序定位与内容展现的顶部导航栏？如图 6.16 所示，除基础顶导航样式外，小程序支持自定义顶导航背景色、元素，可按需选用。"国家政务服务平台"小程序的众多页面中，普通的数据录入页面选用基础顶导航，信息展现清晰合理；首页、专题运营页等个性化需求较强的页面，则选用自定义顶导航，配合整体插画背景、标题位置定制，形成更佳的视觉效果，以凸显小程序风格调性，营造场景沉浸感。

图 6.16　系统特性——自定义顶导航

## 6.1.3　用起来

自查表建好之后，如何在日常工作里真正"用起来"，而不是三天热度后就束之高阁？百度《小程序自查表》从内容上和形式上两个角度来解决这个问题。

（1）内容上要求结构清晰。作为轻量型设计检验工具，自查表的结构从逻辑和视觉呈现上，都应该方便快速遍历，因此《小程序自查表》的全部自查项使用 51 个句式一致的问句呈现，使用者只需在检查无问题的条目前标记完成，即可完成设计自查。

（2）形式上要求随取随用。如图 6.17 所示，为方便取用，《小程序自查表》应提供线上、线下两个版本：外部开发者可使用在小程序文档平台公开的线上版本，支持在线勾选；团队内部设计师多使用线下版本，一张打印出的单面 A4 纸，不需要翻页，还可以根据需要进行标注。

这里总结一下自查表的一些适用场景。

### 1. 设计评审后

在设计评审后会暴露出设计上大大小小的一些问题，这个时候可以拿出自查表，看看这些问题是否都有记录，如果没有，就增加一项；如果已经有了，就加重标记一下。既加强了自己的记忆，又同时在为文档做补充，一段时间后，可以把标记的新内容再更新到电子文档上（如一个版本结束后，更新一次）。

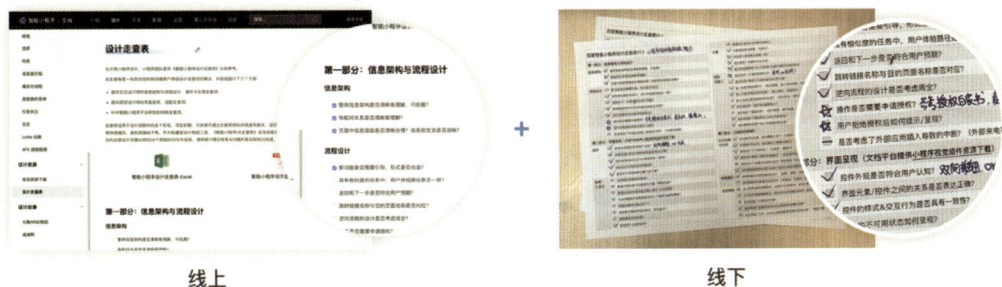

线上　　　　　　　　　　　　　　　　　　　线下

图 6.17　线上线下《小程序自查表》

### 2. 设计完成后

自查表建立的目的就是设计师自己检查交互场景和细节。放在后面的原因就是要提醒设计师对之前已经批注过的错误要格外注意一下。

### 3. 新人培训时

新人培训时是衍生出来的一种使用场景，团队新人一般对产品结构和功能不是很了解，自查表上一些关键词是很好的学习辅助工具。导师可以通过名词解释的方式，向新人介绍相关的知识点，帮助其快速了解、融入团队。

## 6.1.4　迭代升级

设计师可以根据自己的实际情况来修改别人的自查表，变成一份为自己量身打造的自查表。那么，怎么自定义自己的自查表呢？如"小明"是做数据可视化交互的，在网上查找的交互自查表比较常规，对数据可视化的内容描述得不多，所以"小明"根据自己的实际工作情况在交互自查表里添加了一个数据可视化模块的内容，这样就变成了"小明"独有的交互自查表。

自查表的构建不是一劳永逸的，需要在日常工作中结合项目踩坑经验，补充新的内容，将经常犯错的内容重点标记，让自查表随着设计师的成长而成长。做第一个项目时遇到的问题，或许今天已经不再是问题了。自查表也是如此，不断升级进阶自查表的终极目标，是不再依靠自查表。真正的自查表，应该在设计师的头脑中，在思考解决方案的过程中，自然地将设计需求、用户场景、产品结构、交互流程进行梳理和输出，而自查表只是设计师在达成这个境界之前的一个辅助道具。希望设计师早日达到"手上无表，心中有表"的境界。

# 6.2 交互设计衡量与验证

怎样衡量和验证设计的效果？这是一个很好的问题，本书笔者之前也尝试请教过其他设计师这个问题：你是如何衡量和验证你的设计效果的？得到了五花八门的答案，有的人拿业务数据来说话，有的人用用户反馈来答复，有的人则坦言需要靠老板来进行评估。也许这些答案在各自的环境和场景下都具备一定的合理性，但怎样的衡量和验证方法，能够客观地应用在大部分业务场景内？

绝大多数设计岗位存在的意义是为了达成目标或解决问题。那如何判断设计目标或问题是通过自己的设计方案来解决的，解决方案好不好？设计的价值又是如何被量化的？是否有客观的评价方式？

相信很多人会回答，可以通过数据来进行量化。的确可以通过数据来进行设计价值量化，但新的问题也来了：在方案设计之前，如何知道需要监测哪些数据来辅助验证设计效果？在拿到数据之后，又该怎样通过数据来判断设计的效果究竟是好还是坏？带着问题，笔者查阅了一些资料，发现今日头条 UED 设计团队选择用户体验质量和产品目标两步来确定数据指标。

用户体验质量简单来说就是想要观测设计的哪些维度的效果，产品目标则是基于想要观测的这些方面，按照目标→标志→指标的顺序确定数据指标。结合这种方法来制定数据指标，思路会更加清晰明了，总体过程会呈现出如表 6.1 所示的用户体验质量矩阵。

表 6.1　用户体验质量矩阵

| 质量维度 | 目　　标 | 标　　志 | 指　　标 |
| --- | --- | --- | --- |
| 情感 | | | |
| 参与 | | | |
| 接纳 | | | |
| 保留 | | | |
| 完成 | | | |

## 6.2.1　用户体验质量

表 6.1 的第 1 列代表待考量的用户体验质量维度，通常分为以下 5 类。

**1. 情感**

情感用于衡量用户使用产品时的态度和感受，主要包括功能满意度、反馈问题占比这两个指标。

1）功能满意度

$$功能满意度 = ((满意人数 - 贬损人数) / 总测试人数) \times 100\%$$

例如，满意人数是指打 9 ~ 10 分的人；贬损人数是指打 0 ~ 6 分的人数。如果一个产品的满意人数有 70 人，贬损人数有 30 人，则功能满意度为 ((70-30)/100) ×100% =

40%。功能满意度常用于测算用户对当前产品或功能的满意程度。

2）反馈问题占比

反馈问题占比＝通过反馈平台收集的相关活动、功能或界面的问题反馈数/总反馈数

例如，在某任务上线一周后收到的 3000 条反馈中，有 800 名用户反馈新的界面不会操作或不好用，则说明占比 26.7% 的反馈人群对本次设计存在不满意点。

反馈问题占比用于直观评估用户操作过程中的感受，多数以主观感受反馈为主，需要结合进一步调研来确定问题发生在哪里，以便于进一步优化。

**2. 参与**

参与用于衡量用户对新产品或新功能的参与度，如每位用户每周对新功能的访问次数或每位用户每天在产品内花费的时长。以下指标能够用于衡量设计在场景转化中发挥的作用。

1）活跃用户数

活跃用户数是一段时间内访问的已登录用户数，通常分为日活跃用户数量（Daily Active User，DAU）和月活跃用户数量（Monthly Active User，MAU）。

日活跃用户数量是用于反映网站、互联网应用或网络游戏的运营情况的统计指标。日活跃用户数量通常统计一日（统计日）之内，登录或使用某个产品的用户数（去除重复登录的用户）。受统计方式限制，互联网行业使用的日活跃用户数量指在统计周期（周/月）内，该 App 的每日活跃用户数的平均值。通常 DAU 会结合 MAU 一起使用，这两个指标一般用来衡量服务的用户黏性以及服务的衰退周期。

月活跃用户数量也是用于反映网站、互联网应用或网络游戏的运营情况的统计指标。月活跃用户数量通常统计一个月（统计月）内，登录或使用某个产品的用户数（去除重复登录的用户）。受统计方式限制，互联网行业使用的月活跃用户数量一般指在统计周期内，启动过该 App 的用户数。活跃用户数按照用户设备维度进行去重统计，即在统计周期（周/月）内至少启动过一次该 App 的设备数。月活跃用户数量常用于对市场用户规模进行估计，如估计互联网大盘规模/移动互联网细分行业规模/不同 App/关注人群的月活跃用户规模。

一个用户一天通过相同的渠道多次访问产品，DAU 只算一个；在一月内多次访问产品，MAU 只算一个。例如，设计师在 2021 年 10 月 15 日上线新功能或新活动，共有 300 万个登录用户访问了平台（包含通过其他渠道链接进入），则 10 月 15 日当天的 DAU 为 300 万（去重）；截至 11 月 15 日共有 1800 万个登录用户访问了平台，则该 30 天的 MAU 为 1800 万（去重）。活跃用户数用于衡量产品对用户的黏性，方便产品和设计人员了解产品的每日用户情况，了解产品的用户变化趋势。

2）页面访问次数和人数

页面访问次数（Page View，PV）即页面浏览量，通常是衡量一个网络新闻频道或网站甚至一条网络新闻的主要指标，是评价网站流量最常用的指标之一。监测网站 PV 的变化趋势和分析其变化原因是很多站长定期要做的工作。

页面访问人数（Unique Visitor，UV）即独立访客，用于统计一天内访问某站点的用户数。UV 是一个数据指标，即在一定的时间范围内访问网站上的一个页面或多个页面的访客数量。UV 的衡量标准是基于 cookie（为了辨别用户身份而存储在用户本地终端上的数据）。

当用户从浏览器访问网站时，cookie 将存储在计算机上。即使用户多次访问该站点，UV 只加 1。UV 可以衡量网站的实际访问人数，该指标可以帮助验证从产品设计到内容策略的有效性。

PV = 运营活动 / 页面 / 功能曝光在用户视野内的次数

UV = 运营活动 / 页面 / 功能曝光在视野内的用户数（一个终端只算一个 UV）

用户进入首页，只算一次访问次数，用户刷新页面 / 退出重进时访问次数累加。用户进入首页，只算一个 UV，退出重新进 UV 不累计。一个用户在一天内多次进入首页，UV 只算一个。页面访问次数用于判断该活动 / 页面 / 功能被用户查看的次数；页面访问人数用于判断有多少个用户查看过该活动 / 页面 / 功能，这两个指标能够用于衡量页面入口的设计是否足够引人注目。

3）点击次数和点击人数

点击次数 = 点击行为发生的次数（不去重）

点击人数 = 有点击行为的用户数（去重）

例如，某年 10 月 15 日有 400 万人访问首页，其中 10 万人单击首页中的某按钮，则该按钮的点击人数为 10 万；10 万人单击了 12 万次，则点击次数为 12 万。点击人数和点击次数用于了解用户的使用行为、辅助判断 PV/UV 点击率和人均点击次数。

4）PV 点击率和 UV 点击率

PV 点击率 =（点击次数 / 页面访问次数）× 100%

UV 点击率 =（点击人数 / 页面访问人数）× 100%

例如，100 个用户访问了首页，其中只有 10 个用户点击了首页上的筛选项，但是每人平均点击了 5 次，则 UV 点击率为 10%，但 PV 点击率为 50%，说明筛选内容并不是对所有用户都合适，但对那些多次点击的部分用户而言，会觉得筛选的内容很符合他们的需求。如果 100 个人都点击了，则 UV 点击率为 100%，说明筛选内容对所有用户都比较合适。PV 点击率和 UV 点击率用于衡量页面或功能中的内容对用户的吸引程度。

5）人均点击次数

人均点击次数 = 点击次数 / 点击人数

例如，某年 10 月 16 日有 10 万人点击了筛选按钮，共点击了 12 万次，则人均点击次数为 12/10 = 1.2 次。通过人均点击次数可以判断交互 / 视觉的设计要求是否足够引人注目，也可以用于衡量该功能对用户而言是否为强需求。

6）平均停留时长

平均停留时长 = 所有用户的停留时长总和 / 用户数

例如，所有用户在某任务页的停留时长为 100 万小时，在该任务页停留的用户有 200 万，则平均停留时长为 0.5h。平均停留时长用来衡量页面吸引度，对内容页来说，停留时间越长，用户黏性越强。当然也有反面场景，如登录注册的表单填写，停留时间越长，说明体验越差。

7）人均使用时长

人均使用时长 = 用户平均每天停留在产品的时间

例如，某年 10 月 16 日有 100 万用户共在某产品上使用了 50 万小时，则 10 月 16 日的人均使用时长为 0.5h。人均使用时长用来衡量用户使用产品的深度，可用于判断用户使用产品的黏性和依赖度。用户对产品的使用时间越长，说明对产品越依赖。

### 3. 接纳

接纳用于衡量上线产品或功能的新用户增长程度，一般包含新用户留存数、新用户留存率、新用户流失率等指标。例如，功能上线后最近 7 天创建的账户数或使用该功能的新用户占比。这对于新产品功能或正在重新设计的产品特别有用。

1）新用户留存数

新用户留存数为一段时间内再次访问上线产品或功能的新用户数，通常分为次日留存、7 天留存、30 天留存。

例如，某个 App，1 月新增用户数有 80 人，到 2 月时，1 月新增的 80 人中的 75 人再度访问了该产品，则第二个月的新用户留存数为 75 人，流失数为 5 人。新用户留存数常用来衡量产品的用户黏性和产品的留存用户规模。新用户留存数可以很好地展示留存用户数的人数规模，并帮助了解新增用户对产品的使用黏性。

2）新用户留存率

新用户留存率为某周期内新用户留存数/某周期内新增用户总数，一般周期为次日、7 日或者 30 日。接上个案例，1 月新增用户 80 人，2 月留存人数 75 人，则 1 月新增用户在 2 月的留存率为（75/80）× 100% = 93.75%。日留存率通常用来衡量产品黏性；周留存率通常用于判断产生的忠实用户数；月留存率通常用于衡量版本迭代的效果，如产品改版后，月留存率提升了，且其他变量没有变化，则说明设计改版成功。通过新用户留存率可以很宏观地判断产品的用户黏性是上升还是下降，这也是产品体验最直观的数据。

3）新用户流失率

新用户流失率为某周期内新用户流失数/某周期内新增用户总数，一般周期为次日、7 日或者 30 日。接以上两个案例，1 月新增用户 80 人，则 1 月新增用户在 2 月的留存率为（75/80）× 100% = 93.75%，新用户流失率为（100 － 93.75）× 100% = 6.25%。新用户流失率可用于追踪流失数据情况的原因，便于进一步优化产品。

### 4. 保留

保留用于衡量上线产品或功能的老用户稳定程度，包括老用户留存数、老用户留存率和老用户流失率。例如，在上线 7 天内产生的活跃用户在上线 30 天后是否仍然活跃？

1）老用户留存数

老用户留存数为一段时间内再次访问上线产品或功能的老用户数，通常分为次日留存、7 天留存、30 天留存。

2）老用户留存率

老用户留存率为某周期内老用户留存数/某周期内老用户总数，一般周期为次日、7 日或者 30 日。

3）老用户流失率

老用户流失率为某周期内老用户流失数/某周期内老用户总数，一般周期为次日、7 日或者 30 日。

### 5. 完成

完成用于衡量流程设计的合理性，通常适用于产品中非常注重任务的区域，如某任务的完成率和 UV 转化率。

#### 1）完成率

$$完成率 = （完成的操作次数/开始操作的次数）\times 100\%$$

例如，我们于某年 10 月 15 日上线某任务，用户点击领取任务按钮 10 万次，最终完成提交按钮 2 万次，则完成率为（20000/100000）× 100% = 20%。完成率可用于衡量操作流程的顺畅度。完成率是产品设计中重要的指标之一，完成率越高，产品的操作体验越好。

#### 2）UV 转化率

$$UV 转化率 = （必要流程中下一环节的操作人数/上一环节的操作人数）\times 100\%$$

通常环节越多，UV 转化率越低，流失率越高。如我们于某年 10 月 15 日上线某任务，当日从任务入口点击进入该任务页的人数为 1 万人，点击 Yes/No 选项的人数为 7000 人，则该环节的 UV 转化率为（7000/10000）× 100% = 70%，流失率为 30%；最终点击 Submit 按钮完成提交的人数为 4000 人，则该环节的 UV 转化率为（4000/7000）× 100% = 57%，流失率为 43%。

UV 转化率可用于针对产品中某些关键路径的转化率的分析，以确定各环节的优劣、是否存在优化的空间等。对于业务流程相对规范、周期较长、环节较多的流程分析，利用 UV 转化率能够直观地发现和说明问题所在。

#### 3）页面跳出率

$$页面跳出率 = 退出当前页并在 30min 内未再次打开的用户数/在当前页面的总人数 \times 100\%$$

例如，通过首页进入某任务页，然后跳出并在 30min 内未再次打开的用户有 1 万人，假设在当前页面的总人数为 5 万人，则页面跳出率为（10000/50000）× 100% = 20%。页面跳出率用于衡量页面的内容质量或交互质量。

## 6.2.2  产品目标

表 6.1 的横向代表从业务维度的思路梳理：

### 1. 目标

简单来说，目标就是设计者希望功能设计上线后，在哪个方面达到什么样的结果。如产品首页内的筛选功能，完成指标的关键目标是用户更快速地找到最相关的任务。

### 2. 标志

目标确定了，那什么信号标志着设计达到了或没达到目标呢？

例如，某页面完成指标的成功标志是用户筛选后找到了自己想要的任务并进入了任务界面；失败标志是用户筛选后没有找到自己想要的任务，任务在筛选环节流失了。判断是否达到目标的标志可能有很多，这时要结合实际情况进行取舍。如这种标志追踪起来方便吗？它能随设计的变动而观察到明显的变化吗？

### 3. 指标

指标比标志更加落地。例如，用户筛选后找到了自己想要的任务并进入了任务界面，这一标志用指标来体现就是从筛选按钮到任务界面的 UV 转化率。

通过目标→标志→指标的流程，结合用户体验质量指标，就可以清楚地知道要验证设计的哪些方面，需要关注哪些数据来达到目的。

## 6.2.3 提防数据陷阱

如何提防数据陷阱呢？

### 1. 寻找正确的数据目标

例如，有一位作家打算重新设计他的个人网站，用来宣传他将要写的新书。在设计网站时，他做了个 A、B 两个方案。方案 A 在网页上非常详细地介绍了将要写的这本书，还留了一个可填写联系方式的输入框；方案 B 没有任何关于书的介绍，仅放置了一个可填写联系方式的输入框，并只写了"如果你是设计师，你应该对这本书感兴趣，请填写你的联系方式"一段提示。最终方案 A 只收到了 33 个联系方式，而没有任何介绍性内容的方案 B 却收到了 77 个联系方式。那么，从这个实验结果可以推断出方案 B 更好吗？事实上可能并不是。

这位设计师设计网站的初衷是为了宣传、预售他的新书，因此衡量完成指标的标志是有多少人对这本书感兴趣且可能会购买它，不是收到更多的联系方式，而联系方式的数量无法成为有多少人对这本书感兴趣且可能会购买它的成功标志，所以方案 B 比方案 A 更好的结论并不成立。

使用表 6.1 来整理数据目标，就是为了避免从一开始搞错目标，否则再精确的数据统计也只能得到误导性的结论。

### 2. 理解业务的数据价值

设计师会发现一个有趣的现象，当我们在谈论一家公司或一个产品是否够成功时，基本是基于单一的数字，如某 App 有 2 亿日活，它很棒；某平台有 3000 万产量，它很厉害等。和那些盲目喊着要扩大用户数和规模的产品不一样，对解题产品来说，有人在真正花时间解答题目，才是一件意义重大的事情。因此，相对单纯的生产数量数据更应该关注生产员或质检员的产出质量。例如，假设解题产品的日均产量很高，但用户在任务界面上平均停留的时间很短，这不是一件值得高兴的事，因为生产和质检的结果可能会有很多问题。

KPI 式的价值观常常给人带来误区：数字即规模，规模就是一切。但我们可以看到，许多产品因用户数量的骤增曾备受瞩目，用各种运营手段在前期积累出了大量的注册用户，但最终用户会大批量流失、走向没落。数字很重要，用户数也很重要，但相比这些，更应该通过思路梳理，来帮助我们想清楚对于我们的产品来说核心价值是什么、究竟什么样的数据才是最重要的。

### 3. 数据不是万能的

同问卷调查、用户访谈等任何用户体验研究方法一样，数据也有其局限性。数据只能告诉我们所关注的事物是什么，却不能告诉我们为什么。数据可以用于支撑设计师的某项决定，但无法代替设计的直觉，更无法代替深入的用户研究、可用性测试和设计同理心。

# 6.3 数据埋点

## 6.3.1 什么是数据埋点

设计师在输出设计稿时，通常会使用各式各样的方法论来辅助设计，如用户调研、竞品分析、可用性测试等。但是这些方法论并不能很客观地验证我们的设计。要客观验证我们的设计，最好通过数据去发掘方案里面的问题，验证最终方案是否有效。数据虽不是万能的，但离了数据是万万不能的，而数据的埋点是打开数据思维的重要一环。

以前，设计师一般不会把"数据"挂在嘴边。设计师提倡"以用户为中心，打磨极致用户体验"，较少考虑成本和商业效益。通俗来说，就是产品经理负责"生意"，设计师负责"体验"。以"造鞋"为例，产品经理做了市场调研，决定要生产儿童运动鞋，设计师负责设计"适合 4 ～ 11 岁的儿童在城市公园玩闹"的鞋子应该长什么样，穿着它跑跑跳跳是不是舒服。设计师不需要关注运动鞋的销量，而产品经理则要向老板汇报业绩。在红利消退、产品同质化严重和快速迭代的多重压力下，UX 设计迎来了更高的挑战，仅凭主观判断"好不好用、好不好看"来打磨产品内在体验，不考虑产品的生存、增长和盈利，很难在行业立足。与此同时，随着数据采集工具的日渐成熟，数据以"客观"和"便捷"两大特点，帮助设计师更快地获得设计的依据。

沿用"造鞋"的案例，如图 6.18 所示，UX 设计师要在自己所在领域思考：在设计调研的过程中，用什么数据指标来衡量这个儿童鞋好穿、好卖？在鞋进行批量生产前，有没有数据资源支持设计师研究父母和小孩对鞋子外观的偏好，小孩运动时容易受到哪些物理伤害？如果有条件进行小范围的数据实验，如何设计数据实验来评估好穿、好卖？

| 垄断市场 | 技术革新带来新体验 | 体验经济关注场景 | 各细分市场变红海 |
| --- | --- | --- | --- |
| 老板：<br>什么是UX?不需要 | 请用这种新材料设计<br>一款能穿的鞋子 | 请设计一款适合<br>在公园玩闹的儿童鞋 | 量产前请证明<br>你设计的鞋好看、好穿、好卖 |

图 6.18　"造鞋"的案例

埋点是一种用户行为数据化的记录，基于业务或者产品需求，对用户在产品内产生行为的每一个事件对应的页面、位置、属性等植入相关代码，并通过采集工具上报统计，采集的数据可以用来分析网站和 App 的使用情况、用户的使用习惯等，延伸出用户画像、用户偏好、转化路径等一系列数据产品。埋点是数据分析的基础，一套好的埋点体系，可以支撑后续的数据清洗、数据存储、数据产品、数据分析等，可以使整个数据应用事半功倍，从而极大地提高数据的使用效率。

可以这样理解，数据埋点就像是城市街道里面的摄像头，每个摄像头都是城市的一个埋点，它监控并记录着这个区域里发生的一切事情，以满足交通、市政、企业管理等的需求。

## 6.3.2 哪些地方需要数据埋点

埋点往往用于观察并研究用户对各项产品功能的接受程度、使用情况，以及用户的操作习惯等，从而进一步评估功能设计是否合理、是否帮助用户提高了效率等，并为持续优化提供依据，因此哪些地方需要埋点思路就很清晰了。

### 1. 上线新的功能

在产品设计前，产品经理和设计师都会进行一定的调研，依据调研结果判定功能是否符合用户的真实需求。但是，前期的调研结果是主观的，无论是采用问卷还是访谈形式，用户的反馈并不能表达其真实的想法。通过埋点新功能相关定位，若发现用户使用量符合预期，则说明这是一个正确的决策；如果发现没有人使用，则可能这个功能宣传太弱，用户没发现，也可能这个决策根本就是错误的。此处埋点的目的主要在于功能的优化，常用于对新上线功能的检测。

### 2. 监测业务核心功能

与业务关联性强的功能都可以算作重点功能，如对于电商零售平台来说，订单管理、商铺管理这些模块毫无疑问是重点功能，与这些模块相关的用户操作路径上的交互控件都应该受到监控。例如，用户反馈在订单管理中能否将近三个月的订单放在第一个选项卡上，方便用户不用切换直接查看。当然，不是有单个用户反馈就会改变产品结构，这时设计师需要提取这几个选项卡的点击情况来判断这几个选项卡的权重。如果大部分用户需要来回切换近三个月的订单，则可以考虑将其放在进入页面的首位，如图 6.19 所示。

图 6.19　数据监测

### 3. 判断设计方案

在 C 端（消费者、个人用户）我们可以通过 A/B 测试的方式来观察数据，判断哪个位置或者形式更能引起用户的注意，达到想要的效果。B 端（企业家、商家）产品也会采用类似的方式，如图 6.20 所示，如最近要改版关于消息通知是从顶部右侧弹出还是从底部右侧弹出更不干扰用户。可以参看竞品怎么做,但总借鉴竞品不是解决问题的根本方法,此时可以将时间维度作为测试基本盘,通过不同的方案获取不同的数据来进行决策。

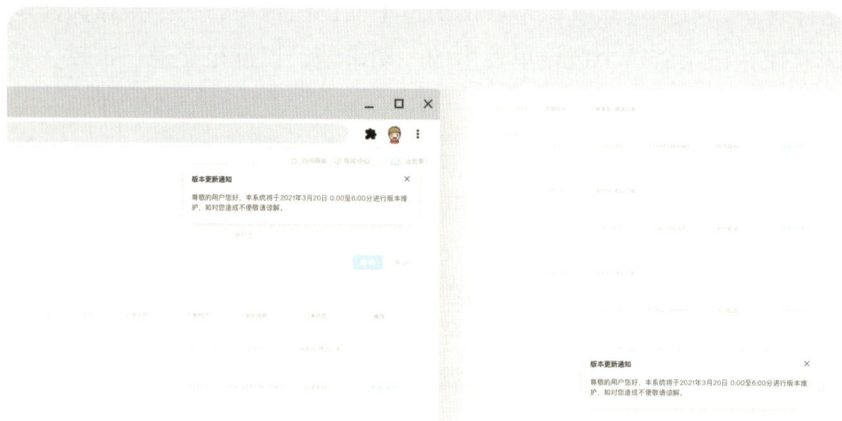

图 6.20　改版案例

## 6.3.3　数据埋点类型

埋点可分为曝光埋点、操作埋点和时长埋点。曝光埋点可以捕捉页面被展示的次数,可以针对整个页面,也可以针对页面中的某个区域,即我们常说的 PV、UV。操作埋点是在用户对页面某个区域（按钮、卡片、提示条等）进行手势操作（点击、双击、长按、滑动等）时,进行打点记录。对应地,也称之为某个操作的 PV、UV。时长埋点是通过标记以上两类埋点,并计算时间差获得的。如图 6.21 所示,记录用户选取模板耗费的时长,可以通过离开页面的时间（$t_2$）－进入页面的时间（$t_1$）计算,而离开页面可用点击左上角返回按钮、点击具体模板等"离开"操作来核算。

图 6.21　腾讯文档模板列表页的埋点示意

基于以上三种原始数据，我们可以运算得出点击率、功能渗透率、人均点击次数、人均使用时长等具有对比价值的数据。相较于二手资料和调研数据，埋点数据更加贴近用户的真实表现，作为反馈指标，其灵敏度更高、可挖掘性更强，也能作为客观衡量指标引入每一次产品迭代中。

设计师理解埋点的原理有助于在数据采集环节同数据开发更好地沟通，并提出合理的数据需求。另外，当我们拿到一组数据，也需要从原理上去判断数据的可信度和有效度，确保数据没有质量问题再进行下一步的分析。

## 6.3.4 数据埋点方法论

埋点规划需要整合产品、运营、技术和业务等跨部门的需求，若运营人员不太懂技术、技术人员不太懂业务、产品人员不太懂埋点，这问题该如何解决？在埋点前，先要避开埋点的深坑。

第一坑：遗漏。遗漏指的是埋点采集不全面，有可能重要的数据并没有采集到，会对数据分析造成比较直接的影响，出现这个问题的原因是前期数据分析需求不清晰。

第二坑：杂乱。杂乱指的是数据采集比较零散，可以理解为前期并没有进行事件结构化的设计，通常是想到一个需求，就把这个需求提供给技术进行埋点。这种称为"扁平化"的埋点方式，如某一个位置或者某一个功能的点击行为，就当作一个事件进行采集，看上去很容易采集和查看，但随着时间和需求的增加，当采集了大量零散的事件后，需要在统计工具中进行分组分析时，就会比较麻烦。

第三坑：低效。低效指的是在事件设计的时候，会进行结构化处理。但事件设计的参数逻辑会有问题，通常都是以大的页面这种框架的思维进行设计的。

例如，部分设计师在设计时，会按照页面的思路进行事件采集，页面上有推荐位，还有很多功能按钮的点击，则会把这个页面所有的点击行为都归到一个事件，并且点击具体的按钮和内容都当作参数传回来。但这里埋着两个雷区：一是在分析数据时，如想了解整个用户浏览内容的情况，或者是想了解某个功能（如搜索引擎）整体的使用情况，按照如上设计，内容和功能的采集都分布在每一个事件中了，再进行归类、分析会非常不方便；二是当产品结构产生变化时，原有事件调整概率会比较大，因为之前都是按页面结构设计的，页面的调整会直接影响事件采集。

第四坑：无用。无用指的是虽然采集了数据，但在分析时根本用不上，这个问题主要有两个原因，一个是前期需求不太清晰，另一个是之前的采集需求是由不同的人提出的，由于中间人员的变动，很多采集需求变得不清晰，并且也不能轻易删除，因为并不清楚这个事件是否还有人使用。

第五坑：复用。复用指的是事件重复采集，或者是需求重复，这个同样是与多个人提需求有关，且没有一个人去做整合管理，或者说，没有一个工具帮我们做管理。

要避免踩这些坑，需要坚守 5 个原则：需求清晰、合理设计、规范实施、结果可验、规范管理。接下来介绍埋点方法论——五步一全（ODEIIC），如图 6.22 所示。

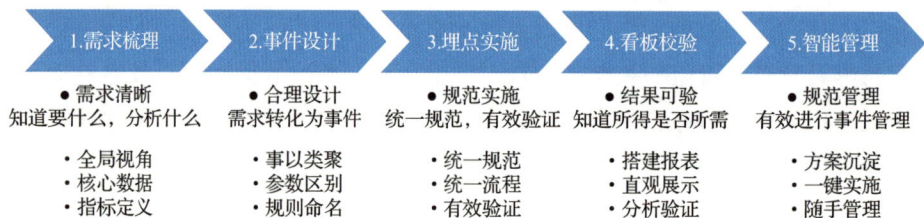

| 1.需求梳理 | 2.事件设计 | 3.埋点实施 | 4.看板校验 | 5.智能管理 |
|---|---|---|---|---|
| ●需求清晰<br>知道要什么，分析什么 | ●合理设计<br>需求转化为事件 | ●规范实施<br>统一规范，有效验证 | ●结果可验<br>知道所得是否所需 | ●规范管理<br>有效进行事件管理 |
| ·全局视角<br>·核心数据<br>·指标定义 | ·事以类聚<br>·参数区别<br>·规则命名 | ·统一规范<br>·统一流程<br>·有效验证 | ·搭建报表<br>·直观展示<br>·分析验证 | ·方案沉淀<br>·一键实施<br>·随手管理 |

图 6.22　埋点方法论——五步一全

### 1. 需求梳理

在梳理埋点设计的时候，通常会以产品、运营和市场以及 KPI 三个视角去切入。产品关注的核心业务点会聚焦在内容和功能上；运营和市场关注的业务点在拉新、留存、促活和转化上；KPI 视角会聚焦在转化与收入上，但也需要根据用户的实际情况而定。同时，要把不同视角的业务需求转化成需要关注的核心数据，如产品运营在内容上需要关注用户浏览、内容的转发或者是偏好，针对功能使用会关注注册、登录、搜索等这些功能的使用情况。

业务需求拆解成核心数据后，针对每一个核心数据进行维度的细分，如内容方面会按照标题、频道或者是标签，进行拆分分析。针对功能使用，会按照功能使用情况和转化进行分析。通过要分析的关键点，可以把细分维度拆出来，最后再加上一些通用的维度，如可以对单个用户或者某一个地区的用户进行深度分析。

以产品视角的需求拆解为例，产品通常情况下会聚焦内容与功能上的使用，但在需求收集时都是分散和抽象的，如需要分析内容偏好和推荐效果以及内容受欢迎的程度。因此，在这个环节应先做需求拆解，即找到能分析这个需求的核心数据与能够帮助判断业务变化的一些指标，细分维度在这里的作用是对需求进行详细的拆解，可以理解为是核心数据的多维度明细展示，目的是从更细的维度去满足业务分析需求。

### 2. 事件设计

通过以下三个步骤可以完成事件结构化设计。

（1）了解产品结构，也就是先要了解分析的范围是什么，如需要知道对哪些页面或者哪些功能有分析需求。

（2）针对这些锁定的范围，明确要分析用户的行为有哪些。

（3）把这些行为落实到具体的分析维度上。

通过指标体系、分析需求、分析方法这三个角度，再结合这三个步骤，进行事件结构化设计的说明。

按照指标体系、分析需求、分析方法这三个角度进行事件结构化设计方法的介绍，总体可归纳为：有了指标体系与分析需求，就可设计出整个结构化埋点方案的框架。分析方法更多的作用是进行分析思路上的贯穿，可以帮助我们发现埋点设计中缺少或者遗漏的环节，可以理解为，指标体系＋分析需求＋分析方法这三部分的结合能得到一个非常贴合业务的埋点方案。

这里给出三个避坑的小建议：

（1）需求。如果前期需求不是很明确，可以先梳理指标体系，如核心关注的指标，采集方案是否可以满足暂时看数的需求，后期可以根据需求的升级再去补充。

（2）归类。在事件设计时要合理地进行归类，尽量用一个事件满足多个分析需求。例如，了解用户是从哪些入口获取内容的，了解内容浏览的热度排行。这两个需求可以通过一个事件来实现，即只通过内容名称和来源页面两个参数，就可以满足这两个需求。

（3）范围。在参数设计中两个范围需要注意，即来源和点击按钮。内容采集会涉及三个来源：来源页面、来源板块和来源位置，目的是锁定到底内容从哪里点过来。开发也会要求将入口信息梳理清楚，从而进行埋点的开发工作。将按钮归属到一个事件中，将参数设置为按钮名称，梳理出具体的按钮采集范围并用于开发，才能进行后续的埋点。

埋点设计不是简单的事件与参数的结合，而是需要贴合业务、贴合分析场景去进行设计。事件结构化设计完成后，下一步就是要交付给技术进行开发。

### 3. 埋点实施

市场上支持的 4 种埋点方式分别是代码埋点、服务端埋点、可视化埋点和全埋点。

（1）代码埋点：支持事件与参数这种结构化的使用方式，弊端是若增加或修改事件，都需要重新发版，且用户更新后才能采集。

（2）服务端埋点：通常用于业务数据的采集。例如，付费成功、用户注册等场景会选择使用服务端埋点进行采集。

（3）可视化埋点和全埋点：解决整个 App 前端操作的一些点击行为，如对于某些按钮、页面，每一个点击都能监测到。但可视化埋点只能看到圈定后的数据，而全埋点则是在圈定时，历史数据也能去追溯。

这两个埋点的弊端是散点采集，每个点击行为都是一个事件，在数据分析时，事件的量级会较大，不易于分析，而且可视化埋点和全埋点只能提取点击行为的事件，并不能把参数带过来，可以理解为它们就是纯扁平化的事件采集。针对需求的不同，数据采集方式应该是结合使用的，开发者可以结合使用，以满足事件方案的采集需求。

### 4. 看板校验

埋点后可通过以下三种方式验证：

（1）打印日志。开启 Debug 去打印日志，并验证触发事件日志是否上报，这种方式需要技术来配合验证。

（2）集成测试，一般只需要让技术注册一个测试设备，就可在测试设备上启用 App，再去触发事件，产品及运营就可直接测试埋点情况。

（3）可以使用市场上的智能验证工具，可先注册设备，自动识别整个埋点的情况，且日志是实时的，可产出事件的验证报告。

### 5. 智能管理

智能管理可以帮助用户智能验证这些事件的埋点是否采集了，是否有遗漏，最后会定期给出体检报告和明细。如"友盟＋"的智能采集页面可以智能验证埋点，只需要注册一个测试设备，且该测试设备会实时验证客户的埋点数据，是成功还是异常，以及测试的时间等。

综上所述，一个成熟、合理的埋点要可见、可控，如果不清楚埋点结构，便是在错误的数据上长期持续经营业务，会越走越错。合理的埋点方案，可以使埋点能够智能调试和验证，可以大幅降低埋点采集的成本，从而最终实现数据质量的根本性提升。

## 6.3.5　实操：一个埋点需求从开始到落地

以上提到的埋点方法论可以为设计师提供理论的支持，在实际工作中可灵活简化运用，具体步骤如下。

**1. 整理埋点需求并输出文档**

一份规范的埋点文档包括事件名称、事件属性、数据类型、属性说明、埋点形式、触发时机等，只有将埋点文档梳理规范了，前端才能事半功倍。

**2. 埋点代码的植入**

数据的采集工具通常为埋点代码，不同的产品形态采取不同的埋点代码植入。埋点代码通常有三种：JS 文件、SDK、HTTP 请求，通常由研发实施，产品经理和设计辅助。在完成埋点注册后，研发人员通常会采用第三方公司的 SDK 埋点代码植入（可以理解为代码包），这样可以节省工作量。如果公司自研 SDK，可扩展性会高很多，也可以实现全埋点、可视化埋点的采集方式，当然成本也会高很多。

**3. 埋点测试与校验**

埋点测试与校验通常由测试人员完成。测试人员测试这些埋点数据，通过后才可以部署上线。这个过程需要测试以下内容：

（1）埋点数据是否正常报出。

（2）在数据库里面能不能检测到埋点数据。

（3）事件和对应属性能否对上。

埋点验收完成，研发人员部署上线后，就可以接收数据了。

**4. 线上数据追踪**

埋点上线一定周期后，设计师需密切关注埋点数据的情况，即是否达到预期，以便后期迭代。需要注意的是，同一版本只验证一个设计点，验证某个数据时，需要考虑是否会有其他的改动点影响到当前的数据，如研究批量发货、批量标记、批量免运费三个选项卡的使用情况，而此时恰巧开发人员建议做一个用户可以自由拖拽选项卡的功能，用户使用起来更加方便。但是如果这两个优化点同时上线，我们就无法知道这三个选项卡的点击率结果是由哪个优化点带来的，因此可以将自由拖拽选项卡功能放在下一个版本中，避免数据是由多种原因造成的。

以前设计师只负责设计，数据埋点常常由产品和数据分析师负责。但是随着互联网的发展，整个行业对体验设计师、交互设计师的要求会越来越严苛，未来不再是只需要执行者，还需要对业务的深入了解，以项目合伙人的心态去做产品，尽可能发挥设计的最大价值，深入业务、理解业务、赋能业务才是最终归宿。

# 第 7 章
## 综合案例

# 7.1 案例一——PPE 脱卸交互系统设计

## 7.1.1 背景

2002 年至今暴发了多次全球性冠状病毒疫情，即由人类严重急性呼吸系统综合征冠状病毒（SARS-CoV）引发的严重急性呼吸系统综合征（SARS）、由中东呼吸系统综合征冠状病毒（MERS-CoV）引发的中东呼吸系统综合征（MERS）以及由严重急性呼吸综合征新型冠状病毒（SARS-CoV-2）引发的新型冠状病毒感染（COVID-19）。新型冠状病毒的主要传播途径为呼吸道飞沫传播和接触传播，全球范围内新型冠状病毒感染使人类的医疗防疫系统又一次面临挑战。疫情的暴发对人类的生命安全造成了严重的威胁，同时也对全球的经济和政治体系造成了巨大的冲击，许多国家出现失业率陡增、经济衰退和产能过剩的情况。

我国在疫情出现后，投入了大量的人力和物力资源。由于疫情暴发的突然性和严重性，疫情防控的过程中出现了许多困难，救援物资短缺和一线人员感染等问题突出。医院作为疫情防控前线的主力军，在预防和救治环节中都发挥着不可替代的作用，医院的防控工作是疫情战的重点之一。但现有许多医院存在疫情防控基础设施相对落后、装配水平不高、内部人员防控意识薄弱等问题，医院管理的规范化程度还需进一步加强。

此案例将认知任务分析法（Cognitive Task Analysis，CTA）引入个人防护装备脱卸系统的设计中，针对医院感染的防控策略，从个人防护方面着手，站在设计创新的角度，通过设计有效提高医务人员个人防护的效率、提升清洁消杀的效率、隔绝病毒的传播，从而降低医务人员个人防护过程中的感染率。

**1. 设计背景**

1）医院感染防控现状

医院感染的主要对象包括住院患者和医院工作人员。我国的医院感染管理起步相对较晚，但成长迅速。近 20 年来，我国颁布了《医院感染管理规范》《医院消毒技术规范》《医院监测技术规范》《医务人员手卫生规范》等规范性文件，指导医院感染防控工作。然而，我国目前的医院感染防控依然存在一些问题，如医务人员手部卫生执行情况不佳、对医院感染管理不够重视、基层工作薄弱等。

从这次新型冠状病毒引起的新冠疫情来看，许多医院在此次疫情中暴露出了自身的不足。我国的医疗系统对医务人员的公共卫生技能培训不够重视，临床医生对突发传染病的发现和报告不够及时，缺乏敏感性，导致未能在疫情发生时就采取积极的措施，而后一定程度上加剧了疫情的大规模暴发。在疫情期间，由于必备硬件设施不足，医院内一些消毒隔离的措施也无法落实到位。国内外许多一线抗战医务人员缺乏个人防护的专业培训，个人防护工作不熟练、防护意识不强，导致意外感染。由此可见，提升医务人员的个人防护意识和能力与加强消毒隔离措施是疫情防控的重点。

2）个人防护与清洁消杀

2019 年 5 月，国家卫生健康委员会办公厅提出做好医院感染防控是保障诊疗质量与安全的底线要求。《医疗机构内新型冠状病毒感染预防与控制技术指南（第一版）》中指出，医院防控工作包含做好医务人员个人防护、加强感染监测、做好清洁消毒管理、加强医疗废物管理等基本要求。其中，做好院内工作人员的个人防护是防疫工作的重点之一，是保持持久战斗力、战胜疫情的关键点。2003 年 SARS 传播事件中，医务人员受感染的概率约为普通人的 20 倍，因此医务人员做好个人防护非常重要，能极大地降低被感染的风险。个人防护用品（个人防护装备）的操作培训以及加强个人防护意识是保障医务人员生命安全的根本，大部分医务人员因防护知识欠缺、防护意识薄弱和防护工作不到位而导致感染。个人防护装备（Personal Protective Equipment，PPE）是前线医务人员的个人穿（佩）戴用品，是保障医务人员生命安全的最后屏障。许多流行病学资料显示，手部直接或间接传播是感染的重要原因之一。因此，手部卫生是个人防护中不可忽略的环节，不同科室所配备的手消毒设施不同，如外科手消毒应配置专用的洗手池，严格按照规定进行手消毒已经成为降低感染风险的重要措施。

从设计的角度来看，除了对人员专业技能进行培训，还应该从用户的角度出发，设计出便捷高效的产品，科学合理地进行个人防护才能使防疫工作效益最大化。

**2. 医疗防疫产品市场现状**

自疫情暴发以来，防疫产品的设计研究越来越受到重视。随着 AI 图像识别技术、无人驾驶技术、5G 通信等科技的发展，越来越多的研究人员将防疫产品与现代智能科技结合，市场上涌现出大量的产品，但设计质量参差不齐。通过对防疫产品的市场调研，现有的防疫产品主要分为个人防护类、清洁消毒类、物资配送类、防疫宣传类和隔离防护类，如表7.1 所示。

表7.1 防疫产品分类表

| 类　别 | 产　品 |
| --- | --- |
| 个人防护类 | 口罩、防护面屏、防护服、体温检测设备等 |
| 清洁消毒类 | 空气消毒机、智能消毒设备、清洁车、洗手机等 |
| 物资配送类 | 智能化配送机器人、路航运输机、生物运输系统等 |
| 防疫宣传类 | 小程序、巡航智能机器人等 |
| 隔离防护类 | 健康码、便携式医疗隔离装置、移动医院等 |

新型冠状病毒暴发后，我国启用自主研发的军用大型运输机运 -20 对武汉进行支援。在无人驾驶方面，石器慧通科技有限公司研发的无人物资配送车在武汉、广州、上海等地提供防疫服务。机器人和人工智能产品迅速投入防疫工作，由沈阳新松机器人自动化股份有限公司设计研发的 SL-ACI-A 医用配送机器人通过多传感器配合、智能导航与激光定位等技术，实现医院内药品等物资的配送，同时还具有喷洒消毒的功能，在医院内进行自动导航消毒。上海钛米机器人科技有限公司研发的消毒机器人通过自主导航与环境识别技术，根据空间面积，自动计算出消毒时间并对环境进行全面消毒。大疆创新科技有限公司的测绘无人机 P4R 与植保无人机 T20 分别通过实时的地形勘测与自动导航系统进行喷洒消毒。与此同时，在消毒作业展开前，通过无人机对附近人员进行喊话暂避。百度利用 AI 图像识别与红外热成像技术打造出 AI 多人体温监测系统。疫情期间，负压救护车利用"负压隔离"安全隔离与运输感染病人。此外，口罩、公共把手消毒机、便携式消毒器、体温检测器等防疫产品设计不断产出。

通过对现有防疫产品的分析，可以看出其中存在着一些问题：一味地将智能科技融入产品设计中，在设计过程中缺乏对用户行为习惯的考虑，以及未能精准地抓住用户的痛点。防疫工作的不到位直接导致病毒的传播和人员的死亡，因此防疫产品的设计尤为重要。在后续的研究中，应该更多地考虑"人"的因素，避免因设计不到位所导致的人员感染，将防疫工作的效率和成果最大化。

### 3. 设计意义

面对突如其来的新型冠状病毒感染疫情，全国人民上下一心，众志成城，共同抗疫。为更好应对疫情防控，医院感染的防控是关键，如何提升医务人员的个人防护意识与有效降低医务人员的感染风险是医院防疫工作的重点。此案例重点围绕医院防疫方向进行设计，在建立良好用户体验的基础上，结合认知任务分析与设计思维的方法，针对医务人员的个人防护问题进行研究与设计。PPE 脱卸交互系统能够有效解决医务人员所面临的难题，改善他们的用户体验；PPE 旨在将医务感染率降到最低，为疫情防控做出贡献。此案例的意义主要涵盖以下两个方面。

1）解决疫情防控难题

从近 20 年来暴发的三次大规模疫情来看，此次由新型冠状病毒引起的疫情最为严重，由此暴露出了国内外医院防疫方面的许多不足，国内外对于医院防疫领域的相关设计还不够完善。目前，国家越来越重视公共医疗卫生，并不断更新防疫设备的使用标准和个人防护的操作流程标准。医院作为疫情作战的主战场，有效地对医务人员和场地设施进行感染控制至关重要。此案例通过对医院的实地调研，了解真实的用户痛点和设计需求；基于目前已有的对医院防疫领域的研究，结合心理学、设计学等领域的方法，对医院的防疫产品及系统进行创新设计，触发特定环境下的良好用户体验，减少医务人员的感染，从而达到提升防控效率的目的。

2）有利于社会发展

新型冠状病毒感染疫情已经席卷全球，严重影响了各国政治、经济的发展。中国政府在疫情发生后，迅速启动重大突发公共卫生事件一级响应，将损失降到了最小。国内经济不稳定、产能过剩等都是世界各国所面临的经济问题。不仅如此，人们的生活也受到了极大的影响。因此，如何有效应对疫情成为全世界关注的问题。有关生物学领域、医学领域的专家正在积极地研发疫苗，各学科也正全力研究如何能够有效抑制病毒的传播。此案例从设计的角度，利用现有的科学技术，整合各方资源，根据各类用户的不同需求，提供方便高效的防疫产品设计与服务设计方案，对疫情防控成果建设和推动社会发展具有重大意义。

## 7.1.2 前期个人防护调研与分析

设计前期基于认知任务分析法对用户的认知活动和用户需求进行研究，在医务人员的个人防护认知过程中，对用户的个人防护认知过程进行细分，指出用户在该过程中的决策、判断、回应以及如何解决问题的认知情况，对用户的认知模型和行为进行总结归纳，最后得出用户需求。

**1. 确定目标用户**

首先确定用户特征，对目标用户进行条件筛选。本案例主要针对医院的防疫产品设计，调研、选择医务人员，并从其个人防护方面展开。对目标用户的筛选条件如下：

（1）在医院内工作；

（2）具备个人防护的相关知识；

（3）有机会接触到传染性污染物；

（4）具备个人防护的实战经验。

在用户调研阶段共选取 5 名用户进行调研，考虑不同岗位的工作差异性，分别选取 3 名护士和 2 名清洁人员，并进行深入访谈。调研现场如图 7.1 所示。

**2. 用户访谈及分析**

1）半结构式访谈及主任务分析

调研前期通过文献和相关政策的研究对个人防护的相关知识、相关要求以及专业流程进行了解，现场通过访谈法和观察法对用户的基本信息进行收集、整理，了解用户日常工作的主要内容以及认知背景等信息。

图 7.1 现场调研

前期的用户信息收集方式主要采用半结构式访谈。半结构式访谈是根据提纲设计开放性问题以对用户进行深入了解，比较灵活；以主要目的为中心，根据用户陈述及时进行问题的调整，可获取深层的用户信息。本阶段主要对用户在个人防护过程中的主要认知部分进行调研，归纳出在个人防护过程中用户的认知特点与防护流程，为后面进一步对工作认知流程的划分做铺垫。

调研中的半结构式访谈提纲如下：

（1）您在医院内是如何进行个人防护的？请简述一下您日常的个人防护过程。

（2）您在什么时候会进行个人防护处理？

（3）您是如何判断自己的个人防护是否做到位的？

（4）您在进行个人防护时有无觉得困难的地方？是怎么解决的？

（5）您认为保障个人防护安全的关键是什么？需要做到哪些点？

在对 5 名用户进行调研后，对用户的基本信息及主要工作内容等都进行了了解，如表 7.2 所示。

表 7.2　用户的基本信息及主要工作内容

| 编号 | 性别 | 年龄 | 学历 | 职位 | 主要工作内容 |
|---|---|---|---|---|---|
| 1 | 女 | 38 | 硕士 | 护士长 | 对护理人员进行教学培训及考核；对人员进行管理；检查护理质量等 |
| 2 | 女 | 27 | 硕士 | 护士 | 与患者交流；对患者进行护理；负责文件和物品管理等 |
| 3 | 女 | 27 | 硕士 | 护士 | 对患者进行护理、消毒等 |
| 4 | 男 | 43 | 初中 | 清洁人员 | 负责门诊区域的清洁卫生 |
| 5 | 女 | 42 | 初中 | 清洁人员 | 负责病区的清洁卫生 |

对用户调研结果进行分析可知，个人防护主要分为个人防护用品的穿戴和个人清洁两部分。根据目标用户的工作流程，可将用户个人防护的认知步骤分为 4 步，如表 7.3 所示。

表7.3 用户个人防护的认知步骤

| 步 骤 | 任 务 |
|---|---|
| 1 | 确定工作内容 |
| 2 | 个人防护开始 |
| 3 | 进入工作状态 |
| 4 | 个人防护结束 |

从用户开始工作至工作结束的流程角度来看,个人防护过程中的主要认知过程是先确定工作内容,根据工作内容判定应该穿戴哪种级别的个人防护用品,不同的工作内容及性质所选择的个人防护用品也不同;在确定选取应穿戴哪些个人防护用品后,在工作开始前进行个人防护的开始,主要包括先对自我进行消毒,再进行个人防护用品的穿戴;在个人防护用品穿戴完毕后可投入工作区域和工作状态中,在工作时,若发生个人防护用品破损或脱落,需及时更换或重新佩戴个人防护用品;在工作完成后离开工作区域,进入个人防护脱卸区域对个人防护用品进行脱卸并自我消毒,确认清洁、消毒到位后即个人防护结束。

从用户调研的情况可知,医务人员的个人防护工作贯穿在工作内容中,在对用户的基本认知架构进行了解后,需要进一步了解用户在个人防护的每个子任务中的认知情况。

2)子任务分析

任务图包含任务步骤,同时也确定了任务中的主要认知要素。子任务分析阶段将任务分解成许多步骤或子任务,虽然只是对任务认知的表面看法,但是能使调研人员集中精力进行下一步更加深入的调研。本阶段对用户进行深度访谈,针对主要任务中的每个任务通过情景模拟的方式对用户进行调研,探究用户在每个主要任务下的认知过程与想法。在调研过程中需要用户在模拟的场景中进行过程的回想与思考,同时进行口头报告。访谈环境选取安静、放松的医院办公间内,研究人员利用录音、视频和文本记录用户的陈述。

根据主要认知内容的流程对用户进行访谈,首先是确定工作内容,被试人员要求回想和记忆在一天工作开始前,从进入医院开始需要做的任务有哪些。上级(或本人)会分配本日的主要工作内容,用户根据工作内容性质进行个人防护用品的选择与领取,在个人防护用品穿戴到位后进入工作区域并进入工作状态,工作结束后将个人防护用品脱下并进行自我消毒,最后个人防护工作结束并离开。

子任务表如表7.4所示。

表7.4 子任务表

| 主 要 任 务 | 子 任 务 |
|---|---|
| 确定工作内容 | 确认个人防护级别 |
| | 确认个人防护用品 |
| 个人防护开始 | 进入指定环境 |
| | 自我消毒 |
| | 个人防护用品的穿戴 |
| 进入工作状态 | 注意防护用品是否破损 |
| | 注意防护用品是否脱落 |
| | 注意是否有皮肤外露或破损 |
| | 及时清洁、消毒 |

| 主要任务 | 子任务 |
|---|---|
| 个人防护结束 | 进入指定环境 |
| | 个人防护用品的脱卸 |
| | 自我清洁、消毒 |

3）结构式访谈

知识审计是认知任务分析法中常用的方法之一，它围绕表征知识和知识类别组织，包括用户的诊断和预判、情景意识、感知技能、任务发展以及用户应何时使用技巧、元认知、如何识别异常和解决设备的限制等，旨在探讨用户的领域知识和技能类型。在使用知识审计的过程中，需要找出用户在执行每一次子任务中使用技能的本质、策略等。

本阶段使用结构式访谈对用户进行调研，在子任务表的基础上选取具有认知分析价值的任务步骤对用户进行知识审计提问，如表 7.5 所示。

表 7.5 结构式访谈知识审计表

| 主要任务 | 子任务 | 问 题 | 回 答 |
|---|---|---|---|
| 确定工作内容 | 确认个人防护级别 | 如何根据工作内容确认个人防护级别 | 若在高风险区域，则需要进行三级防护；若接触发热门诊、传染病病人和检验样品等具有高度危险性的工作，则需要进行二级防护；低风险区为一级防护；其余普通工作为一般防护 |
| | 确认个人防护用品 | 如何根据防护用品的级别选择适合工作内容的个人防护用品 | 每个防护级别都配备有着装标准 |
| 个人防护开始 | 进入指定环境 | 在进入穿衣缓冲间时需注意什么问题 | 在进入穿衣缓冲间前换好工作服，做好个人清洁卫生 |
| | 自我消毒 | 如何进行自我消毒 | 主要通过手卫生进行自我消毒 |
| | | 判断手卫生到位的依据是什么 | 操作规范性和消毒时间 |
| | 个人防护用品的穿戴 | 如果忘记穿戴顺序，怎么办 | 参照 PPE 穿戴指示图 |
| 进入工作状态 | 注意防护用品是否破损 | 如何防止防护用品破损 | 注意尖锐物品（如针头、手术刀等），避免接触锋利部分 |
| | | 如果破损了，该如何处理 | 立即自我清洁、消毒，并对防护用品进行更换 |
| | 注意防护用品是否脱落 | 在什么时候会注意防护用品脱落 | 不慎被物品钩住或被碰撞时 |
| | | 脱落后您是如何处理的 | 立即自我清洁、消毒，并进行更换 |
| | | 易脱落的个人防护用品有哪些 | 防护口罩、护目镜 |
| | 注意是否有皮肤外露或破损 | 您在什么时候会注意皮肤是否外露或破损 | 防护用品脱落或者破损时 |
| | | 皮肤外露或破损您会怎么办 | 立即挤出血，随后用清水冲洗并彻底消毒、包扎 |
| | 及时清洁、消毒 | 在什么时候会进行清洁、消毒 | 当接触到患者血液、体液或带有传染源的物品时 |
| | | 您通常如何进行清洁、消毒 | 对污染的个人防护用品进行更换、对自我进行手卫生消毒或喷洒消毒液 |

| 主要任务 | 子任务 | 问　　题 | 回　　答 |
|---|---|---|---|
| 个人防护结束 | 进入指定环境 | 在进入脱衣缓冲间需要注意什么问题 | 按照规定路线进入，不可逆向出入 |
| | 个人防护用品的脱卸 | 如果忘记脱卸顺序，您是如何处理的 | 参考PPE脱卸流程图，且按照由外到内的原则进行脱卸 |
| | | 在脱卸顺序出错时，您是如何处理的 | 进行手卫生 |
| | | 脱卸过程中受到污染您是怎么处理的 | 进行手卫生，并喷洒消毒液 |
| | 自我清洁、消毒 | 一般有哪些清洁、消毒步骤和方式 | 手卫生和更换个人清洁衣物 |

根据子任务的流程提问，这一阶段获得了每步的用户认知情况。随后需要对每步的用户认知进行细化，以获取用户的关键任务。这里采用了结构式访谈的方式，选取医院内相对安静和轻松的办公间环境进行访谈，目的是获取用户认知中的关键任务和相关认知。

采访前所设计的结构式访谈问卷内容如下：

（1）您认为个人防护的关键任务有哪些？

（2）在进行关键任务时需要具备哪些关键信息？

（3）简述关键任务的操作步骤。

（4）任务操作过程中有哪些易错点？

在访谈过程中，尽量让用户回答的方向在设定的问卷范围内，且让用户的回答尽量细致；在调研过程中，采用录音和文本的形式对调研内容进行记录。关键任务表如表7.6所示。

表7.6　关键任务表

| 关键任务 | 关键信息 | 操作步骤 | 情况评估 | 易错点 |
|---|---|---|---|---|
| 手卫生 | 七步洗手法 | 掌心相对，手指并拢相互搓擦；掌心相对，双手沿指缝相互搓擦；一只手握另一手大拇指旋转搓擦，再交换进行；弯曲各手指关节，双手互扣进行搓擦；手心对手背沿指缝相互搓擦，再交换进行；一手指尖在另一掌心旋转搓擦，再交换进行；一手握另一只手腕部旋转搓擦，再交换进行 | 洗手的随意性；洗手的时长不够 | 手部卫生清洁不够 |
| 二级个人防护用品的脱卸 | 无菌意识、PPE脱卸流程 | 手卫生；脱防护面屏；手卫生；脱一次性鞋套；手卫生；脱医用防护服；手卫生；脱外层手套；手卫生；脱医用防护口罩；手卫生；脱工作帽；手卫生；脱内层手套；手卫生；更换工作鞋；进入淋浴间沐浴后更换个人衣物 | 脱卸时易触碰外层面 | 造成人身上局部污染，导致人员感染 |
| 应急处理 | 消毒意识、及时性 | 快速消毒、更换污染物、护理治疗 | 在接触污染物后不能及时进行手卫生　忽略口腔和鼻腔消毒　易忘记被利器刺伤后挤出血后再清洗以彻底消毒 | 造成伤口感染或呼吸道感染 |

### 3. 用户画像

对用户需求分析前需要建立典型的用户画像，在"以用户为中心"的设计中，了解用户是重点之一。用户画像并不是真实存在的用户个体，而是通过许多的数据采集将共有的特征进行提炼整合，虚构出来的用户，这种虚构出来的结果是研究中用户的代表。

在前期的调研分析中，已经获取了医院内工作人员个人防护过程中的认知过程、决策和知识储备等。本阶段主要针对典型用户进行需求分析，在前期用户任务认知分析的基础上，结合用户体验的方法和工具以及情景模式法对用户进行需求的转化与分析。项目团队采用用户画像的方法，基于前期访谈对象的用户特征，建立的人物角色如图 7.2 所示。

**用户1**

**基本信息**
姓名：陈岚
年龄：26
职业：感染科护士

**职业描述**
近距离接触传染病人，为他们提供医疗服务，有很高的感染风险。每天长时间高强度工作，身心疲惫

**用户2**

**基本信息**
姓名：张伟
年龄：34
职业：医疗废物处理人员

**职业描述**
处理高度污染的医疗废物，有较高的感染风险。且医院的垃圾分布较分散，每天的工作强度很大

图 7.2　建立的人物角色

### 4. 用户体验地图

用户体验地图是用户体验表达的工具之一，是对用户任务过程的描述。在建立用户体验地图前，需要在用户模型的基础上对场景任务进行分析和定义。基于前期对用户的认知过程、关键事件以及用户决策的了解，选取关键任务的内容作为场景任务的描述。

此阶段建立了三个场景任务，分别如下：

（1）请您进行一次手卫生，并在手卫生的过程中说出您的想法。

（2）在您穿上二级个人防护用品后，对防护用品进行脱卸操作，在操作过程中说出您的想法。

（3）在您的手部被利器所伤后，您通常的做法是？您的难点有哪些？

设计师在指定的场景任务中采用观察法对用户进行观察并录像，对用户在操作过程中的出声思考进行语音及文本的记录，并在操作后对用户进行半结构式的访谈。对于无法进行实际操作的场景任务，如手部被利器所伤，则对用户进行访谈调研，依据任务操作流程对用户进行深入的询问。

在用户完成场景任务操作后，对采集的用户数据进行整理、分析，并对三个分开的场景任务进行过程的整合，整理出完整的用户体验过程，再结合用户体验地图，对用户的任务过程、认知过程以及情感体验等进行模型化表现，如图 7.3 所示。

### 5. 用户需求提炼

前期对用户的任务过程、任务认知、决策以及情感进行了收集和分析，在用户的关键任务上建立了场景任务并得到了用户体验地图，且引出了用户的潜在需求。项目团队依据用户的潜在需求，对用户的需求点进行了提炼与整理，结果如下。

（1）加强和提高应急意识：可以多宣传反面教材，让医务人员了解应急处理不当造成的人员身心伤害的例子，以提高个人防护警觉。

（2）增强应急处理相关知识储备：合理地开展对医务人员应急处理的相关培训，如对个人防护用品异常的防范处理和对应急事件处理的理论知识进行学习，并开展相关的实际操作演练。

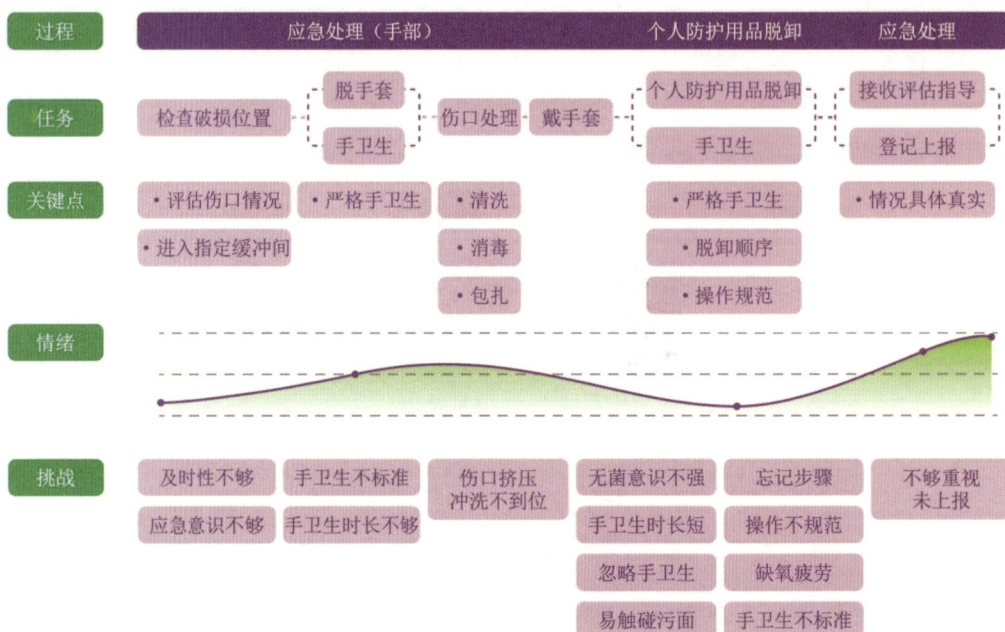

图7.3　个人防护用户体验地图

（3）快速辅助伤口清洗、消毒：对伤口的清洗规范进行提示，或者加强对伤口清洗和消毒的技能培训。

（4）洗手步骤及规范提示：用户可以根据明显的提示对手卫生进行规范操作。

（5）监测手卫生时长：限制手卫生的最低时长，以达到充分消杀的目的。

（6）提高无菌意识：加强对用户的个人防护专业知识的培训或在进行具有感染风险的个人防护操作时，能够唤起用户的无菌意识。

（7）PPE脱卸辅助及流程提示：用户长时间使用个人防护用品，容易产生缺氧、疲劳等现象，因此在流程提示时，除利用人体视觉，还可以利用其他感官进行辅助提示。

（8）PPE脱卸误操作监测：在用户脱卸操作错误时，能够及时发现错误，降低感染率。

（9）加强PPE脱卸操作培训：能够排除传统的PPE脱卸培训受时间、地点以及专家的限制因素，从而低成本、高效率地对PPE脱卸操作进行培训。

（10）缓冲间的标志和路线：缓冲间的空间明确，且能够快速进入各个不同缓冲区内，即空间布局合理化。

（11）缓冲间数量：在下班高峰期时，脱衣等待时间长，可运用合理的空间分布，增加脱衣缓冲间的数量。

**6. 功能提炼**

1）设计功能点转化

根据个人防护的用户需求，运用黑箱模型工具对设计功能点进行转化，如图7.4所示。

从图 7.4 可以分析出，在个人防护过程中，尤其是在穿脱个人防护用品时，需要身体各个部位配合大脑一起才能完成。因此在个人防护中，对用户进行行为操作的规范约束以及提高个人防护意识等方面尤为重要。

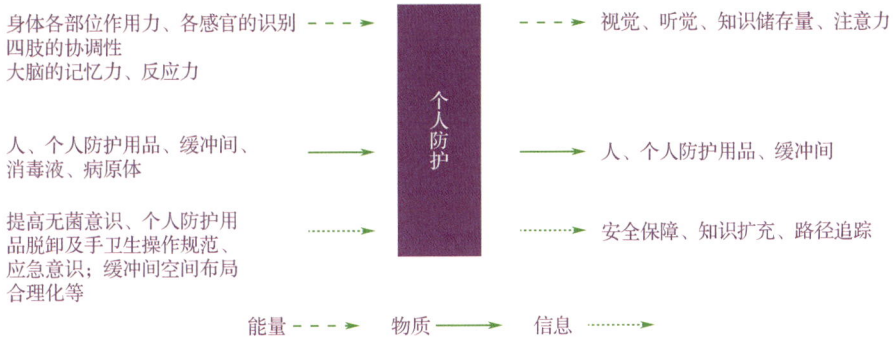

身体各部位作用力、各感官的识别
四肢的协调性
大脑的记忆力、反应力

视觉、听觉、知识储存量、注意力

人、个人防护用品、缓冲间、
消毒液、病原体

人、个人防护用品、缓冲间

提高无菌意识、个人防护用
品脱卸及手卫生操作规范、
应急意识；缓冲间空间布局
合理化等

安全保障、知识扩充、路径追踪

能量 - - - → 物质 ——→ 信息 ........→

图 7.4 个人防护功能点转化

2）功能细化

此阶段通过 FAST 功能树的构建来分析上一阶段转化出的设计功能点，并对其进行进一步细化。由上述个人防护研究可以看出，个人安全保障、防护知识的扩充以及在应急情况下的个人路径追踪是满足用户进行个人防护最基本的功能，也是设计当中的重要因素。在此基础上，通过建立 FAST 功能树对总功能需求进行细分。个人防护 FAST 功能树如图 7.5 所示。图 7.5 分析出了基于安全保障、知识扩充以及路径追踪的各级子功能。在产品的概念设计中，需要根据不同的阶段要求进行产品的功能设计，项目团队基于用户的任务流程和任务场景对各个功能进行组合选择，并结合前期获取的用户需求选择出最佳的功能组合方案，以进行下一步设计。

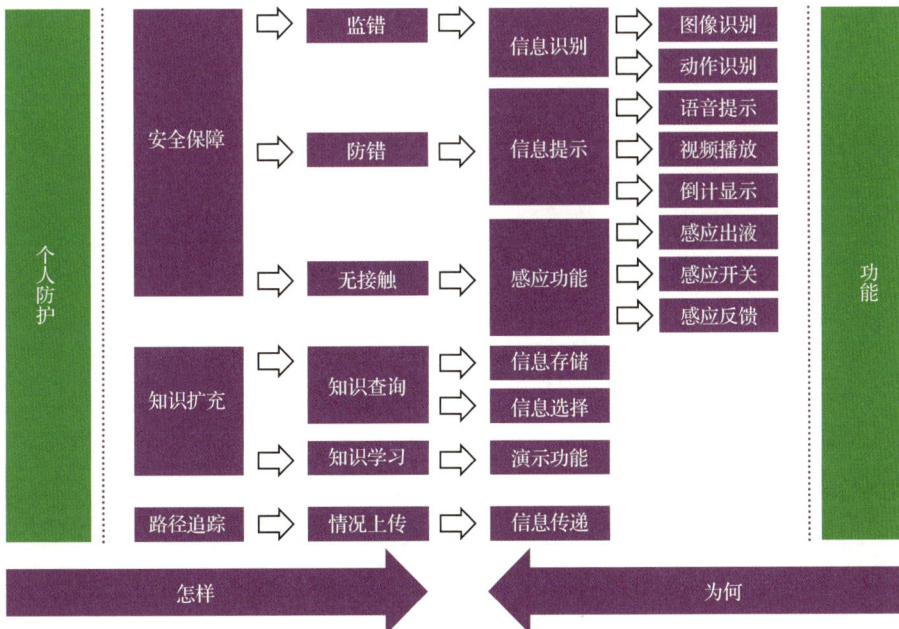

图 7.5 个人防护 FAST 功能树

# 7.1.3 设计实践

**1. PPE 脱卸语音提示器**

1）设计定位

PPE 脱卸语音提示器主要运用在 PPE 脱卸缓冲间内，是 PPE 脱卸交互系统中的初代交互硬件，为进入缓冲间内的穿着二级防护用品并将要进行 PPE 脱卸的人员提供脱卸操作的语音提示。PPE 脱卸语音提示器主要针对用户在疲劳、高压和缺氧状态下，起到辅助脱卸操作人员规范脱卸的作用。

2）设计构思

PPE 脱卸语音提示器的构思主要包括以下三个方面。

（1）用户分析。

目标用户在进行 PPE 脱卸前，都曾直接或间接地接触过污染源，PPE 脱卸语音提示器是为保护用户在脱卸过程中不被感染、规范正确脱卸而设计的。由于工作环境以及工作内容的特殊性，医务人员或清洁人员在 PPE 脱卸时处于疲劳、缺氧、高压并且可能视力模糊的状态，这时目标用户大脑可能会出现反应迟钝、记忆混乱等情况，并极可能影响PPE 脱卸的正确率和规范度。

根据前期调研所获取的用户需求，期望在进行 PPE 脱卸时能够有产品或系统的脱卸辅助。项目团队根据用户在脱卸环境下可能产生视力模糊的情况，选择以听觉系统为主对用户提供帮助。

（2）流程分析。

对感染防控专家提供的二级个人防护用品脱卸流程（如表 7.7 所示）分析得出，用户在每一步防护用品的脱卸后都会进行一次手卫生，手卫生贯穿整个 PPE 脱卸流程。因此，可以以手卫生为突破点，每一次用户进行手卫生后对用户下一步脱卸操作进行提示。

表 7.7  二级个人防护用品脱卸流程

| 步　骤 | 内　容 |
| --- | --- |
| 1 | 手卫生 |
| 2 | 脱防护面屏 |
| 3 | 手卫生 |
| 4 | 脱一次性鞋套 |
| 5 | 手卫生 |
| 6 | 脱医用防护服 |
| 7 | 手卫生 |
| 8 | 脱外层手套 |
| 9 | 手卫生 |
| 10 | 脱医用防护口罩 |
| 11 | 手卫生 |

| 步　　骤 | 内　　容 |
|---|---|
| 12 | 脱工作帽 |
| 13 | 手卫生 |
| 14 | 脱内层手套 |
| 15 | 手卫生 |
| 16 | 更换工作鞋 |

（3）功能点提取。

前期运用 FAST 功能树对用户的功能点进行了细分，依据用户的任务操作场景对功能进行组合创新，主要选取了语音提示、感应功能、倒计时显示功能进行组合，并依据所选的功能组合结合使用任务场景，对产品进行下一步设计。

3）设计流程

1）设计草图及结构。

在进行草图推演时，结合人机工程学理论，对产品的功能模块进行分区，并确定产品的基本形态。概念草图如图 7.6 所示。

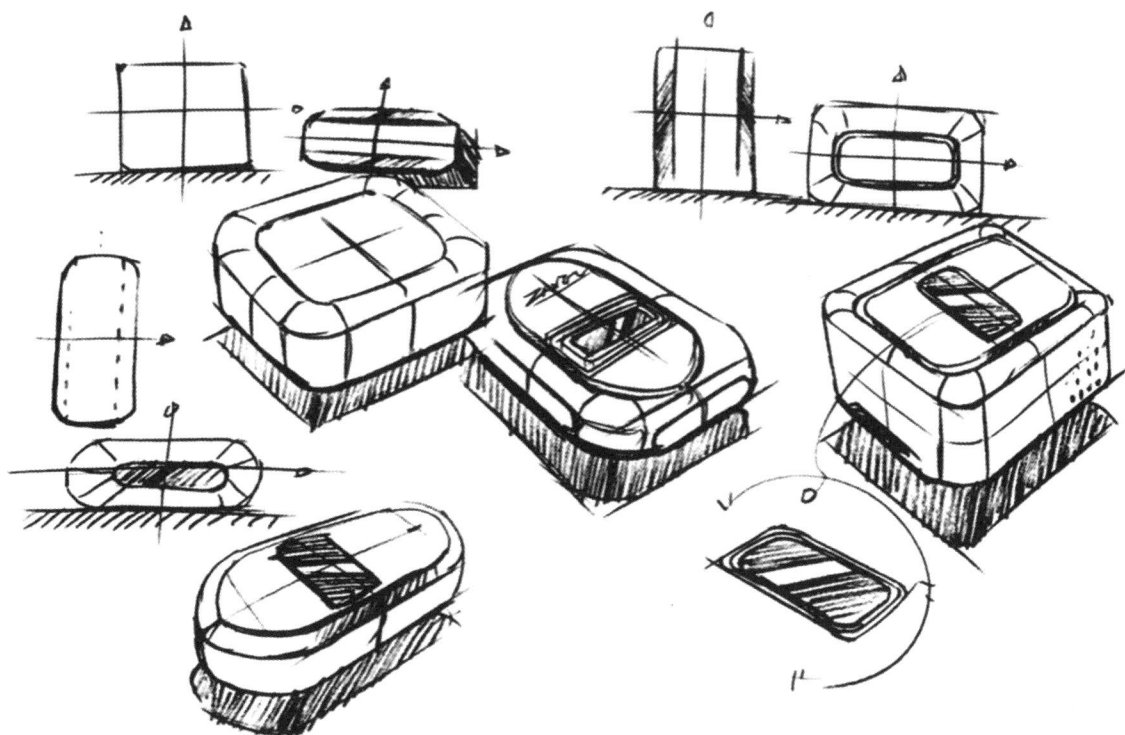

图 7.6　概念草图

（2）建立三维模型，如图 7.7 所示。

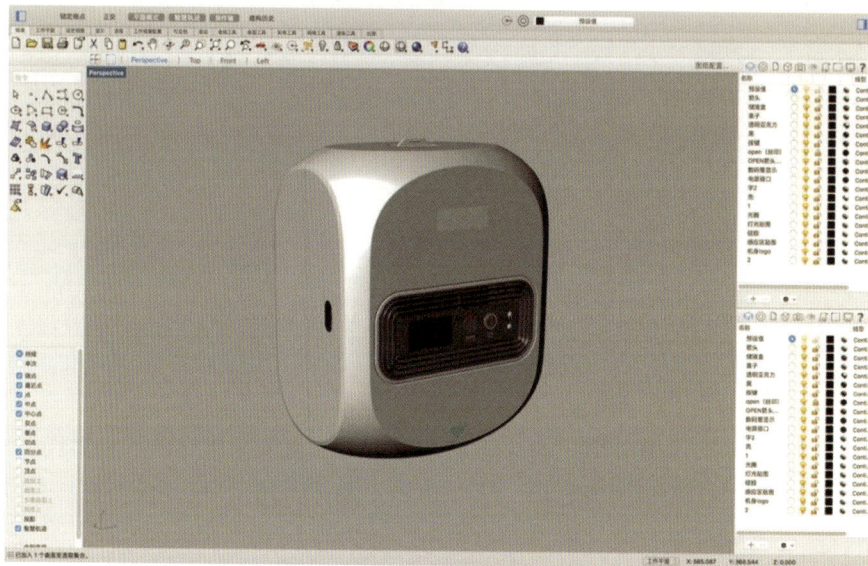

图 7.7 建立三维模型

（3）建立产品三视图，如图 7.8 所示。

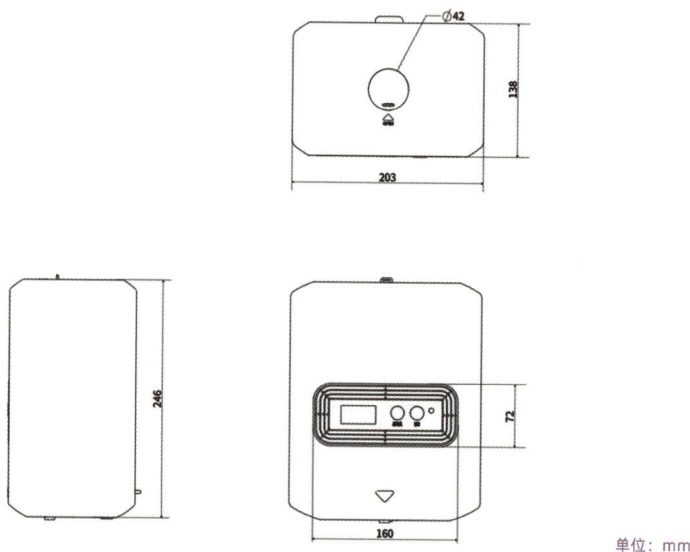

单位：mm

图 7.8 建立产品三视图

（4）生成效果图，如图 7.9 所示。

4）设计说明

PPE 脱卸语音提示器以手卫生为突破点，将感应式出液和脱卸语音提示功能相结合，并利用用户听觉系统，严格、规范地指导用户进行 PPE 脱卸。该语音提示器不仅能有效帮助用户规范地脱卸 PPE，降低在脱卸过程中的感染风险，更提升了 PPE 脱卸过程中的用户体验。

5）使用流程

PPE 脱卸语音提示器的使用流程主要分为感应取液、规范手卫生、设备反馈、规范脱卸个人防护用品、设备反馈五大步骤，依次重复流程直至脱卸完成，如图 7.10 所示。

图 7.9　生成效果图

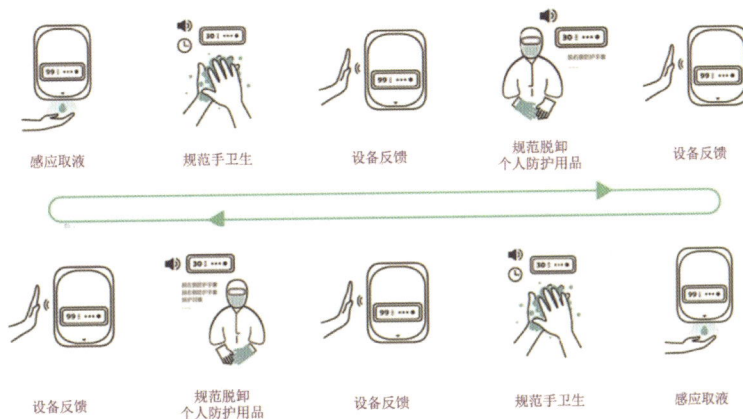

感应取液　　规范手卫生　　设备反馈　　规范脱卸个人防护用品　　设备反馈

设备反馈　　规范脱卸个人防护用品　　设备反馈　　规范手卫生　　感应取液

图 7.10　PPE 脱卸语音提示器的使用流程

6）产品结构的设计及 CMF（Color，Material & Finishing）

前期对 PPE 脱卸语音提示器的功能与外观进行了设计，这一阶段是对产品结构进行设计。在产品的结构设计中，需要对内部功能硬件的规格尺寸、位置以及各硬件之间的连接方式进行考虑。结构设计在保证产品外观和功能的前提下，对整体性能进行优化处理，充分考虑产品的结构强度，防止因外来的碰撞而损坏。同时，还需要考虑产品的生产和维修。产品原本的组装方式影响着维修时的拆机方式，应尽量满足组装与拆机的便利性。

在确定产品结构后需要制作样机模型。在外壳材料的选择上，选用了医疗产品中常用的 ABS 塑料；由于消毒液具有一定的材料腐蚀性，所以在消毒液容器的材料选择上，选用了 PE 塑料来进行加工。

在外观色彩上，以白色和薄荷绿两色为主。白色为医疗产品中最广泛使用的颜色，一方面是因为白色能够将表面的污渍明显地显示出来，便于及时清洁，另一方面是因为白色代表着干净、和平、纯洁等美好的寓意；薄荷绿是明度较高、饱和度低的颜色，是最接近自然的颜色，能够带给用户放松、缓解疲劳的视觉感受。产品的表面处理选择磨砂质感，通过柔和的触感，让用户产生安全感与舒适感。

## 2. PPE 脱卸交互系统设计

### 1）设计定位

PPE 脱卸交互系统设计主要包括脱卸空间设计及脱卸辅助设备（PPE 脱卸语音提示器）

设计。

（1）脱卸空间设计。

针对现有医院内脱衣缓冲间空间分布不合理、指示不清楚等情况，PPE脱卸交互系统为PPE脱卸提供合理的空间规划路线与空间布局，模块化的空间设计能够将空间进行统一标准化布局，并能够根据不同医院基础条件情况进行合理化调整。特别针对在突发疫情前期，对于条件较差的医院可使用该产品进行应急地、临时地搭建脱卸空间，可极大地突破由环境条件带来的局限性。

（2）脱卸辅助设备设计。

PPE脱卸交互系统中的脱卸辅助设备依然以手卫生为切入点，其目标用户主要针对医院内的工作人员和实习人员，工作人员主要包括医务人员和清洁人员。运用智能监测技术对用户在PPE脱卸过程中的误操作进行监测识别，提供语音提示与视频实时演示进行操作提醒，辅助用户规范完成PPE脱卸，在实战过程中可有效降低用户感染率。

2）空间布局及使用流程

PPE脱卸交互系统空间由模块化的隔板搭建而成，用黄色和蓝色区分不同风险程度的空间。用户在进行PPE脱卸前需要按照指定指示进入脱衣缓冲间内，并依次进入缓冲间1（黄色）、缓冲间2（蓝色）内，由外层防护向内层防护脱卸。缓冲间1与缓冲间2应标志醒目且路线清晰，两个缓冲间应单独设立且只能单向通过。用户依次经过黄色和蓝色两个单元间，完成PPE脱卸的同时，也完成了从污染区到清洁区的过渡。空间使用流程如图7.11所示。

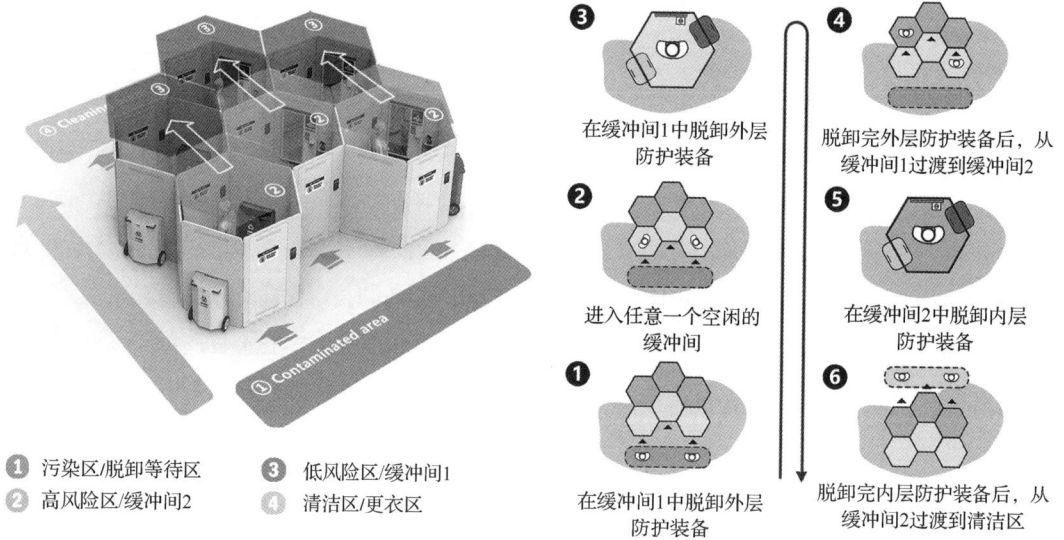

① 污染区/脱卸等待区　　③ 低风险区/缓冲间1

② 高风险区/缓冲间2　　④ 清洁区/更衣区

图7.11　空间使用流程

空间的主要呈现形式为蜂窝六边形，可满足多人同时独立使用，且在每相邻隔间设置有公用的两侧感应器用以开盖医疗垃圾桶，从而解决了空间利用率低、医疗空间不足的问题。整个脱卸过程中所有操作均采用红外感应的交互方式，无接触的使用方式以及独立空间的设计能够有效避免人员的交叉感染。

3）设备功能布局及使用流程

在PPE脱卸交互系统的每个单元间内都放置一个PPE脱卸辅助设备，该设备由镜面、感应式洗手液出液器、红外感应反馈区域（感应区）、动作识别摄像头、防水演示屏幕等模块构成，能够为 PPE 脱卸提供全面的指导与帮助。PPE 脱卸辅助设备的功能与布局如图 7.12 所示。

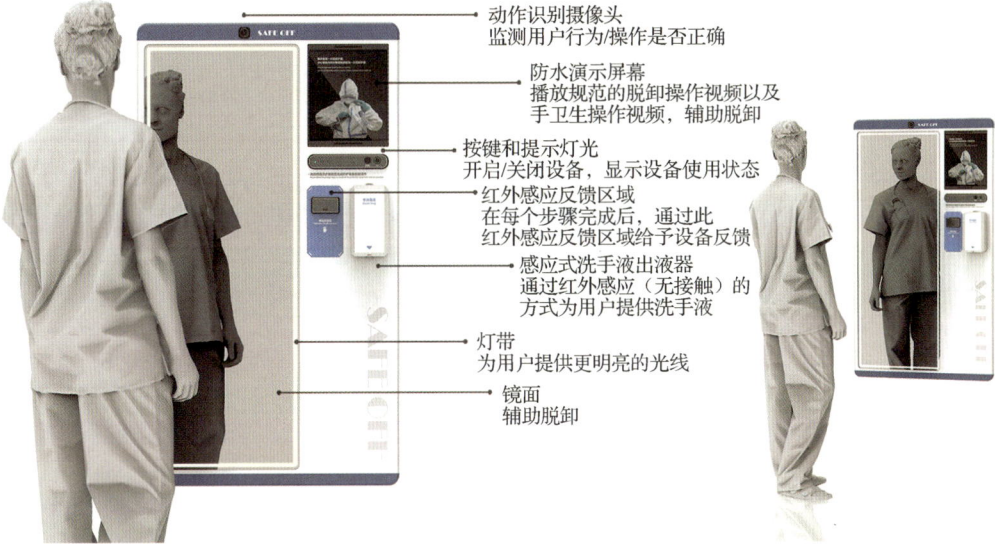

动作识别摄像头
监测用户行为/操作是否正确

防水演示屏幕
播放规范的脱卸操作视频以及手卫生操作视频，辅助脱卸

按键和提示灯光
开启/关闭设备，显示设备使用状态

红外感应反馈区域
在每个步骤完成后，通过此红外感应反馈区域给予设备反馈

感应式洗手液出液器
通过红外感应（无接触）的方式为用户提供洗手液

灯带
为用户提供更明亮的光线

镜面
辅助脱卸

图 7.12　PPE 脱卸辅助设备的功能与布局

PPE 脱卸辅助设备的主要功能有以下几点：

（1）动作识别。在用户进行 PPE 脱卸过程中，主要利用动作识别技术对用户操作行为进行监测。

（2）实时视频、语音播放提示。采用感应反馈的方式，在用户每完成一步操作任务时对下一步操作进行语音提示。在设备的显示屏上，将实时根据用户的操作步骤同步进行操作步骤的视频演示，同时利用听觉与视觉进行辅助。

（3）智能镜面显示。手卫生的倒计时与对应的操作步骤提示将同步显示在镜面上，用户在镜面前能同时观察到自身的脱卸操作情况与操作提示信息，能有效提高操作的规范性。

（4）无接触交互。利用红外感应技术对设备进行操作反馈，实现人与设备的无接触交互，避免因手部接触导致交叉感染。

PPE 脱卸辅助设备的使用流程（如图 7.13 所示）如下。

（1）进入缓冲间，靠近设备。

（2）通过红外感应唤醒设备，开始手卫生，并通过红外感应获取洗手液。

（3）在视频演示及倒计时下规范进行手卫生。

（4）完成手卫生后在感应区反馈给设备，进入下一步脱卸操作。

（5）在视频演示及动作识别监督下，对着镜面脱卸 PPE。

（6）按要求完成一步脱卸操作后，在感应区反馈给设备，再次进入手卫生。

整个脱卸过程通过（手卫生→脱卸→手卫生→脱卸）循环的方式完成，在 PPE 脱卸辅助设备的帮助下，用户不用担心因忘记或者记错步骤而出错，心理负担减轻的同时，脱卸过程的规范性和安全性也随之上升。

❶ 进入缓冲间，靠近设备

❷ Induction area 感应区 洗手液 Hand sanitizer
通过红外感应唤醒设备，感应获取洗手液（洗手液出液器下方有一个红外感应模块）

❸ ⏱099
在视频指导、语音提示和倒计时下，正确执行手卫生操作

❻ Induction area 感应区 洗手液 Hand sanitizer
每一步脱卸操作完成后，通过感应区给设备反馈。再次进入手卫生，循环操作，直到完成所有脱卸操作（如果设备监测到异常行为，用户将无法进入下一步）

❺ 视频演示 Video presentation
在视频引导、语音提示和设备监测下，正确完成设备所指示的脱卸操作

❹ Induction area 感应区 洗手液 Hand sanitizer
手卫生完成后，通过感应区给设备反馈，设备将提示下一步操作（如果手卫生时间不够，或者设备监测到不规范的行为，用户将无法继续下一步）

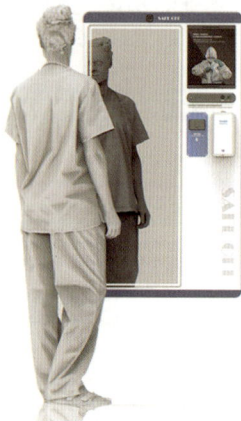

在设备的帮助下，用户能够更加轻松、规范地完成脱卸，并且这个过程是零接触的，极大地减轻了用户的心理负担

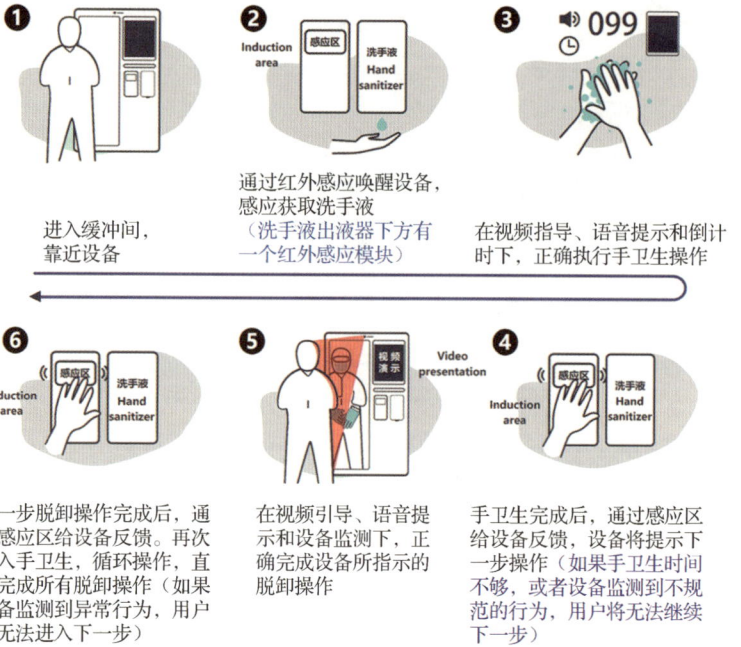

图 7.13　PPE 脱卸辅助设备的使用流程

### 4）模块化隔板设计

PPE 脱卸交互系统空间由三种模块化的隔板搭建而成（如图 7.14 所示），用黄色和蓝色来区分不同风险程度的空间，使用者能够根据需求搭建不同规模的脱卸系统，以适应不同的医疗场所（如图 7.15 所示）。

隔板1
固定设备的隔板和基础隔板

隔板2
放置感应式双向开门垃圾桶的隔板

隔板3
感应门隔板

图 7.14　模块化隔板设计

临时医疗站　狭小空间　中型医疗场所　中大型医疗站

大型医疗场所　大型方舱医院　小型医疗场所　缓冲间

图 7.15　不同的医疗场所

在初代 PPE 脱卸语音提示器设计完成后，项目团队根据前期丰富的调研结果对产品进行迭代，产出了 PPE 脱卸交互系统。

PPE 脱卸交互系统综合考虑了脱卸流程的每一步操作以及医务人员在脱卸过程中的情绪和状态，为脱卸过程提供科学、全面的指导，在有效降低感染率的同时，让 PPE 脱卸过程变得更加轻松、简单。

## 7.1.4 产品可用性测试

### 1. 个人防护用品脱卸语音提示器可用性评估方法

在整个设计完成之后，项目团队选取个人防护用品脱卸语音提示器进行可用性测试评估，对产品进行总结性测试，来评估产品的效果。总结性测试分为基准测试和对比测试，基准测试是与特定的基准目标进行对比。该项目采用的是对比测试，将使用目标产品的用户小组（实验组）与未使用目标产品的用户小组（对照组）进行对比，以验证目标产品的可用性。在测试评估中，需确保实验设计的严谨性，对于选取目标被测人群、测评专家和记录人员等都需要严格把控，尽量将测试的人为误差降至最低。

测试前应制定实验计划表，准备实验所需人员及物资。本次测试过程中，主要采用绩效度量法、问卷调查法、观察法、对比试验法和紫外线荧光检测法 5 种方法。绩效度量法源于管理学，是一种对单位或组织的知识管理和创新力的测评方法，用于评估单位或组织的生产和创新力等。紫外线荧光检测法主要通过使用紫外线荧光追踪（荧光剂）剂对污染物进行标记追踪，在 PPE 脱卸后观察医务人员皮肤以及工作服上是否沾上荧光剂，由此判断 PPE 脱卸是否规范，该方法现已在 PPE 脱卸培训领域中使用。在实验过程中将绩效度量法和观察法二者相结合，由实验记录员协助防疫相关领域专家对用户操作过程中的任务完成时间、错误操作及次数、无用操作及次数等进行观察、记录。在实验操作完成后，用紫外线荧光检测手电筒对用户进行全身检查，检查是否沾上荧光追踪剂，并运用问卷调查法对用户发放有关用户满意度相关问卷，第一时间获取用户的体验感受。

### 2. 可用性测试原则

在进行可用性测试之前首先必须确定测试的原则，其次根据需求目标设定特定的任务流程，并根据测试原则制定对应的测试指标。在疫情时期，医院是一个特殊的场所，医院内的工作人员身处在疫情防控的第一战线。由于研究对象的特殊性，项目团队根据文献资料整理、研究，并结合"以用户为中心"的设计理念，总结出医院防疫产品设计的 6 项可用性设计原则。

#### 1）安全性原则

确保产品的安全性是可用性设计的首要原则，主要是指产品不会对使用者造成损失或者伤害。在医院防疫产品的设计中，安全性原则还应包括保护用户不受到外界造成的伤害或损失，主要是指病毒或其他污染源带来的伤害。在疫情防控下，医务人员的人身安全主要在于对个人防护的保护和接触物及环境的安全；对于防疫产品的设计，除产品自身的安全性，还应该满足首要功能的需求——保障用户不受到外来因素的侵害。

2）高效性原则

高效性主要是指用户能快速、顺畅地使用产品或系统完成指定任务，且产品的性能表现稳定、操作流程清晰。在医院防疫产品设计中，考虑到医务人员长时间工作，特别是长时间穿着个人防护服时容易产生疲劳、缺氧等情况，所以在防疫产品设计的过程中需注意对产品功能进行整合、优化使用操作步骤、降低使用难度。

3）容错性原则

容错性主要是指用户在操作产品出现错误时的概率和出现错误后解决错误的概率和效率。容错性开始主要应用于计算机领域，用于保证系统在出现故障后仍不失效，即可继续工作。在产品设计中，容错性能使人与产品之间更加友好，交流更加顺畅，也能提升用户体验。

4）易用性原则

易用性主要指用户在操作产品时易学、易用、易忆、易见。易学指用户不需要花费过多的学习成本去学习、记忆使用产品即可熟练进行操作；易用指用户在学习操作后能够对产品进行流畅的使用；易忆指用户在初次学习产品操作后，可以轻松地回忆起操作流程和使用方法；易见指产品的功能语意表达清晰，在用户观察产品本身时即可明白使用方法。

5）简洁性原则

简洁性是指在人机交互过程中，产品的界面或外观功能区简单、直接易懂。针对医院这个特殊环境，医务人员在高压、紧张和疲劳的工作状态下，其感知能力、认知能力会有所下降，在产品设计时应注意不可将操作界面以及操作按钮等设计得过于复杂，以免造成用户操作不顺或失误。

6）满意度原则

满意度是指用户在接触或使用产品时所产生的所有主观感受。用户的满意度包含许多方面，如产品的使用操作是否流畅、界面是否简洁明了或产品功能操作区是否让人感觉困惑等。用户的满意度对产品非常重要，是用户体验中不可缺少的一部分，对产品后续的设计方向有着重要的作用。

**3. 可用性测试设计**

1）测试方法

该项目对个人防护用品脱卸语音提示器进行可用性测试，采用前述的5种方法，将用户分为实验组与对照组。实验组使用目标产品进行操作，对照组则在不使用产品的常规状态下进行操作，测试结束后对两组实验数据进行对比。用户完成制定的任务流程后，由感染防控领域的专家与实验记录员一起对用户的任务完成时间、求助次数、出错次数等数据进行观察、记录，同时要求专家与记录员在用户操作过程中观察操作规范度、错误操作等问题。在指定任务完成后，通过紫外线荧光检测法对用户进行检查，观察并记录用户是否受到污染，最后让用户进行主观满意度问卷调查的填写，记录用户反馈数据。

2）测试方案

在项目前期，确定可用性测试方法原则后制定可用性测试方案。测试方案是对整个测试的指导，以下是对本次测试方案的步骤及要点进行的详细说明。

（1）实验背景。

新型冠状病毒具有人传人的传播特点。在高风险的重点人员需采用三级保护，应严格按照个人防护用品穿脱流程进行操作。

PPE脱卸语音提示器在医务人员进行个人防护装备脱卸阶段，利用人的听觉感知系统，辅助用户进行PPE脱卸，以达到医务人员在脱卸PPE的过程中提高操作正确率、降低感染风险、减轻用户心理负担等目的。

（2）实验设计思路。

实验的总体目标是测试PPE脱卸语音提示器是否达到预期目标，即是否有效帮助和指导医务人员顺利脱卸PPE。实验通过对医务人员进行设备的使用培训后，采用专家评测、医务人员使用行为观察和操作反馈的方法，对设备使用过程中的不足之处进行探讨和修正，以达到正确指导和有效帮助医务人员脱卸PPE的目的。同时，实验过程全程摄像记录。

（3）实验目标。

通过对PPE脱卸语音提示器的操作实验进行测试，验证设备设计是否达标，并对前期设计方法和策略进行可行性验证。通过专家的评测和医务人员的反馈改进并提高设备的专业性能，为后期设计改进提供科学数据支持。

（4）实验对象。

有和确诊或疑似患者的接触、执行标本采集人员等可能产生的气溶胶或液体暴露的接触操作的重点人员；有机会接触传染源或污染物的院内工作者。

（5）实验主要内容。

实验主要内容如表7.8所示。

表7.8 实验主要内容

| 测试主题 | 测试任务 | 具体内容 |
| --- | --- | --- |
| 使用PPE脱卸语音提示器的医务人员进行PPE脱卸操作任务测试 | 手卫生操作<br>消毒操作<br>外层防护脱卸操作<br>内层防护脱卸操作 | 1. 手卫生<br>2. 脱防护面屏<br>3. 手卫生<br>4. 脱一次性鞋套<br>5. 手卫生<br>6. 脱医用防护服<br>7. 手卫生<br>8. 脱外层手套<br>9. 手卫生<br>10. 脱医用防护口罩<br>11. 手卫生<br>12. 脱工作帽<br>13. 手卫生<br>14. 脱内层手套<br>15. 手卫生 |
| 用户操作 | 各项绩效度量数据 | 观察并记录用户的出错次数、求助次数、完成时间、出错操作、无用操作、重复操作、犹豫操作 |
| 污染检测 | 个人衣物感染情况 | 污染面积 |
| 用户满意度 | 可用性、可学性 | 系统可用性量表（System Usability Scale，SUS） |

（6）实验样本及人员配置。

根据Nielsen的研究得出合适的实验样本数量，过多的样本数量会导致资源的浪费。样本数量的具体公式为

$$N = 1 - (1 - L)n$$

式中：$N$ 为可用性中的问题比例；$L$ 是单个用户进行测试时的可用性问题比例，$L$ 的一般值为31%；$n$ 为用户的数量。根据公式，可得出如图 7.16 所示的参与者数量与所得问题比例的曲线图。由图 7.16 可知，当 $n$ 取 5 ~ 10 时，即 5 ~ 10 个用户完成测试后，所发现的问题比例较多；在第 10 个用户测试后所发现的问题比例增长缓慢，且无明显变化。因此本次可用性测试实验的样本数量为 10。

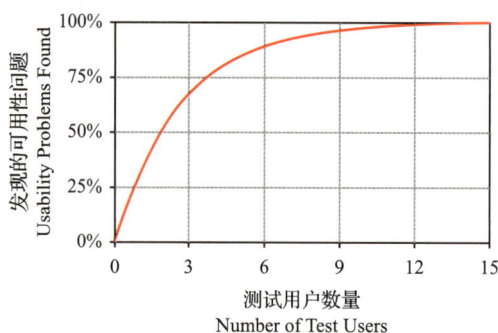

图 7.16　参与者数量与所得问题比例的曲线图

实验人员配置主要有 1 名感染防控领域专家、2 名实验记录员、1 名实验指导员、2 名实验助理（1 名院方人员、1 名实验方人员）。

（7）实验物资装备。

实验测试前需提前准备相应的实验物资，如表 7.9 所示。

表 7.9　实验物资装备

| 物料名称 | 数量配备 |
| --- | --- |
| PPE 脱卸语音提示器 | 1 台/组 |
| 脱卸物品 [PPE、消毒液（手卫生消毒液、2000mg/L 含氯消毒液）、2000mg/L 含氯消毒液地垫、避污纸 ] | 2 套/组 |
| 医疗废料桶 | 2 个/组 |
| 荧光追踪剂<br>紫外线荧光检测手电筒 | 1 个 |
| 电源及插线板 | 2 个/组 |
| 实验记录工具（记录表、相机、三脚架、黑色签字笔、空白页、文件夹板、计时器） | 黑色签字笔及空白页若干、文件夹板 4 个、计时器 2 个，其余 1 个/组 |

（8）实验地点。

项目可用性测试实验地点选在重庆市陆军军医大学第一附属医院。

（9）实验前培训。

由 1 名实验指导员与 10 名被测医务人员共同完成，1 名实验记录员进行实验记录。培训以 PPE 语音提示设备为载体，形式为讲解与演示配合，对 PPE 语音提示设备的按键和基本操作功能进行讲解与演示，让用户充分了解产品的使用。产品使用培训如图 7.17 所示。

图 7.17　产品使用培训

（10）人员分组。

对 10 名实验医务人员采用抽签的方式，以 2 人为单位进行分组。抽取到相同组号的用户为一组，并对同组内的两名人员进行随机抽签编号，同一小组的人员进入脱衣缓冲区。在实验过程中，单位小组人员在规定实验步骤内进行配合操作。

（11）实验操作。

此阶段的实验操作在重庆市陆军军医大学第一附属医院搭建的实验模拟场景中进行，由配置的实验人员共同完成。

实验开始前，按照分组顺序，以小组为单位，被测人员需先将 PPE 穿戴好，由一名实验助理将 5～6mL 的荧光追踪剂分别涂抹于被测人员的双手、胸前、膝关节上以及腹部位置，之后进入脱衣缓冲间按照任务指示进行个人防护服的脱卸。实验操作结束后，由实验助理和实验记录员用紫外线荧光检测手电筒对被测人员内层工作服以及皮肤进行查看，检查是否有荧光追踪剂的污染。同小组人员分别需要进行实验组操作与对照组操作，以进行数据对比，如图 7.18、图 7.19 所示。

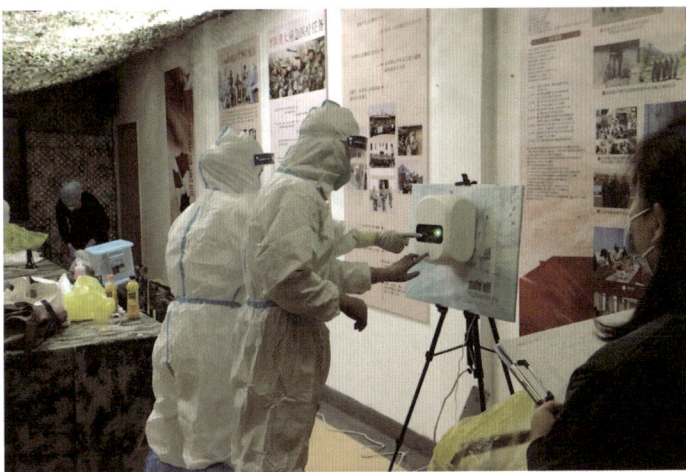

图 7.18　实验组

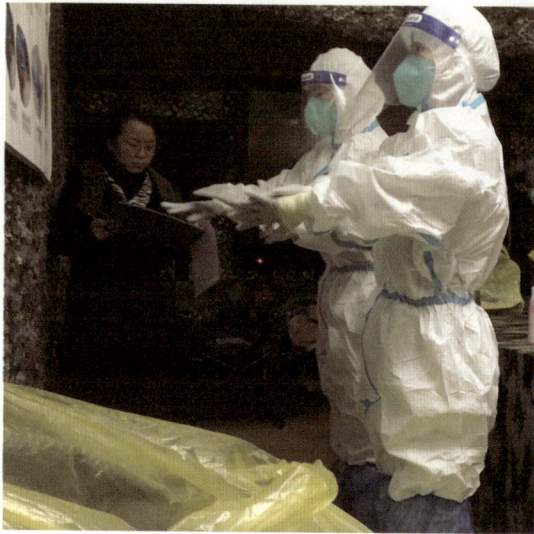

图 7.19　对照组

（12）实验记录。

实验过程中由两名实验记录员分别进行全程摄像记录，并配合另外一名专家进行实验测评记录。测试结束后，实验记录员记录被测人员身上的污染情况（如图 7.20 所示），给被测人员发放用户满意度调查问卷并回收（如图 7.21 所示）。

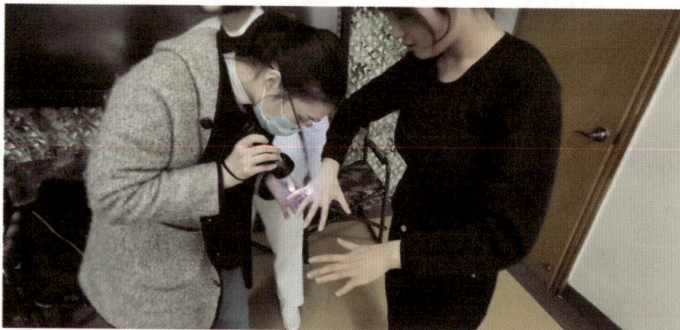

图 7.20　荧光检测

图 7.21　问卷填写

3）测试数据整理

可用性是产品的一个重要属性，在进行可用性测试后，对实验数据进行收集是对后期数据的整理和分析的重要前提。在收集数据时，应注意数据的真实性、准确性与全面性等，以确保数据分析后所得结论的科学性。数据收集主要包括以下两种。

（1）用户基本信息收集。

对被测用户进行基本信息调研，包括用户性别、年龄、身高、体重、学历、职业、健康状况、有无视听障碍、有无受过专业 PPE 脱卸培训。用户基本信息表如表 7.10 所示。

表 7.10　用户基本信息表

| 编号 | 性别 | 年龄 | 身高 /cm | 体重 /kg | 学历 | 职业 | 健康状况 | 有无视听障碍 | 有无受过专业 PPE 脱卸培训 |
|------|------|------|----------|----------|------|------|----------|--------------|---------------------------|
| 1 | 女 | 23 | 165 | 52 | 本科 | 护士 | 良好 | 无 | 有 |
| 2 | 女 | 24 | 158 | 48 | 大专 | 护士 | 良好 | 无 | 无 |
| 3 | 女 | 25 | 165 | 54 | 本科 | 护士 | 良好 | 无 | 有 |
| 4 | 女 | 21 | 160 | 42 | 本科 | 护士 | 良好 | 无 | 有 |
| 5 | 女 | 23 | 163 | 50 | 大专 | 护士 | 良好 | 无 | 无 |
| 6 | 女 | 22 | 165 | 45 | 大专 | 护士 | 良好 | 无 | 有 |
| 7 | 女 | 20 | 160 | 53 | 大专 | 护士 | 良好 | 无 | 无 |
| 8 | 男 | 21 | 173 | 53 | 大专 | 护理 | 良好 | 无 | 无 |
| 9 | 女 | 21 | 168 | 64 | 本科 | 护士 | 良好 | 无 | 有 |
| 10 | 女 | 21 | 170 | 55 | 大专 | 护士 | 良好 | 无 | 无 |

（2）可用性绩效数据信息收集。

可用性测试中主要是对定量与定性这两种绩效数据进行收集与整理。其中，实验记录的任务完成时间、出错次数、求助次数、犹豫次数、污染面积属于定量数据；用户错误操作、犹豫操作、污染处、满意度以及反馈信息属于定性数据。实验绩效信息统计表如表 7.11 所示。

表 7.11　实验绩效信息统计表

| 编号 | 实验组 | | | 对照组 | | |
|------|------|------|------|------|------|------|
| | 出错 | 求助 | 犹豫 | 出错 | 求助 | 犹豫 |
| 1 | 4 | 0 | 0 | 47 | 0 | 1 |
| 2 | 5 | 0 | 0 | 7 | 0 | 0 |
| 3 | 3 | 0 | 0 | 1 | 0 | 0 |
| 4 | 2 | 0 | 0 | 1 | 1 | 1 |
| 5 | 2 | 0 | 0 | 3 | 1 | 1 |
| 6 | 3 | 0 | 0 | 3 | 0 | 0 |
| 7 | 3 | 0 | 0 | 5 | 0 | 0 |
| 8 | 2 | 0 | 0 | 3 | 0 | 0 |
| 9 | 0 | 2 | 0 | 0 | 0 | 0 |
| 10 | 4 | 0 | 0 | 3 | 0 | 1 |

根据用户的出错次数与任务的完成度，收集、整理出用户的任务完成情况，如表 7.12 所示。

表 7.12　任务完成情况表

表 7.12　任务完成情况表

|  | 编号 | 全部完成 | 部分完成 | 未完成 |
|---|---|---|---|---|
| 实验组 | 1 | 11 | 4 | 0 |
|  | 2 | 10 | 5 | 0 |
|  | 3 | 13 | 2 | 0 |
|  | 4 | 13 | 1 | 1 |
|  | 5 | 12 | 2 | 1 |
|  | 6 | 11 | 2 | 2 |
|  | 7 | 13 | 2 | 0 |
|  | 8 | 13 | 2 | 0 |
|  | 9 | 15 | 0 | 0 |
|  | 10 | 12 | 3 | 0 |
|  | 编号 | 全部完成 | 部分完成 | 未完成 |
| 对照组 | 1 | 11 | 2 | 2 |
|  | 2 | 10 | 3 | 2 |
|  | 3 | 14 | 1 | 0 |
|  | 4 | 14 | 1 | 0 |
|  | 5 | 10 | 2 | 3 |
|  | 6 | 13 | 2 | 0 |
|  | 7 | 11 | 4 | 0 |
|  | 8 | 12 | 2 | 1 |
|  | 9 | 14 | 0 | 1 |
|  | 10 | 11 | 4 | 0 |

实验结束后的污染情况统计表如表 7.13 所示。

表 7.13　污染情况统计表

| | 实验组 | | 对照组 | |
|---|---|---|---|---|
| 编号 | 面积 /cm$^2$ | 污染处 | 面积 /cm$^2$ | 污染处 |
| 1 | 34.47 | 左侧腹部<br>左侧胸前 | 0 | 无 |
| 2 | 0.6 | 左侧胸前<br>左侧前臂 | 15.6 | 右侧胸前 |
| 3 | 3 | 左侧小腿 | 0.2 | 左手背 |
| 4 | 28 | 左侧前臂<br>腹部正中 | 0 | 无 |
| 5 | 0.06 | 左侧脸颊 | 2.4 | 右下颚 |
| 6 | 0 | 无 | 0 | 无 |
| 7 | 0 | 无 | 0 | 无 |
| 8 | 1 | 左侧肩部 | 6.25 | 右侧膝关节 |
| 9 | 0 | 无 | 1.99 | 右颈部<br>右小拇指<br>右侧膝关节 |
| 10 | 0 | 无 | 0 | 无 |

#### 4. 测试数据分析

在该项目的可用性测试中，选取有效性、效率、用户满意度、出错率与污染面积作为指标。测试中共设有 4 类任务，分别为手卫生操作、消毒操作、外层防护脱卸操作、内层防护脱卸操作。根据疫情防控专家提供的医务人员二级防护标准流程，将 4 类任务严格按照标准细分为 19 步操作，但基于实验目的与操作条件的限制，经重庆市陆军军医大学第一附属医院感染防控专家的指导，本项目将实验步骤设置为 15 步，如图 7.22 所示。

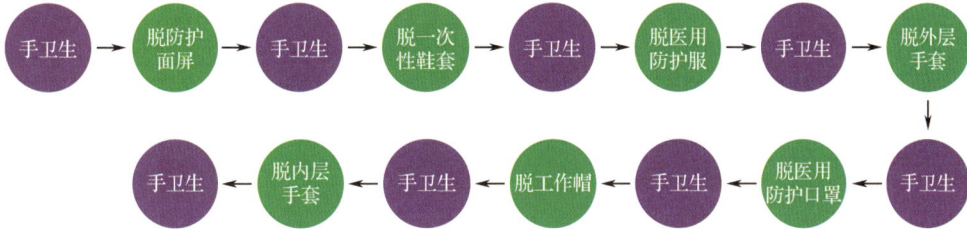

图 7.22　医务人员二级防护标准流程

实验对以上 15 个任务进行测试，根据前期收集的实验数据，现对各项可用性指标进行分析。

1）有效性

根据 ISO 9241-11 标准中的定义，有效性为用户对每个任务的正确和完整操作程度，即任务的成功率。Nielsen 认为用户在执行任务过程中可能会构成一定程度的失败，但不影响最终结果的成功。他指出，成功率即用户正确完成任务的百分比，任务成功率的公式为

$$N = \frac{m + \dfrac{p}{2}}{n}$$

式中：$N$ 表示成功率；$m$ 表示成功完成任务的用户数量；$p$ 表示部分完成任务的用户数量；$n$ 表示用户的总数量。根据实验数据的分析，任务成功率统计结果如图 7.23 所示。

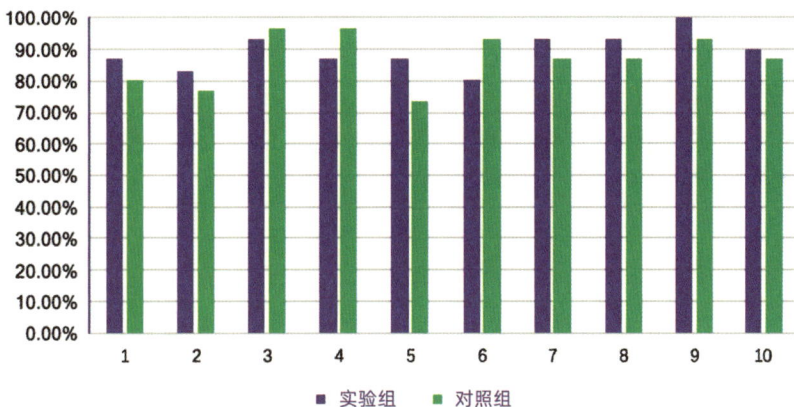

图 7.23　任务成功率统计结果

对实验数据进行计算，得出每位用户的任务成功率。由图 7.23 可知，用户 1、2、5、7、8、9、10 在实验组内的任务成功率高于对照组的任务成功率，也就是说用户在使用个人防护用品脱卸语音提示器进行 PPE 脱卸时的任务规范度高于未使用时的情况。对实验组和对照组的平均成功率进行计算得出，实验组的平均任务成功率为 89.30%，对照组的

平均任务成功率为 87.00%。由此可得，通过个人防护用品脱卸语音提示器的辅助，医务人员 PPE 脱卸的规范度有所提高。

2）效率

效率的一般测量数据来源于任务时间。在可用性测试中，让用户进行指定任务的操作并记录每个任务完成的时长，根据计算公式得出用户的任务完成效率平均用时公式为

$$P = \sum_{n=1}^{m} X_n / m$$

式中：$P$ 表示平均用时；$X_n$ 表示每位用户的任务完成时长；$m$ 表示用户数量。

在医务人员 PPE 脱卸中，需两人共同配合完成脱卸任务。经专家指导，本次实验所记录的任务完成时间以每个实验小组两名被测人员共同完成时间为准。本实验对 5 组测试人员进行记录，任务平均用时统计结果如图 7.24 所示。

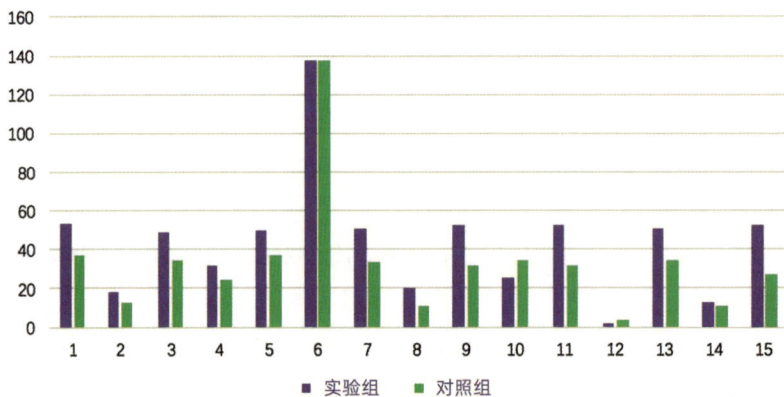

图 7.24　任务平均用时统计结果

由图 7.24 可知，实验组的任务平均用时普遍比对照组的长，结合实验数据、实验过程影像记录与专业 PPE 脱卸操作角度分析，在严格遵守 PPE 脱卸流程标准操作时，所耗费的时间会比未按照标准操作执行的时间长。实验结果中实验组比对照组所耗费的时间长，说明用户在个人防护用品脱卸语音提示器的辅助下，提高了操作的规范性与标准性。

效率的另一个统计方法是计算用户在完成任务过程中付出了多少努力，这种方法是在用户认知努力上，主要测量用户在完成任务过程中的求助次数和犹豫次数。认知努力分析结果如 7.25 所示。

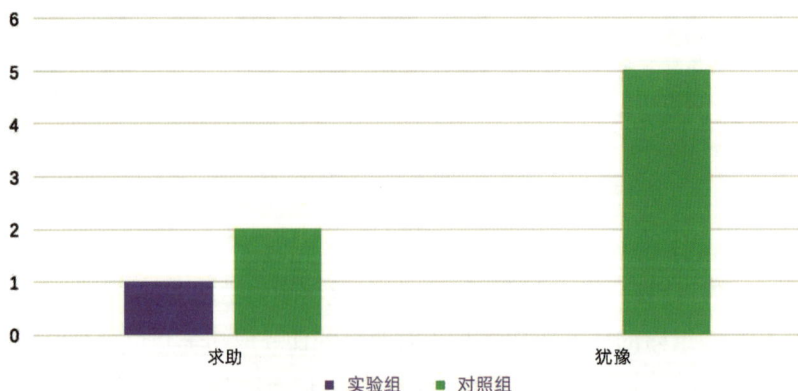

图 7.25　认知努力分析结果

由图 7.25 可知，实验组的求助次数为 1，犹豫次数为 0；对照组的求助次数为 2，犹豫次数为 5。由此可见，在个人防护用品脱卸语音提示器的辅助操作下，用户在完成任务时所付出的认知努力更少，能更加轻松地完成任务。

3）出错率

出错率是可用性测试中非常有用的评价指标，错误出现时有可能会导致任务失败或导致用户操作成本增加。本次实验中，实验组的错误操作次数为 28 次，对照组为 30 次。在两组对比实验中，用户相似的错误主要有手部触碰防护面屏前部、手部触碰口罩外侧、取防护口罩时未闭眼；实验组中的错误操作主要是相互触碰类型，对照组中的错误操作除了相互触碰，还有操作流程上的明显错误，如忘记手卫生、提前脱下手套等。

实验结果表明，个人防护用品脱卸语音提示器能规范用户任务操作流程，但在操作细节上还应优化。

4）用户满意度

用户满意度是从用户的主观体验上评价产品，是产品可用性测试中的一个重要指标，一般通过填写问卷收集。SUS 起源于 20 世纪 80 年代中期，是比较受欢迎的主观评估问卷。SUS 在系统界面的评测中使用较多，在产品的测评中也可发挥作用，是一种低成本且快速的量表。

SUS（如表 7.14 所示）采用五分制，问卷内容分为正面题（奇数题）和反面题（偶数题），各 5 个问题。SUS 的计算方法为正面题（奇数题）是原始分减 1（$X_{2i-1}-1$），反面题（偶数题）是 5 减原始分（$5-X_i$），将所有题转化后的分值相加，结果乘以 2.5 即为 SUS 所得的分数。其计算公式为

$$S = \sum_{n=1}^{5} 2.5 \times \{(X_{2i-1}-1)+(5-X_i)\}$$

本实验选取 SUS 对用户满意度进行调研。

表 7.14　SUS

| 序号 | 内　　容 | 1 | 2 | 3 | 4 | 5 |
| --- | --- | --- | --- | --- | --- | --- |
| 1 | 我愿意使用这个产品 | | | | | |
| 2 | 我发现这个产品很复杂 | | | | | |
| 3 | 我认为这个产品很容易 | | | | | |
| 4 | 我需要专业人员的帮助才能使用这个产品 | | | | | |
| 5 | 我发现产品的各个功能都能很好地整合在一起 | | | | | |
| 6 | 我认为产品中存在大量的不一致 | | | | | |
| 7 | 我能想象大部分人都能快速学会这个产品 | | | | | |
| 8 | 我认为这个产品使用起来非常麻烦 | | | | | |
| 9 | 使用这个产品我非常有信心 | | | | | |
| 10 | 使用这个产品时我需要大量的学习 | | | | | |

运用 SUS 公式计算被测人员反馈的数据信息，可得用户满意度得分为 77 分。SUS 量表的曲线分级范围是 0 ～ 100，不同分级区间对应不同的评价。将测试所得 77 分代入对应分值区间内，可得 SUS 分值区间对照图，如图 7.26 所示。可知，个人防护用品脱卸语

音提示器对用户来说是好的，用户对其表现是较满意的。

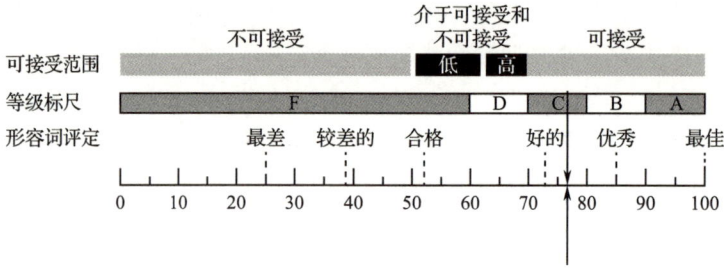

图 7.26　SUS 分值区间对照图

5）污染面积

实验后，运用紫外线荧光检测法检测被测人员的皮肤以及个人衣物上是否受到污染，观察被测人员的污染面积是本次测试中的衡量指标之一。污染面积统计结果如图 7.27 所示。

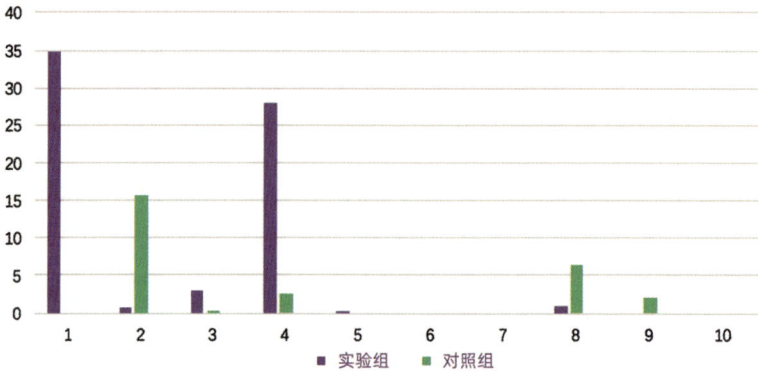

图 7.27　污染面积统计结果

图 7.27 显示，被测人员 1 和 4 在实验组内操作的污染面积远大于对照组的污染面积，经过后续对这两位被测人员的调查研究，发现污染面积偏大的主要原因是用户存在过于放松的心态、在实验操作后期注意力不集中。除两名被测人员的实验组污染数据过大外，其余 8 名被测人员的污染面积都明显小于对照组的甚至没有受到污染。这表明在个人防护用品脱卸语音提示器的辅助下，医务人员操作的规范性得到了提高，从而有效地降低了感染的概率。

**5. 可用性测试总结**

此项目选取了 PPE 脱卸语音提示器进行可用性测试，首先分析了本次测试的各项原则，其次在测试原则的基础上，对测试方法进行分析，并详细说明了测试流程、测试方案等内容，最后对实验所得数据进行整理与分析。实验结果表明，产品的可用性测试各项指标值良好，产品的可用性达标，总体效果达到期望。

# 7.1.5　总结

此案例属于典型的医疗类服务系统设计案例，在前期用户研究与需求提炼中，使用了认知任务分析法、服务设计与用户体验相关方法来挖掘用户痛点、获取关键任务的关键点、找到设计的机会点来进行优化与创新。PPE 脱卸交互系统立足于社会问题与时代背景，是基于特殊背景下的医疗防疫创新设计，用以帮助医务人员安全脱卸 PPE、降低脱卸操作中的失误率，从而有效降低感染率，同时让脱卸过程更加简单、轻松，带给医务人员更优的体验。

# 7.2 案例二——家用凝血检测服务系统设计

## 7.2.1 背景

据相关数据显示，我国正在加速进入老龄化社会，老年人人口规模急剧增大，各种问题与日俱增。老年人由于身体机能的退化，可能会出现各种各样的慢性疾病。同时，现在的年轻人也受到许多来自家庭、工作、社会等各方面的压力，形成了不健康的生活方式，也可能会出现各种各样的慢性疾病。慢性疾病患者的年龄呈年轻化的趋势。因此，针对慢性疾病进行有效的服务体系设计及产品设计尤为重要。慢性疾病的全称是慢性非传染疾病，以下简称"慢病"。

随着我国人工智能等技术日益成熟，互联网正在改变传统的医疗模式，其促进了"互联网＋医疗健康"的发展，形成了在医院复查、检测和线上问诊的模式。但现有的模式并不能持续性地帮助患者进行病情的管理和检测，因此需要从用户的心理和生理角度进行深入的分析，挖掘出慢病患者的实际诉求，并对服务体验进行优化，提升用户在服务流程中的体验。

**1. 设计背景**

1）可行性背景

从政策因素上看，2020 年是新冠疫情肆虐的一年，也是我国慢病防控助推健康中国 2030 的关键。国务院发布的《中国防治慢性病中长期规划（2017—2025 年）》中提到关于如何降低心脑血管疾病（包括心血管疾病和脑血管疾病）死亡率这一问题。如何把慢病的防控和疫情的防控相结合，需要更加深入的研究。

从社会因素上看，我国慢病的死亡人数逐年攀升，常见的慢病主要包括心脑血管疾病、糖尿病和慢性呼吸系统疾病，其中心脑血管疾病包含冠心病、脑卒中和高血压。据卫计委 2018 年统计，冠心病患病人数为 1100 万，其中大多数患者进行了支架手术。这类患者需要终身服用抗凝血药，而抗凝血药（如华法林）的服用需要根据患者具体的生理情况来调整用药量，因此患者需要定时去医院复查，更改用药方案。医生建议患者至少每三周去医院复查一次，但病患常常因为各种原因，并没有定期去复查，造成了很大的安全隐患。调研背景如图 7.28 所示。

从经济因素上看，慢病的综合负担在我国增长得越来越快，据国家卫健委卫生发展研究中心的数据显示，在我国，慢病造成了数以亿计的沉重负担。大额的医疗费用支出以及医疗资源匮乏等问题，在一定程度上阻碍了我国经济社会的发展，对国家造成了极大的经济负担。更重要的是对于患者个体而言，频繁地前往医院进行复查，除了增加医疗检测费用，还增加了住院、陪护、交通等相关的经济负担。因此，慢病管理的研究具有较大的经济价值。

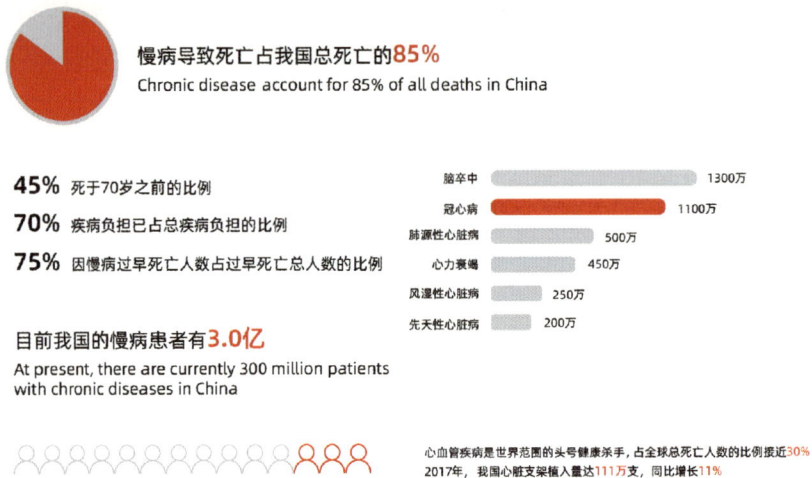

**慢病导致死亡占我国总死亡的85%**
Chronic disease account for 85% of all deaths in China

**45%** 死于70岁之前的比例
**70%** 疾病负担已占总疾病负担的比例
**75%** 因慢病过早死亡人数占过早死亡总人数的比例

**目前我国的慢病患者有3.0亿**
At present, there are currently 300 million patients with chronic diseases in China

| | |
|---|---|
| 脑卒中 | 1300万 |
| 冠心病 | 1100万 |
| 肺源性心脏病 | 500万 |
| 心力衰竭 | 450万 |
| 风湿性心脏病 | 250万 |
| 先天性心脏病 | 200万 |

心血管疾病是世界范围的头号健康杀手，占全球死亡人数的比例逼近30%
2017年，我国心脏支架植入量达111万支，同比增长11%

图 7.28　调研背景

**2）慢病简介**

慢病不是指某一种疾病，而是对一类隐匿性强、病程长且病情迁延不愈、缺乏确切的传染性，因病因复杂且有些尚未完全被确认的疾病的概括性总称。慢病的发生和流行通常是由多种因素引起的。一种危险因素可能会引发多种疾病，同时，人们的生活质量也会受到极大的影响。

由于心血管疾病患病率不断增加，因此设计师重点研究心血管疾病中的冠心病。冠心病是一种发病率较高的心血管疾病，当心脏供血的动脉出现血栓硬化、狭窄或阻塞时，心肌缺血、缺氧或坏死等引起的心脏病常被称为冠心病。根据一系列的临床表现，冠心病可以分为4类，分别是心绞痛、心肌梗死、心率衰竭/缺血性心肌病和心脏猝死。当单纯的药物干预无法缓解患者的症状时，则需要采用手术的治疗方式，因此越来越多的患者选用冠心病支架手术来实施干预。

**2. 现存问题**

目前我国慢病患病总人数已超过3亿，其中老年人慢病的患病率非常高，慢病患者在健康领域遇到了许多问题，包括身体、心理的认知等问题。除社保局等政府机构，针对心血管疾病的第三方管理机构还存在较大空白，病人需要定期检查，但有些患者因耗时、畏惧等原因抵触检查，有些老年患者因为不想麻烦子女，或者缺乏安全感等心理因素，不愿去医院进行复查。但如果没有定期复查并进行慢病数据的检测，则不能通过数据了解身体状况，就可能会导致病情反复。此外，有些服药量需要根据具体生理指标改变，否则会引起并发症。从慢病知识的预防、患病后的治疗和管理的角度来说，目前国外对于慢病的管理及普及程度较高，而我国在该方面还比较薄弱。

**3. 设计意义**

本设计拟在针对慢病老年患者（重点针对冠心病老年患者，尤其是做过支架手术的患者）进行相应的健康检测的数据可视化和收集，以构建整个医疗服务系统，并结合了重庆市的医疗资源现状，针对慢病患者的心理需求、行为、视觉、知觉等多个层面进行健康管理服务系统的设计。通过家用可行性凝血检测技术，可以实现病人在家自行检测凝血数据，也可以较高地保障数据的可信度。此外，将检测数据共享给医生，可以方便医生及时管理患者病情。本设计通过使用人工智能、大数据等技术帮助患者实现自我管理，从而降低医疗成本、提升生活质量。同时也为老年慢病管理用户群体营造一个良好的用户体验环境，给予他们生理和心理上的人性关怀，为慢病患者打造完整的服务体验。

## 7.2.2 设计前期筹划

### 1. 设计讨论

本设计的目的是提升患有冠心病类慢病患者病情管理的服务体验。本设计以用户为中心，给予用户慢病管理的安全感，使其能够持续地参与健康管理及自我实践。首先，需要调研目标用户对于健康产品的态度和使用习惯等情况，得出患者动机和预期结果，挖掘出心血管疾病患者进行健康管理监测的诉求。其次，通过对老年人心理特征进行分析，并结合用户体验的需求层次，提出满足老年心血管疾病患者需求的设计解决方案。本设计预期的结果是通过患者定期去医院复查与居家监测结合的方式，来改善患者的生活习惯。

1）设计价值点提取

通过前期讨论，提取出的设计价值点如下。

（1）针对特定的用户群体，本产品的根本价值在于提高用户的生活品质，确保其能更加安心自如地面对自身患病情况并进行有效的调理。

（2）具有专业的特病管理机制。

（3）鼓励医患互相交流，以增强信任感，同时使用户进行积极社交。

（4）起到监督病情的作用。

（5）改变患者心理，转变患者害怕、畏惧看病过程及结果的观念。

（6）保护患者自尊。

2）功能优先级排序

通过前期讨论、调查及专家评分，将主要功能的优先级排序如下：

（1）检测凝血数值。

（2）医患沟通机制。

（3）用药提醒（药量变化、服药时间）。

（4）心理引导。

（5）生活方式引导。

（6）电子病历。

（7）周边数据采集。

（8）患者间的沟通机制。

（9）关联亲人。

（10）政府层面。

### 2. 设计规划及原则

1）设计规划

慢病管理系统由软件和硬件组成,软件部分为慢病管理 App,可满足用户端（患者端）、家属端及医院端三方共同使用,硬件部分由凝血检测产品、血糖检测产品和心率检测产品组成。慢病管理系统将患者、医院、软件系统、智能设备、复合型管理团队联合起来,共建慢病管理服务的生态圈。

（1）患者端。

患者端的产品与服务主要为硬件和软件相结合,患者不仅可以通过健康检测仪和检测数据分析、了解病情,建立慢病复诊和线上医患沟通,还可以购买药品、试纸等医疗设备。政府支持开具线上处方药、线上医保支付等医疗服务环节。物联网及监测技术等智能硬件可以实时监测患者病情,人工智能技术能为患者个性化地制定长期护理计划。线上医疗和居家监测的技术对病情的波动有良好的判断和参考价值,可以改善慢病管理、提高病患的生活质量。

（2）医院端。

慢病管理系统主要为医院提供医院管理信息系统、临床信息系统等信息化服务,帮助医生获取患者平时凝血、血糖和血压等健康数据的变化情况,形成医疗检测的数据库并同步到云端。

（3）家属端。

老年患者使用凝血检测仪得到的凝血数据可以立即以多种形式呈现在慢病管理 App中,并且只要患者的账号与其子女账号关联,患者的凝血检测数据就可以同步地上传到患者子女以及患者本人的特病医生系统里。慢病管理 App 可以监督患者按时检测凝血,解决了以往患者有时忘记检测凝血等生理指标而无法保证数据连续性的问题。慢病管理 App如果长期未检测到患者新的凝血数据,或者上传凝血数据出现异常状况,将通过 App 通知、短信、电话等多种方式提示患者及其子女坚持检测凝血。

（4）复合型管理团队。

患者的依从性对健康的影响很大,数据显示慢病患者的平均依从率仅为 50%,因此慢病管理所面临的严峻挑战是患者的不依从行为。复合型管理团队通过电话、管理软件等工具对患者进行用药指导和服务,能够帮助患者更好地触达信息。

2）设计原则

（1）适老化设计原则。

在产品中应体现出对老年人用户的体验关怀。适合老年人的产品应是操作简洁易懂、界面清晰的。在界面的设计上应采用更容易阅读的字体和更清晰的颜色对比;在操作上,应简化手势动作。另外,针对现在互联网产品中广告较多、容易造成误导的情况,在设计上不考虑任何广告引导式的指示图标,方便患者安全地使用。

（2）渐进呈现的原则。

应逐步为用户提供操作的引导,帮助用户在比较舒适、平缓的节奏下了解产品功能,将每个需要操作的流程分成一些模块,每次只提供一个模块的引导。

本产品采用渐进呈现的方式,即只呈现用户当前需要的信息,引导用户从简单状态慢慢过渡到复杂状态。例如,将原本复杂的逻辑隐藏起来,通过更容易认知理解的形式帮助用户轻松地完成最基本的任务。

（3）易用性原则。

慢病管理系统作为工具类产品，需要具备易用性，在用户进行交互时应给予及时的反馈、提示。该产品可以减轻用户的学习成本和使用负担，带给用户良好的体验。

## 7.2.3 用户洞察

### 1. 确定用户

调研的主要对象以患有心血管疾病的老年患者（此处的心血管疾病包含冠心病、高血压和糖尿病等。因为时间、精力等因素，调研未重点覆盖年轻患者）。调研的目的是了解目前患者的生活及健康状况，通过对话的形式发现用户存在的一些痛点问题，以及通过对用户的洞察获得相对客观的实际情况。为了更加全面地了解患者的慢病管理情况，调研还包括其他的利益相关者，如患者的家属、医生、护士和社区工作人员。

### 2. 用户访谈及分析

1）用户访谈分类

在前期调查时，具体的访谈用户可分为以下几类：

（1）社区医生（社区诊所医生、乡村医生）。

（2）专业教授（家用凝血检测技术开发教授、生物医学工程教授）。

（3）专业医生（三甲医院心脏内科、心脏外科）。

（4）陪护人员（家属、护士、护工）。

（5）患者（心脑血管疾病患者、冠心病患者、冠心病支架手术病人）。

2）老年患者访谈

老年患者访谈内容如表 7.15 所示。

表 7.15　老年患者访谈内容

| 受访者：周 × ×<br>年龄：70 岁　性别：女 | 患病病史：瓣膜性心脏病<br>有无手术：置换瓣膜 1 个 |
|---|---|

Q：请问您知道什么是慢病吗？
A：糖尿病、高血压还有脑血管病。
Q：您是否一直坚持服用治疗心血管病的药？
A：有在服药，不过近几年记忆力衰退严重，常常记不起事情。
Q：您是否去医院复诊或进行慢病管理？多久一次？
A：有固定的问诊医生，医生建议一个月至少复查一次，但有时觉得身体比较好就没去检查。
Q：您的饮食和生活习惯是怎样的？
A：饮食比较清淡（老伴会煲鸡汤、鱼汤等），午饭过后会休息一下，天气好的话会去小区公园逛一下，晚饭过后会看一下电视。
Q：您在病情管理过程中遇到过什么困难？
A：去医院检查很麻烦，得提前挂号，检查时间也很长，查个血脂都得 6 个小时才能拿到结果，有时想咨询医生，又不知道怎么联系，去医院又很麻烦，有时会对家人隐瞒病情，害怕家人担心。
Q：您是否接受过社区医疗的上门随访或电话随访？
A：基本上没有。
Q：您了解过慢病相关的健康知识吗？
A：平时在电视上会看一些健康类的节目，还会和小区里的老人沟通、讨论，了解健康方面的知识。
Q：您通过哪些方式了解心血管疾病的相关信息？
A：去医院的时候和医生沟通时了解比较多，自己关注得比较少。
Q：如果为您提供慢病管理服务，您希望得到哪些服务？
A：希望能有人监督自己吃药、复查，能与医生保持有效的沟通、减少奔波，能及时根据身体状况更改用药量，调整好自己的身体。

由表 7.15 可知，患者对于就诊、复诊比较抵触，因为整个流程很麻烦，付出的成本较高，并且老年人记忆力差，容易忘记服药，获取相关健康知识的渠道单一。所以需要给予患者积极的情绪支持，包括安全感、信赖感等，触发用户产生持续检测的行为。

另一老年患者访谈内容如表 7.16 所示。

表 7.16　另一老年患者访谈内容

| 受访者：骆×× <br> 年龄：65 岁　性别：男 | 患病类型：心肌梗塞型冠心病 <br> 有无手术：支架手术 |
|---|---|
| Q：您一般去医院的频率是多少？ <br> A：感觉身体情况不是很好的话会去医院检查，一般情况下一年去两次，医生嘱咐至少一个季度去一次。 <br> Q：您去医院时间是怎么安排的？ <br> A：一般去检查的话，从几天前开始挂号，当天早上七点就准备出门，差不多八点半开始排队，九十点钟开始检查。 <br> Q：您有按医嘱及时服药吗？ <br> A：刚患病时药贵舍不得吃，加上眼花、健忘，会忘记吃哪些药。 <br> Q：您了解过关于医疗药品报销？ <br> A：对于报销不太了解，只知道有报销这回事，一些经常检查的项目报销额度还是知道的，但是药物就不太清楚，只知道几种常用药的报销额度。 <br> Q：您检查一般花费多少？ <br> A：检查一般花费约 600 元。 <br> Q：您有进行自我检测吗？ <br> A：平时就量一下血压，其他方面的自我检测很少，感觉身体不舒服才去医院。 <br> Q：您了解过病友群吗？ <br> A：没有，只是几个熟悉的患者互相聊聊、日常看望一下。 <br> Q：您患病之后心态有发生什么变化吗？ <br> A：刚患病时心理负担比较大、比较恐惧，病情稳定后好一些，但是始终感觉心里不舒服、心理压力大，有时会因为生病和家里闹矛盾。 | |

### 3）专业医生访谈

专业医生访谈内容如表 7.17 所示。

表 7.17　专业医生访谈内容

| 受访者：黄×× <br> 工作单位：重庆医科大学附属第一医院 | 主要研究方向：心血管内科 <br> 擅长各类肺动脉高压、艾森曼格综合征；各类血栓栓塞性疾病、肺栓塞、下肢静脉血栓栓塞症；高血压、冠心病、各类心肌病 |
|---|---|
| Q：心血管疾病主要有哪些？ <br> A：高血压、冠心病、心律失常等，我主要治疗肺血管病。针对心血管疾病，不同的病所用的药完全不一样。 <br> Q：心血管疾病需要服用抗凝血药，病人一般是自行购买，还是需要医生处方？ <br> A：需要医生来指导，药物的服用要根据患者的病情、生理的一些情况进行调整，但最近有一种新型抗凝血药（如NOACs），只需要口服。作为医生还是建议病人定期来检查，不同的病情（如静脉血栓、肺栓塞、房颤）随访的时间不同，一般 2～3 周随访一次，出血了随时来检查。 <br> Q：国家对该类药有没有报销政策？哪些药对病人的经济负担更大？ <br> A：国家对这一类的抗凝血药没有报销，所以对病人来说经济负担还是比较大的。 <br> Q：心血管疾病确诊以后，需不需要定期复查？主要有哪些检查项目？ <br> A：不同的病有不同的检查项目，要根据具体情况来开检查单。如果是血栓性疾病，要查血液中的 D2 聚体；如果是肺栓塞，可能要做 CTP 肺动脉造影或者是内科扫描，也就是我们常说的通气灌注显像；如果是静脉血栓，要看静脉超声的情况。如果吃华法林，要坚持监测 INR（一个国际标准化比值）。现在我们的设备可以检查凝血四项，还可以绘制血栓弹力图，这对于吃华法林的患者有用。 <br> Q：新型抗凝血药有什么副作用？ <br> A：心脏病里面有很大一类叫瓣膜性心脏病，如风湿病。一般来说，中度以上的瓣膜狭窄或者关闭不全称为瓣膜性心脏病。瓣膜性心脏病是不建议用新型抗凝血药的，只能用华法林，也就是需要凝血检测。其他非瓣膜性的心脏病，如房颤，或者是栓塞性的疾病，或是做了心脏搭桥，必须要抗血小板，不是抗凝，虽然短时间是抗凝，但是长期来看是抗血小板。另外，手术对病人心理方面的影响还是比较大的，如买不起药。 | |

如果病人的检测方式不对，也会带来不良影响。新型抗凝血药需要获得 FDA（美国食品药品监督管理局）的认证，并且还需要做临床研究。

Q：凝血检测家用设备是否必要？

A：要规范化、标准化，要对得起老百姓。我们国家确实非常需要一个凝血检测家用设备，可以减少因复检导致的家庭矛盾。

Q：能说下心血管疾病管理过程中患者因不遵从医嘱出现问题的一些案例？

A：有的患者可能经济情况不允许，不遵从医嘱，没有按时吃药，之后病情反复或加重。例如，没有钱的病人不按时吃药，吃华法林时也没有检测。每个人吃下去的生物利用度不一样，有的人可能需要半片就能达我们需要的 2～3 的值，有的人可能需要三片五片或者十几毫克才能达到。一般刚开始服用时，还要和低分子肝素交叉重叠，每三天查一次，以达到我们要求的那个值。

Q：如果不去医院定期检查会造成什么问题？

A：华法林使用不当可能会导致脑出血，直接危及生命。还有一种问题就是病人不定期检测，INR 始终很低，没有起到抗凝的作用，虽然 INR 小于 1.5，根本没起到作用，但是病人不知道，要不就是吃过了，要不就是吃少了，我们很多病人还是发生栓塞，比如瘫痪或者是肢体栓塞只能去截肢了。

Q：该类慢病检查周期大概多久一次？

A：我们要求 2～3 周检查一次。华法林是受食物、药物影响的，中国人的饮食很丰富，所以经常受到影响。例如，平时在达标范围，但是吃了感冒药 INR 就会发生改变。华法林需要终身服用，瓣膜病也要终身服药。

Q：您是怎么看待互联网模式下的自我慢病管理的？

A：有这样一个医疗的管理很方便，可以节约病人的费用和时间。全国各地的病人只要上传他们在当地的检查报告，如制氧饱和度等检查结果，我们就可以给他免费指导。

Q：家用医用检测设备要达到什么标准才能被接受？该类设备只负责连续数据采集还是可以直接指导用药？

A：我们也问了一些专业医师，他们说如果医用检测设备能够家用，设备指导患者用药，如果出事了，是这个产品的问题，还是检测方式的问题。家用医用检测设备需要得到 FDA 的认证，而且国家药品监督局不批准就不能上市。

总结来看，患者的心理负担比较大，因此不愿去医院做定期复查、检测。其次，很多药品价格昂贵，患者买不起药，也没有相关的报销政策。因此，慢病管理需要和保险结合起来解决支付问题，从而降低患者的金钱和时间成本，使患者不会因为负担过重而不进行慢病的管理。

4）专业护士访谈

专业护士访谈内容如表 7.18 所示。

表 7.18 专业护士访谈内容

| 受访者：靳 × × |
| --- |
| 工作单位：重庆医科大学附属第一医院 |

Q：对于遵循医嘱，作为护士您有没有了解一些正反面案例？

A：很多慢病患者因为费用问题不按时服药，也不遵从医嘱。但是也有一些正面的案例，患者比较积极地面对，从而使病情得到缓解甚至好转。我们只能尽可能地去帮助患者进行服药或者护理工作，这是我们医生和护士的职责。

Q：相关检查项目，患者是不是需要定期现场检查？

A：有些检查项目可以在家里进行，如血压检测、血糖监测等；对于做支架的冠心病患者要进行生命体征的评估，然后再遵医嘱完成一些相关的检查。

Q：很多做完手术的病人后期要一直服用药物，是不是要根据病人的具体情况来改变药量？

A：对。这是有差异的，病情有差异、个体有差异，药的剂量也有差异，所以要求病人经常来医院检查。

综上所述，护理过程中遇到的主要问题包括患者不按时服药、依从性差等。医生和护士需要密切关注患者的健康状态，通过对患者的持续检测和长期护理，达到慢病管理的效果。因此，有必要根据患者的健康检测数据制定个性化的慢性疾病管理方案。同时，建立专业的慢病管理团队，由专业医生制定慢病管理计划，并由复合管理团队协助患者执行和落地。

5）社区医生访谈

社区医生访谈内容如表7.19所示。

表7.19　社区医生访谈内容

| 受访者：吴××<br>工作单位：重庆协和医院 | 主要擅长：耳鼻喉科、泌尿外科、急诊内科、心脏外科 |
| --- | --- |

Q：您平常接触比较多的慢病有哪些？

A：支气管炎比较多一点，还有一些常见的疾病，如哮喘、鼻炎、呼吸道的常见疾病、慢性结肠炎、慢性结直肠炎、结肠炎等。

Q：您是否与部分病人建立一个长期的沟通机制，主要通过哪种方式？

A：微信为主，有时通过电话。

Q：其他的有没有？有用过服务型App没？

A：目前没有。尝试过几个，不好用，所以就没再用了。

Q：从您的专业角度出发，您觉得哪一类慢病造成的经济负担更高一些？

A：心脑血管疾病相对造成的经济负担比较大。

Q：还有哪几类慢病需要定期赴院检查？

A：刚才讲的这几个理论上都需要定期复查，而且需要规范的疗程去治疗。应以预防为主，因此这些疾病一旦形成，基本上都不可逆。只要确诊，是没办法痊愈的，只能缓解症状、延缓病情。

Q：针对互联网医疗健康网站，包括一些服务性网站，您持一种什么态度？

A：互联网宣传配合我们的一个日常诊疗，效果可能更好，包括疾病的预防、疾病的管理。我们经常做宣教，是希望培养患者的就诊意识，就是说专业的事情交给专业的人去做。

Q：您怎么看待现在国家在推行社区医生这个问题？

A：推行社区医生还需要不断的努力，尽管这种形式在很多社区已经形成了。我们不是简单的你感冒了拿点药给你吃，我们更多的是培养一种就诊意识，让大家能够养成一种防病意识，同时有病就要及时就诊，形成良性循环。

Q：心脑血管疾病这一块是比较重要的，也是投资比较大的，您能不能给我们讲一个例子？

A：脑梗属于中风的一种，它是心脑血管疾病之一。中风一旦发生，基本上不可逆，人会偏瘫。急诊抢救后，针对后期的恢复，需要采取一些预防措施，如通过锻炼身体、养成良好的生活习惯、饮食休息睡眠和压力的释放，来降低心脑血管疾病的发生，当有身体先兆的情况下及时就医。

Q：能讲一些抗凝血药的知识吗？

A：抗凝血药是处方药，一定要在医生指导下使用，而且快速抗凝血药一定要在监护室里面使用。进行了心脑血管疾病手术的患者需要服用抗凝血药，基本上是要终身服用。人做了手术、安了支架后，身体对异物有反应，抗凝血药的作用就是像衣服一样将异物包裹起来，形成一种保护。

总结来看，心脑血管疾病的经济负担比较大，慢病没有办法痊愈，且不可逆。慢病管理有延缓病情的作用，患者目前的就诊意识差，因此需要培养他们的就诊意识以及良好的生活习惯和饮食习惯。一些特殊的药需要在医生的指导下使用，不能随便服用。

6）访谈分析总结

（1）患者访谈分析总结如下：

① 心理角度：患者心理负担大，可能陷入恶性循环，并与家人产生矛盾。

② 经济角度：需要定期检查，检查费用高，长期服药经济负担大，医保报销不了。

③ 时间成本：需要提前挂号，检查等待时间长，因此就诊、复诊率低。

④ 学习成本：相关健康知识不了解，平时很少进行自我检测管理，很少与病友沟通。

（2）医生访谈分析总结如下：

①时间成本：医生由于诊疗效率和个人精力，只能尽可能叮嘱病人保持心情愉悦，少劳累和生气，难以做到实时心理引导。

②药品报销：部分价格昂贵的新型抗凝血药未纳入国家医疗报销政策，患者经济负担较大。

③生活方式：饮食习惯与饮食结构会对人体多项指标造成影响，甚至会引起医生的误判，因此需要更为频繁、连续的检测。

④医疗设备：目前家用凝血检测设备只在美国有，国内引进较少，但中国人口基数大，病患人群较大，而家用凝血检测设备相对较为缺乏。

总结来看，设计师首先需要帮助患者缓解负面情绪，对其进行有效且积极的心理引导与沟通。慢病管理也需要与保险相结合以减轻患者的负担。

### 3. 用户问卷调查及分析

在对特定用户进行问卷调查及访谈时，问卷调查主要从对疾病了解程度、病情管理现状及新型慢病管理模式探究这三大方面进行了分析与提炼。

1）问卷情况

本项目联合重庆医科大学，共调查重庆医科大学附属第一医院PCI（心脏支架手术）术后患者200例，发放问卷200份，回收188份，无效问卷12份，有效问卷176份，有效问卷回收率达88%。

2）问卷分析与总结

通过对问卷进行数据分析可以看出：

（1）从疾病管理层面来说，用户主要存在以下6个方面的问题。

①缺乏症状管理。

②缺乏有效的实时监测。

③在用药方面，缺乏提醒及指导，因为各种原因不能按时按量服药。

④在报销方面，缺乏对报销政策的了解。

⑤复查带来的时间、经济成本，导致病人不能定期检查，延误病情。

⑥缺乏规范的治疗，药物调整、不良事件等都可能导致患者再次入院。

（2）从生活方式层面来说，用户主要存在以下三个方面的问题。

①经济情况所带来的困扰。

②不健康的生活方式导致的营养缺乏。

③睡眠状况、心理状况的变化，如抑郁带来的衍生问题。

（3）从疾病预防层面来说，用户主要存在以下两个方面的问题。

①缺乏预防检测。

②缺乏用药指导。

### 4. 用户画像的构建

根据前期调查，本项目建立了具有代表性的用户画像。通过用户画像，可以了解到该类人群的动机及行为，从而更正确地对其进行引导。相关用户画像如图7.29所示。

**基本信息**
姓名:任××
性别:男
年龄:79岁
家庭情况:和老伴及三儿子在镇上生活
职业:退休公务员
住址:山东省菏泽市

**身体状况**
患病病史:冠心病
有无手术:心脏支架2个
服用药物:主要是心脏支架手术后的抗凝血药,需要长期服用。

**身体复查**
医生建议一个月至少复查一次,但觉得自己身体很好,常常没有按时去复查,近几年记忆力衰退严重,常常记不起事情。

**基本动机**
希望能与医生保持高效的沟通,减少奔波,能及时根据身体状况更改用药量。

**生活状态**
自己与妻子均已退休,和三儿子住在一起,每天主要负责接送两个孙子,下午会去公园下棋和喝茶;周末一大家人会一起团聚,或结伴出去游玩。

**相关行为**
医生嘱咐要经常测血糖、血压。一般情况下,一年去复查两次,但医生建议一个月至少复查一次。去医院检查很麻烦,得提前挂号,检查时间也很长,查个血脂都得6个小时才能拿到结果。有时想咨询医生,又不知道怎么联系,去医院又很麻烦。有时会对家人隐瞒病情,害怕家人担心。和有相同疾病的朋友一起聊天时,会听到很多经验和偏方,但自己又不知道该不该相信。

---

**基本信息**
姓名:周××
性别:女
年龄:27岁
家庭情况:未婚/独居
职业:重庆某公司策划经理
住址:重庆市

**身体状况**
患病病史:家族冠心病
有无手术:心脏支架一个
服用药物:手术后服用药物6个月,但后期仍需持续服药。

**身体复查**
医生建议一个月至少复查一次,但有时候工作太忙就耽误了。工作压力大,生活作息不规律。

**基本动机**
希望能有人监督自己吃药、复查,与医生保持有效的沟通,调整好自己的身体。

**生活状态**
平时工作很忙,经常需要加班,偶尔需要应酬,生活作息不太规律。周末有时间去复查但医生常常会轮休,所以经常得请假去复查病情。

**相关行为**
自己一个人居住,不太愿意父母太担心自己。医生嘱咐要保持心情舒畅,不要太劳累,但公司的事情又很多,自己在事业上升期,不愿意放弃。时常忘记按时吃药和定期检查,生活作息也不规律,希望有人能时常提醒自己。需要定期去医院做检查,但由于工作原因常常不能按时去检查。时常凭办微信、电话等方式联系医生,但医生不知道具体的身体数据,没办法进行精准的用药指导希望能在家里就进行相关项目的检测,免去奔波的劳苦,但一直找不到相应的产品。

---

**基本情况**
姓名:秦××
性别:女
年龄:70岁
家庭情况:和老伴一起生活
职业:退休前是重庆某公司人事
住址:重庆市

**身体状况**
患病病史:瓣膜性心脏病
有无手术:置换瓣膜一个
服用药物:抗凝血药,需要长期服用,同时还在服用高血压药,安眠药、哮喘药、帕金森药等。

**身体复查**
医生建议一个月至少去复查一次,但觉得很麻烦,还由于畏惧心理,常常没有按时去复查。前两年没怎么注意保养,最近病情有所加重。

**基本动机**
希望能控制病情,加强与医生的联系,根据身体状况更改用药,尽快让身体好起来。

**生活状态**
自己与老伴均已退休,有三个儿女。每天早上7:30起床,吃过早餐会在沙发上看书,12点左右吃午饭,饮食比较清淡,午饭过后会午休,天气好的话会去小区公园逛逛,18:00准时吃晚饭,晚饭过后会看看电视,21:00左右服用安眠药后休息。节假日家里会聚餐,寒暑假可能会去外地旅游。

**相关行为**
由老伴负责日常生活,家里有血压计和听诊器,每天都会进行检测,还配有3L的制氧机,用于缓解病情申请有特病管理,有固定的问诊医生,医生建议一个月至少复查一次,但老人觉得身体比较好就不去检查,对复查有抵抗情绪,每次复查都会抽四管血,不清楚检测目的。春夏、秋冬换季季身体状况变差,会去医院住院疗养,对老伴和儿女有愧疚感,不能给儿女带孙子,偶尔会郁闷烦躁,家人会经常鼓励她。医生建议每天要做有氧运动,但幅度不能太大,也不能太累,如太极拳。

图 7.29　相关用户画像

## 5. 用户行为分析

为了更好地还原用户的体验流程,寻找用户的需求和机会点,本项目利用观察法对用户行为及情绪等进行洞察及真实还原。相应场景及用户心理如图 7.30 所示。

## 6. 用户体验地图

对用户体验地图进行分析,可以发现用户在使用产品及服务时的情绪变化情况。我们将整个过程分为 6 个阶段,分别是寻求医疗服务阶段、试用阶段、确立服务关系阶段、使用服务阶段、获取尊严阶段和服务反馈阶段,每个阶段对应相应的用户行为。其中最为关键的是使用服务阶段,这一阶段用户首先需要进行自我监测,其次同步上传监测数据,再次和医生进行信息的反馈,最后根据医生的建议进行相应的用药。通过分析、了解用户的想法和心情,绘制出用户的情绪曲线,如图 7.31 所示。

图 7.30　相应场景及用户心理

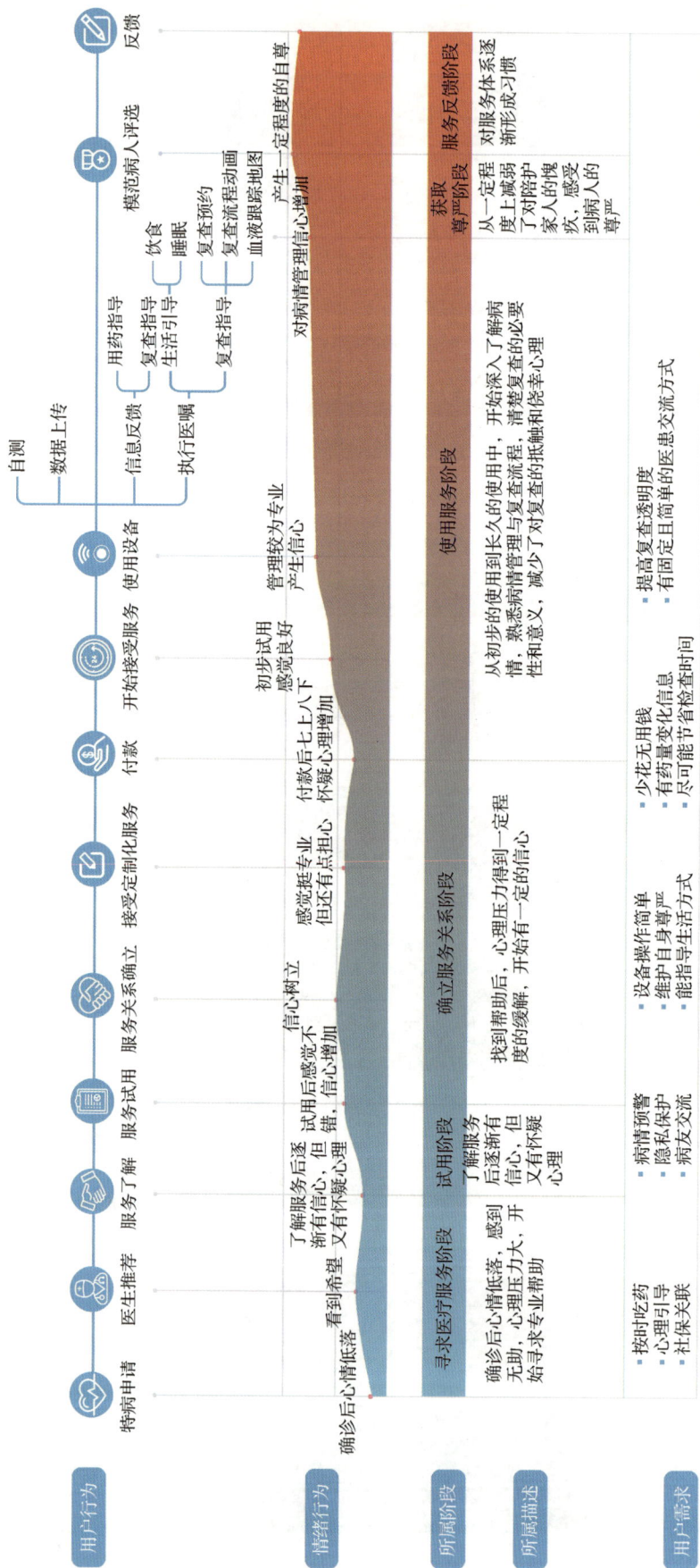

图 7.31 用户的情绪曲线

可见，用户在每个节点的情绪水平是不一样的，从初期的消极，到中间的平静，到最后积极的状态，将被动变为主动。

### 7. 用户需求及机会点总结

通过前期的用户访谈、问卷调查、用户画像及用户体验地图等工具，分析、提炼出了用户需求，并对设计机会点总结如下：

（1）医患沟通机制构建。

（2）病友圈构建。

（3）医学病例库的完善。

（4）周边生理数据采集。

（5）家用医疗检测数据共享与收集。

（6）疾病风险预防。

（7）生活方式指导（饮食知识、作息、相关禁忌等）。

（8）康复指导（相关健康知识）。

（9）病患心理指导。

（10）医疗报销体系。

结合现代科学技术分析其可行性后，可以发现，医患沟通机制构建、病友圈构建可以通过对社交工具进行细分实现，（3）~（6）可以利用大数据或云计算技术来解决，（7）~（9）可以通过移动互联网的普及来实现，（10）取决于国家制度的不断完善。

### 8. 服务蓝图

服务蓝图（如图7.32所示）涉及多个触点，需要跨部门进行协作来帮助用户获得最好的服务体验。

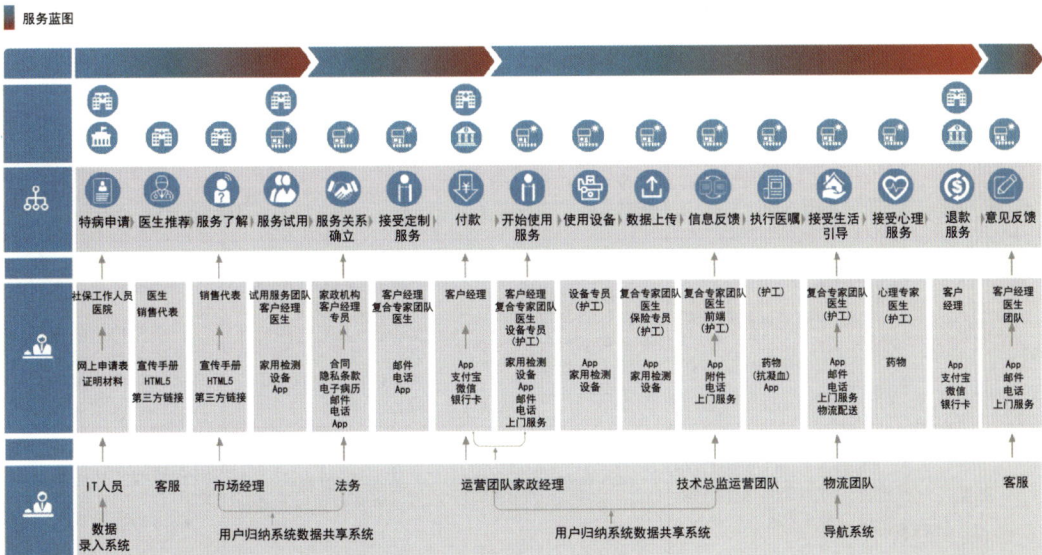

图 7.32　服务蓝图

## 7.2.4 交互设计

要构建出专业级家用健康功能检测设备及复合型管理模式，则需要在各端进行合理且有效的交互设计。

### 1. 用户端

#### 1）竞品分析

根据市场的调研分析，发现关于慢病的相关应用多为学术性的交流和提问，监测功能种类比较少。本产品定位在慢病服务与监测上，以慢病的定期检测为侧重点，给予患者引导性的多功能互助。竞品分析的图和表如图 7.33 及表 7.20 所示。

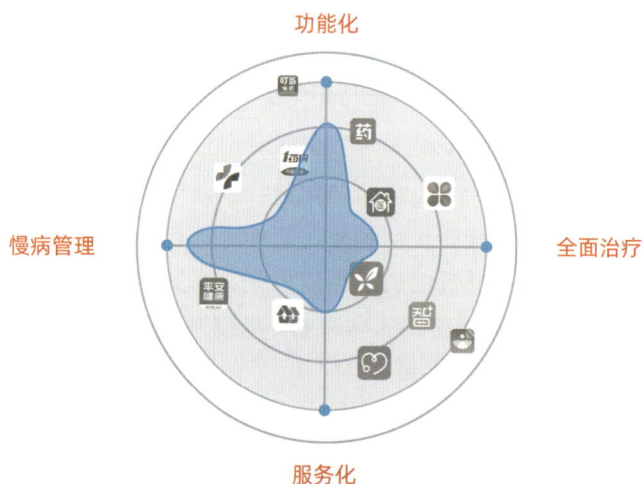

图 7.33　竞品分析

表 7.20　竞品分析

| 竞　品 | 智云健康 | 糖护士 | 微　医 | 医　联 |
|---|---|---|---|---|
| 标语 | 让数字健康走进千家万户 | 美好生活每一天 | 点点滴滴，为了你的健康 | 医者世界，因你不同 |
| 核心功能 | 在线问诊、在线购药、拿药、科普文章 | 咨询、门诊、挂号、健康资讯 | 挂号、在线问诊、互联网医院、健康商城、社区 | AI 医助、智能审方系统、复诊用药提醒、智能随诊数据库 |
| 优点 | 帮助患者与医生在线联络；<br>实现便捷的远程复诊和拿药；<br>打通零售配送，实现药上门 | 智能硬件采集血糖、胰岛素注射数据；<br>软件应用数据自动上传至糖护士 App，医生端同步掌握数据并及时指导 | 微医的专项管理以"女性关怀"为例，包括首页（找医生）、女性圈（在社区中问医生）、工具（自测、健康计划）、我的健康记录 | 专属医生在线全程随访；<br>一个医疗诊断资源共享服务平台，提供医药问询、院后指导等服务 |
| 缺点 | 需要更多的、更规范的数据，可以提高医生的诊断命中率和效率 | 多病种领域的布局较少 | 药品种类较少，用户的消费习惯尚未养成 | 医生和患者等重度使用人群的互联网黏性较低；<br>随访需要掌握大量数据等问题 |

#### 2）产品构架

在产品结构部分，第一层级主要分为五大板块，即首页、服务、药房、圈子和我的。

首页有凝血检测、周边检测、特病医生和用药提醒；服务分为定制服务和其他服务，包括复合型的服务团队以及线上服务的专家团队；药房包含我的药房、购物车和我的订单等信息；圈子包含病友圈、生活圈和知识圈，可以和病友进行在线的交流和分享，获取健康知识；我的里面包含我的收藏、钱包、积分和健康报告等内容。

3）原型设计

通过对产品特点的挖掘和对用户需求的分析，提炼出原生关键词：权威、信赖、安全，以凸显产品的定位和形象。考虑到心血管疾病患者以老年人居多，他们存在视觉衰退等症状，因此在设计上要满足适老化原则，在界面设计上要将操作图标放大，便于老年人操作。产品的主题色采用中性色调，让人感觉宁静并有安全感和信任感。柔和的色彩可以缓解用户焦虑，并能营造积极的印象。不同的字号有利于页面的视觉层次分级，可以增加对比度，也可以提升文字的清晰度和辨识度。随着患者年龄的增加，可能会出现视力模糊、记忆力和听力下降等健康问题。一个统一的标准不能满足所有用户，因此在界面的设计上，可对字体大小进行自适应调整，以满足不同的需求。

页面采用卡片式设计，使信息层级更加清晰、明确。同时，卡片本身也可以作为视觉装饰以丰富页面视觉。圆角的设计使人亲近，再配合留白的极简设计，能使用户沉浸在体验当中。原型设计如图 7.34 所示。

图 7.34　原型设计

4）服务体验流程

整个服务体验流程为用户通过蓝牙连接家用凝血检测设备，使用检测仪采集到的凝血 INR 数据通过 App 传达给医生，医生根据具体的凝血数据并参考周边生理数据（如血压、血糖、心率等），与患者进行在线沟通后给出用药指导意见。之后，患者进行药品的线上购买，收到药品后，根据医嘱按时服药。体验流程图如图 7.35 所示。

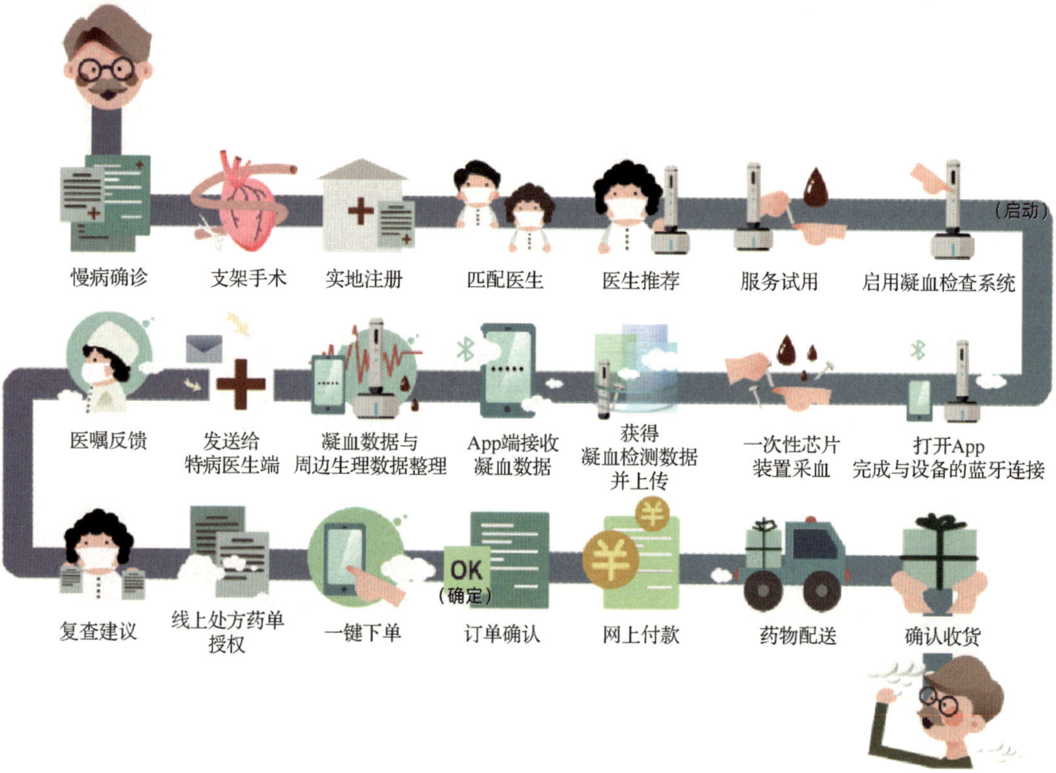

图 7.35　体验流程图

长期以来患者的各项数据会形成健康报告，通过对用户日常的慢病管理数据及定期健康测评、过往病史、医院复查数据等进行综合评估，健康报告会给予用户各项详细的健康指标，同时共享给医生和陪护人，将慢病管理流程数据化、透明化，引导用户更好地管理病情、享受生活。这些服务体验及反馈会增强患者自我管理的信心，提高其自我管理能力，也可以提升患者的生活质量。

5）界面设计特点

（1）提升用户动机——通过奖励激励用户完成阶段性管理目标。

通过积分、升徽章等奖励机制给予用户一些实时的反馈，提升他们每天打开应用的动力，让用户持续性地关注和投入精力，并能够从中获得更多的医疗健康信息，从而提升用户的检测依从性。产品还设计了一套奖励机制，每个管理周期完成规定指标就可以获得积分，积分可以换取药品或食材。如果同时需要监测高血压或者降低体重，则提供额外的奖励机制。激励用户通过管理病情赢取奖励，督促自己完成管理目标，另一方面也能养成将健康计划拆分成多个目标管理的习惯，从而促进用户长期使用 App。

更重要的是，引导用户在检测管理过程中自然地进入心流状态。通过完成每日任务，可以获得额外的积分，同时也增加了产品黏度。从长远来看，慢病患者的思维方式也能因此而发生改变。提升用户动机目标计划如图 7.36 所示。

图 7.36　提升用户动机目标计划

（2）提高用户能力——提供有意义的用户引导，以降低学习成本。

慢病的用户群体有很多是老年人，或是存在某些障碍的人，患者希望能尽可能少地进行信息交互，希望产品能提供有意义的引导。患者首次使用时，产品能对患者进行操作上的步骤提示，降低患者的学习成本，从而增加患者使用该产品的动力和信心。用户主要使用的功能为查看监测数据，因此产品通过数据可视化，直观地呈现数据的分析意义，以降低老年患者的理解成本。提高用户能力检测数据详情如图 7.37 所示。

图 7.37　提高用户能力检测数据详情

（3）增加用户触达——推送积极有趣的提醒。

通过 App 和检测设备，提醒患者用药，通过检测技术来改善慢病患者的用药依从性。提高健康管理效率的一种有效的方法是提高患者的用药依从性。

在用药管理中给予患者积极的力量，消除因刻板印象而产生的压力，并使体验更加愉悦，从而增加用户触达和依从性。不同阶段为用户推送鼓舞人心的消息、有趣的图片、愉悦的语音提醒等，为用户营造一种轻松感和安全感。用户所收到的医疗信息都由具备专业知识的管理团队提供。增加用户触达推送报告如图 7.38 所示。

图 7.38　增加用户触达推送报告

### 2. 家属端

界面设计中考虑了关怀模式。关怀模式可以帮助慢病患者的家属和自身共同对慢病进行管理和监测，让家属及子女更了解父母的身体情况，避免父母隐瞒病情、逃避问题。患者的子女也能参与到患者与医生的视频问诊过程中，避免老人对自身病情描述不清以及老人对医生给出的医嘱产生误解的情况发生。家属端界面设计特点如下。

（1）增加用户触达——定期发送周期检测数据和家属用药频率情况。

患者家属登录家属端账号关联病人，即可定期收到患者在每周或每月的定期数据变化情况，从而能够及时且高效地掌握家属的病情。若发现患者没有定期检测，家属会同时收到提示，从而可以督促患者及时检查，患者的依从性会得到一定的提升。在前期的调研过程中发现，老年人经常忘记何时用药，针对子女不能陪伴父母身旁且不了解用药情况等问题，产品通过提醒家属用药功能，帮助患者按时用药，从而对患者进行更好的病情管理。增加用户触达数据统计如图 7.39 所示。

（2）降低患者学习成本——帮助家属进行在线购药代付。

患者家属关怀模式可以帮助家属进行在线购药代付。由于部分老年患者对于网购有一定的不信任感，通过关怀模式，其家属（如子女等）可以帮助其进行在线购买，在一定程度上能够带给他们安全感，帮助他们节省时间成本，也能够使他们及时地收到药品并按时服药。在线购药代付如图 7.40 所示。

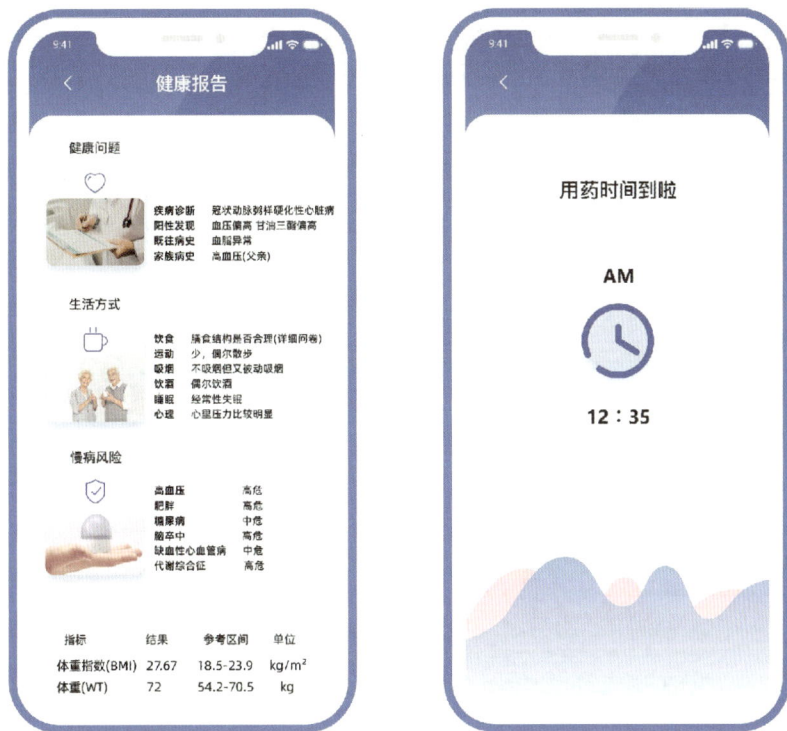

图 7.39　增加用户触达数据统计

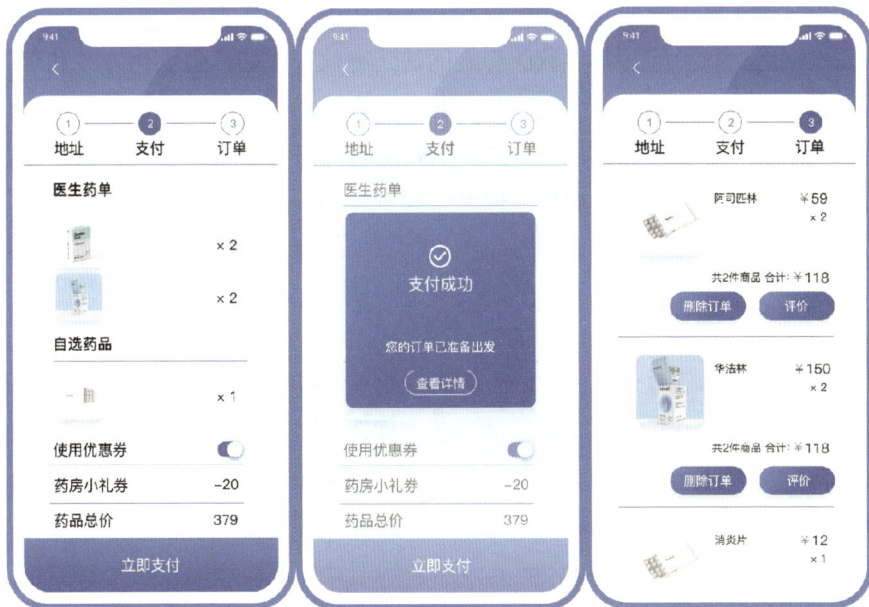

图 7.40　在线购药代付

（3）降低患者学习成本——辅助患者进行用药管理和增添注意事项。

在和特定的慢病医生沟通后，家属可以帮助患者对用药的时间、剂量和种类进行个性化管理。进行检测后，医生根据病人具体的生理情况，提供对应的用药指导意见，并授予病人在线上药房购买处方药的权限，节省病人购药的时间成本。用药提醒如图 7.41所示。

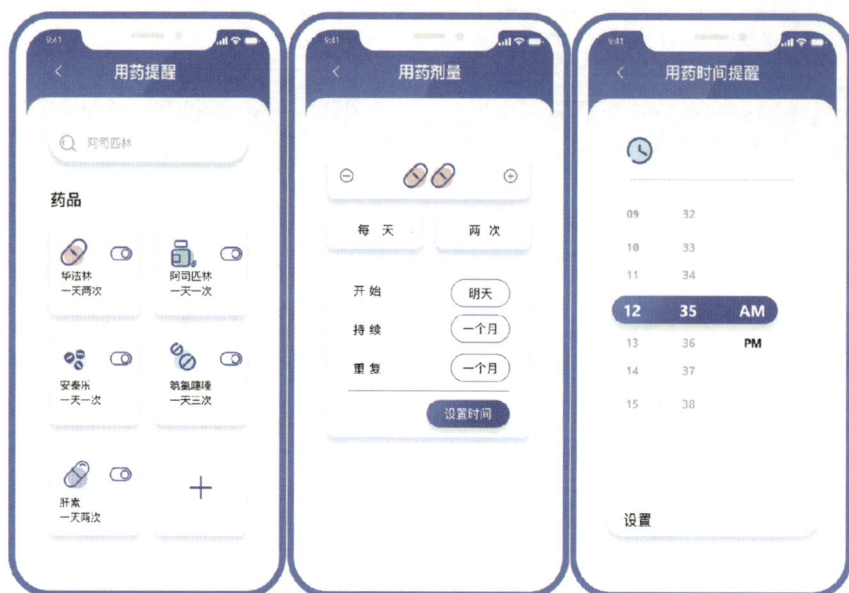

图 7.41　用药提醒

### 3. 医生端

1）设计背景

在病患与专业医疗人士之间，存在信息理解不平等、不透明问题。患者由于缺乏医疗健康相关知识，对于医生的回答有很多疑惑，而医生由于工作量大，没有时间和患者解答基础或常识性问题，种种问题都导致医患之间缺乏有效直观的信息表达方式和沟通渠道。

据调查研究发现，医生在每个病人身上花费了大量的时间处理电子健康信息。因此对医生而言，希望能够通过慢病管理平台帮助自身更好地进行患者的管理，能对患者进行长期的数据跟踪、分析和统计，从而可以提升工作效率、降低出错频率，也可以增强患者对医生的信任感，形成良好的口碑。同时，医生希望通过对患者数据进行收集来满足临床学术研究的需要。

2）设计理念

医生需要快速且高效地开展工作，希望尽可能减少操作步骤，因此患者检测的数据信息应该放在明显的位置。同时应该尽可能地减少操作的路径，用最少的步骤完成目标行为；应尽可能地减少页面之间的跳转、增加页面之间的连贯性，让用户有流畅的体验；应尽可能地减少用户操作的记忆负担，让用户完成任务更有连续性。

3）产品展示

医疗检测数据的收集与共享使得获取信息的成本降低，从而减少了医生不必要的工作量。产品可以为医生提供高效、直观、可视的信息表达方式与传播渠道，也可以及时了解、调取患者的健康数据和病情分析数据，能够针对性地给患者提供个性化的医疗服务指导。

医生端界面如图 7.42 所示。

医生端界面的设计重点在于信息层级的布局，清晰的导航结构可以提高数据信息获取的效率和易用性，能更方便地管理患者信息。

病例库　药房　数据　设置

特病管理服务系统
（心脏支架术后病患）

远程慢病管理服务体系

登录

图 7.42　医生端界面

## 4. 设计规范

产品的主题色选用让人感觉宁静并有安全感的深蓝色，配合页面的视觉层级划分，重要内容使用主题色，从而更加清晰地提升了文字的清晰度和辨识性，也增强了文字的可读性。产品界面以 iOS 系统为主，采用 Pingfang 字体。产品的设计规范如图 7.43 所示。

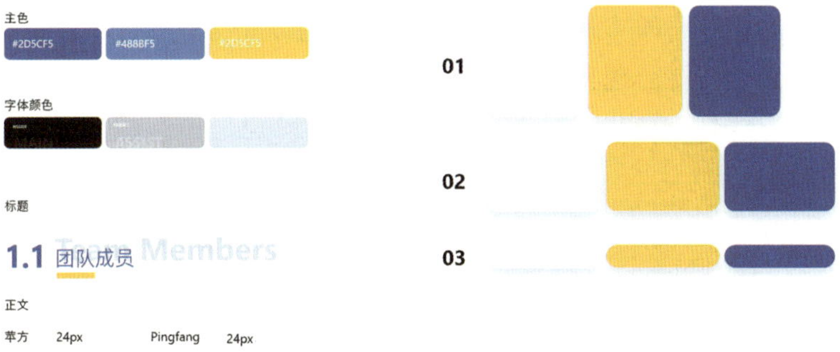

图 7.43　产品的设计规范

## 7.2.5 产品设计

**1. 凝血检测产品设计**

中国目前关于家用凝血检测的产品较少，对该类心血管疾病的患者也缺乏高效的管理。该类项目在美国等发达国家已经推广多年，随着我国日益增多的相关用户群体，对家用凝血检测的需求愈来愈强。该类用户需要终身服用抗凝血药，且需根据 INR 数值调整华法林的用量。前期吃华法林需要每周测 4 次，之后 2 ~ 3 天测一次，最后每周或每月测一次直到检测数值在标准数值范围内。因此，解决患者凝血实时检测等相关问题十分迫切，实现家用凝血检测势在必行，并具有很大的市场价值。

1）产品调研

我国的凝血检测仪从传统的手工方法、半自动、单方法学全自动设备到多方法学全自动设备经过多次迭代，产品性能不断提高，可检测领域也在不断扩大。目前，各级医院基本都配备了凝血检测仪。

国内较早生产凝血检测仪的厂商是赛科希德，经历了从半自动到全自动的迭代历程。目前市面上比较成熟的家用凝血检测仪是罗氏康固凝血检测仪，其能快速且准确地进行自我检测，只要患者一滴血立马就可以得到检测结果。

2）设计内容

凝血检测产品的设计内容如下。

（1）功能：只用一滴毛细血管的血即可得到 INR 数值，简单方便；LCD 显示屏或语音播报测量结果，老年人及视力减退者也能看得见或听得见；一键自动退条，无须手取。

（2）形态：小巧便携、低痛针头。

（3）体验：快速检测，避免医院长时间排队等待，居家检测 1min 左右就可快速出值。

（4）产品技术：采用了权威的凝血检测技术，内置多通道磁弹性传感器检测芯片和凝血功能检测芯片。

3）设计过程

凝血检测产品的设计过程如下。

（1）草图方案。

凝血检测产品中，凝血检测仪为主要产品（血糖检测仪和心率检测仪为周边产品），产品草图方案如图 7.44 所示。

（2）模型制作。

在犀牛三维软件中进行三维模型制作，对造型进行立体成型的推敲和完善，对细节进行多次优化，最终呈现如图 7.45 所示的产品三维建模。

（3）爆炸图分析。

对凝血检测仪的内外部结构、功能的爆炸展开说明，如图 7.46 所示。

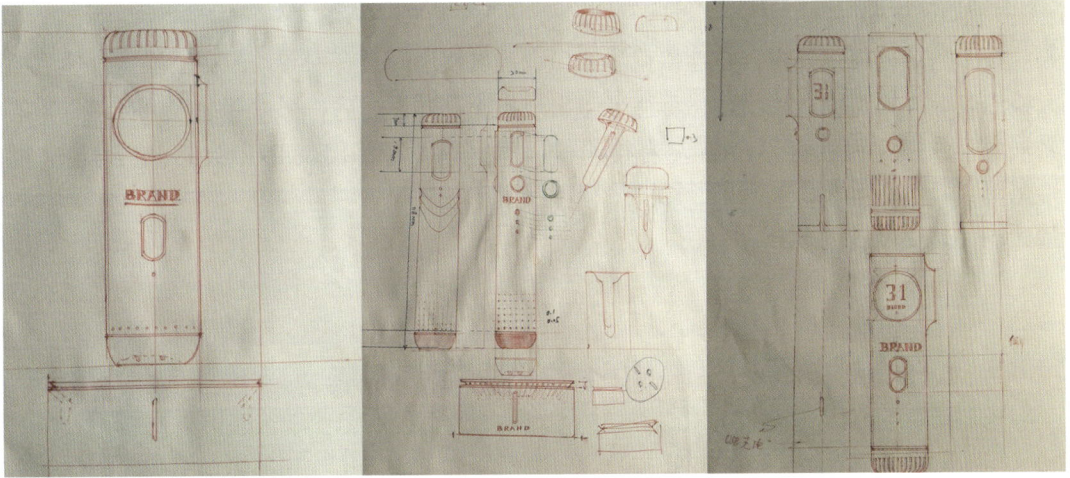

图 7.44　产品草图方案

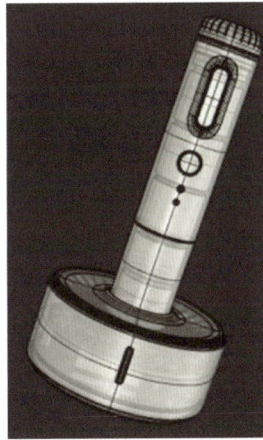

图 7.45　产品三维建模

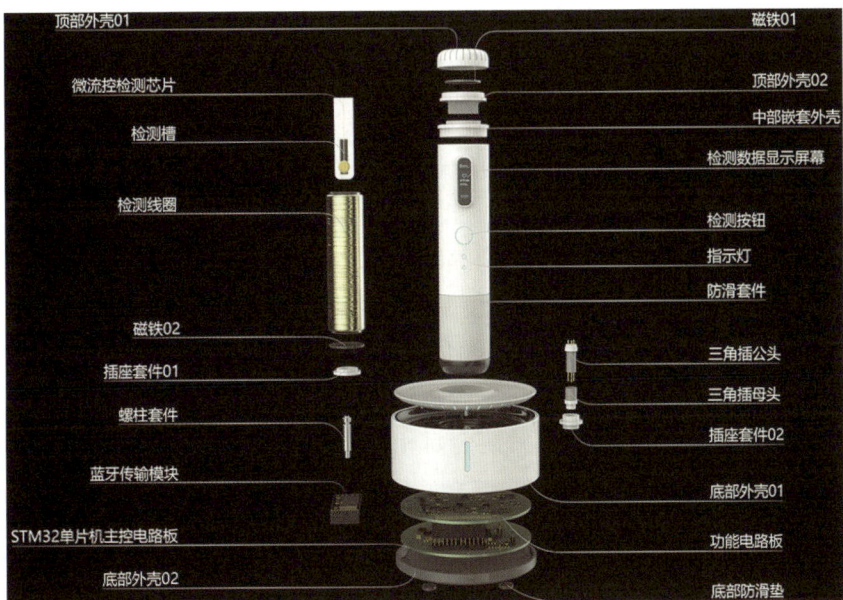

图 7.46　产品爆炸说明图

4）设计说明

按中间的开机键开机，并连接蓝牙，患者首次使用时会有引导动画提示操作。然后插入检测仪卡，检测仪开始预热，等待屏幕出现血滴符号。之后，采血并加入血样，采集的血液需在 15s 完成加样，1min 左右检测仪检测完毕，屏幕出现 INR 数值，同时语音播报结果。

凝血检测仪如图 7.47 所示。

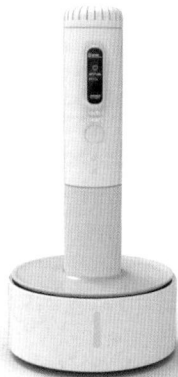

图 7.47  凝血检测仪

**2. 心率检测产品设计**

心率能反映人的生命体征，心脏每分钟跳动的次数就是心率，该值具有很大的个体差异。心血管疾病和呼吸系统疾病患者心率的变化情况能直接反映病情，可以由此判断患者是否健康。大部分患者平时对于慢病不够重视，但突发性的疾病往往会有致命的危害，对于患者的健康损伤很大。因此对于慢病患者来说，要频繁地对自己的心率进行监测，并通过数据来了解自身的健康状况。

1）产品调研

目前市场上心率检测仪的种类繁多，主要可以分为穿戴式、指夹式等。心率检测仪可以稳定、实时地输出静息和运动状态的心率，并对监测到的异常情况，及时地为用户做出提醒，这对于减少突发性的心血管疾病意义重大。

2）设计内容

心率检测仪的设计内容如下。

（1）功能：能够检测心率、脉率、血氧饱和度。

（2）形态：机身小巧便携、易于携带，且能随时进行心率检测。测量时有脉搏音提示，检测到血氧偏低、心率过高/过低时，屏幕闪烁且发出提示音。

（3）体验：采用硅胶材质，可以带来舒适感，同时可显示读数。

（4）产品技术：采用了 MCU 芯片配合自相关算法，低灌注和手指抖动，能准确得出结果。

3）设计过程

对心率检测仪进行犀牛建模，可以更加直接地感受其外观形态，对下一步进行产品的加工、分配有一定的帮助。心率检测仪建模图如图 7.48 所示。

4）设计说明

将手指放入心率检测仪中，待仪器显示数据稳定后直接从显示屏读取相关数据。手指从测量位置取出后，机器会自动进行侦测，约8s后会自动关机。心率检测仪效果图如图7.49所示。

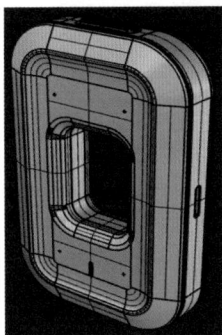

图7.48　心率检测仪建模图

图7.49　心率检测仪效果图

### 3. 血糖检测产品设计

糖尿病患者需要经常监测血糖。糖化血红蛋白是糖尿病诊断的标准，能反映病人最近的血糖控制情况。身体内血糖水平越高，发生糖尿病的风险就越高，所以检查糖化血红蛋白是十分重要的。患者通过自我血糖监测，能够提高患者对于自身血糖管理的依从性、了解自身的身体状况、积极地进行自我管理，从而提升患者的治疗效果。

1）产品调研

目前血糖检测仪的市场较为成熟，通常也伴随着血糖试纸一起销售，所使用的血糖监测技术也日益成熟，行业的竞争者也逐步增多，如国际上有罗氏、强生，国内有怡成、鱼跃等品牌。还有一些新进品牌对原有的市场造成了比较大的影响。

2）设计内容

血糖检测仪的设计内容如下。

（1）功能：微量采血即可准确测量血糖，从而可以减轻采血时的心理负担。

（2）形态：背光大屏，遮光结构优化，细腻的遮光设计，信号质量更好。采用硅胶材质，符合人体工学设计，柔暖舒适。

（3）体验：无须调码、插条即测，能够避免患者由于手动调码不准而引起的检测误差。

（4）产品技术：采用了新型葡萄糖脱氢酶技术和抗干扰技术，检测稳定。

3）设计过程

对血糖检测仪进行三维数据建模，通过内外部结构，对血糖检测仪的功能进行合理性验证，以便于进行产品实物开发。血糖检测仪建模图如图7.50所示。

4）设计说明

首先插入试纸，按下机身中间圆形按钮开机，校验试纸编码。其次，组装好采血笔，将仪器调到合适的挡位，进行采血。仪器会自动虹吸血样，并等待几秒后显示血糖结果。

整体产品效果图如图7.51所示。

图 7.50　血糖检测仪建模图

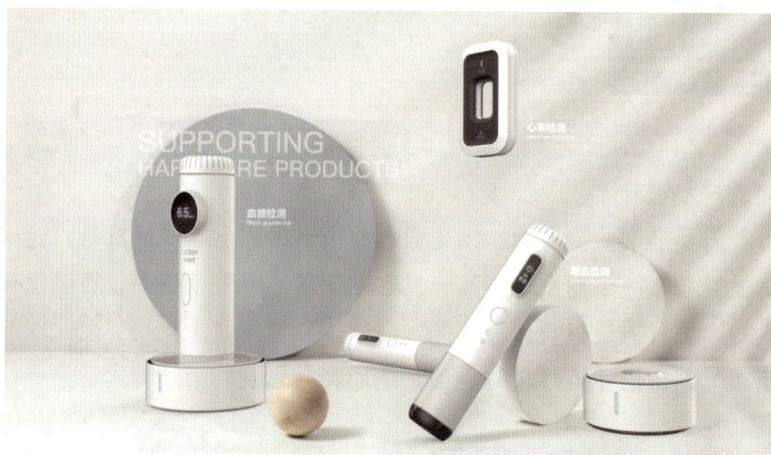

图 7.51　整体产品效果图

#### 4. 专利辅助

该产品具有可行性家用检测技术，通过联合重庆大学生物工程学院基于磁弹性传感器的家用抗凝检测项目进行设计，拥有四项技术发明专利：

（1）多通道磁弹性传感器检测芯片 201410312542.2（专利号）。

（2）一种磁弹性传感器检测装置 201710153873X（专利号）。

（3）一种多通道磁弹性传感器装置 201710153486.9（专利号）。

（4）一种凝血功能检测芯片 201710153891.8（专利号）。

## 7.2.6　商业价值

利用商业画布可以将设计与经济紧密相连，在找对了目标用户及合理解决问题的工具后，可以将商业模式中的元素标准化。本产品的系统关系图如图 7.52 所示。

商业画布共分为 9 大部分，在该项目中：

（1）重要伙伴涉及医院、政府机构、家政公司、物流公司及合作商家。

（2）关键业务涉及家用凝血检测、医患互动交流及复合专家团队建设。

（3）核心资源涉及专业家用凝血检测技术、复合专家团队及多领域专家合作。

（4）价值主张涉及简化检测流程，精准数据获取；相互激励机制，培养主动管理意识；

合理的生活方式指导，提升病友生活品质。

（5）客户关系涉及病患、家属、医生一体化、多方位服务。

（6）推广方式涉及医生推广、政府推广及活动推广。

（7）客户细分涉及患者端（自我管理与接受管理，一站式服务）、家属端（监护患者，获取实时资讯）、医生端（线上接收数据，远程管理）。

（8）成本结构涉及运维成本、宣传成本、专家聘请成本、检测设备及耗材制造成本。

（9）收入来源涉及广告/商家合作、检测设备/设备耗材、定制会员服务、线上健康知识课程等。

通过整体分析，本项目所拥有的商业价值主要体现在五大方面。

（1）产品价值：软件＋硬件＋完善的服务体系，具有三重竞争力。

（2）体验价值：减少病人赴医院次数，解决了实际问题，帮助病人全面把握病情。

（3）规模价值：用户群体扩大，DAU（日活跃用户数量）值的扩大可带来ARPU（每用户平均收入）值的增长，自带流量，且具备高商业势能与转化率。

（4）政策价值：符合国家发展方针，政策上具有较高的正确性与积极性。

（5）推广价值：受众人群基数大，痛点真实，推广可行性高，平台构建与推广能带动大量的就业岗位。

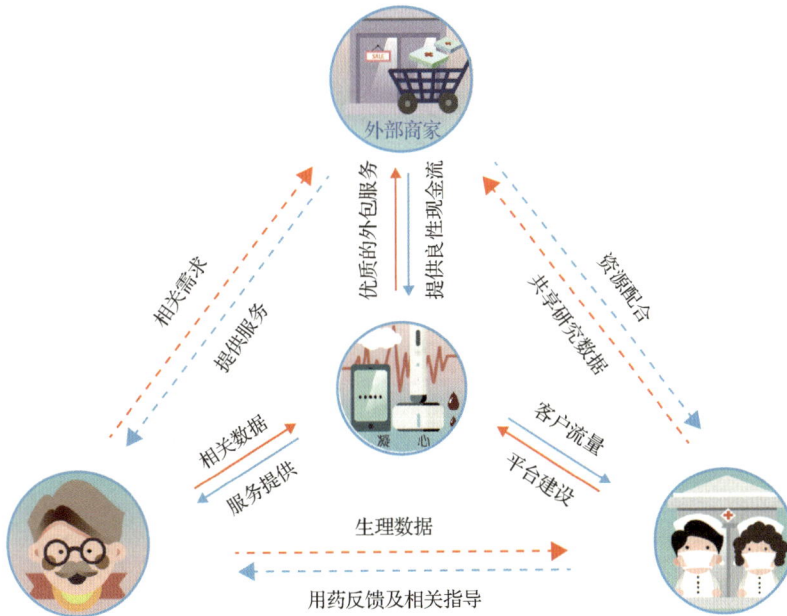

图 7.52　本产品的系统关系图

## 7.2.7　总结

总体来说，该产品设计对于心血管疾病等慢病患者（特别是进行过支架手术的患者）有较重要的实际意义，优化了现存看病、检测及用药流程，属于社会学意义上对特殊弱势群体的人性化设计。另外，该产品设计流程较为规范，设计目的、设计问题及解决方式表达都较清晰明确，运用的设计工具及设计方法也比较全面。该产品深入真实环境调研且进行了学科交叉研究及设计，同时对设计与社会、设计与服务之间的关系进行了设计研究，发现了空白市场及商业价值。在整个设计过程中，该产品的设计方法和流程都值得学习借鉴。但是，由于时间、精力等限制，在设计中还有一些没有考虑周全的问题，如调研不完善、对于医疗保险和企业平台还有待深入的系统分析等。另外，仅针对实体产品而言，在人机工程学方面及后续产品测试方面设计还不够全面，有待深入设计及实践。

# 参考文献

[1] 董昱，王桦，檀春玲，等．我国老年人四大慢性病流行现状及对伤残调整生命年的影响 [J]. 医学与社会，2019，32（10）：59-61+65.

[2] 毕胜男，赵忠良，胡云福．心内科临床药师参与冠心病慢病管理的实践和体会 [J]. 中国中医药现代远程教育，2021，19（02）：96-98.

[3] 娄阁，李辉，曾新颖，等．移动健康技术在慢性病管理中的应用 [J]. 中国慢性病预防与控制，2020，28（11）：856-861.

[4] 王一然，王奇金．慢性病防治的重点和难点：《中国防治慢性病中长期规划(2017——2025年)》解读 [J]. 第二军医大学学报，2017，38（07）：828-831.

[5] Vogeli C，Shields A E，Lee T A，et al. Multiple chronic conditions：prevalence，health consequences，and implications for quality，care management，and costs. J GEN INTERN MED 22，2007，391–395.

[6] 金文忠，陆耀．基于微信平台建设多方参与慢病管理模式研究 [J]. 微型电脑应用，2021，37（2）：27-29.

[7] 刘璐．重庆市基层医疗机构慢性非传染性疾病健康管理现状、能力评价及对策研究 [D]. 重庆：中国人民解放军陆军军医大学，2020.

[8] Alessandra N，Bazzano，et al. Barriers and facilitators in implementing non-face-to-face chronic care management in an elderly population with diabetes：a qualitative study of physician and health system perspectives[J].Journal of clinical medicine，2018，7（11）：451–451.

[9] Lars Osterberg，Terrence Blaschke. Adherence to Medication [J]．The New England Journal of Medicine，2005，353.

[10] Romm C，Pliskin N，Clarke R. Virtual communities and society：Toward an integrative three phase model[J]. International Journal of Information Management the Journal for Information Professionals，1997，17（4）：261-270.

[11] Bridle C，et al. Systematic review of the effectiveness of health behavior interventions based on the transtheoretical model. Psychol. Health，2005，20（3）：283-301.

[12] Israel B，Schulz A E，Becker A. Review of community-based research：assessing partnership approaches to improve public health.[J]. Annual Review of Public Health，1998，19（1）：173-202.

[13] Fogg B J．A behavior model for persuasive design[P]. Persuasive Technology，2009：1-7.

[14] 李卿．具有劝导特性的儿童教育类互动产品设计研究 [D]. 北京：北京理工大学，2015.

[15] 孔灵芝. 慢性非传染性疾病流行现状、发展趋势及防治策略 [J]. 中国慢性病预防与控制，2002（01）：1-2+19.

[16] 姜海强，李健思，张博强，等. 基于全民健康信息平台的慢性病监测管理信息系统设计与应用 [J]. 中国卫生信息管理杂志，2020，17（03）：333-336+361.

[17] 段凯. 基于 Web 的慢性病监测管理系统的设计与实现 [D]. 大连：大连理工大学，2010.

[18] 林颖，梅云，顾宪松. 峰终定律在慢性病健康管理服务系统中的用户体验应用 [J]. 包装工程，2019，40（10）：221-226+231.

[19] 陈建芸，李林海，朱丹萍，等. 凝血检测项目在冠心病患者中的结果分析 [J]. 生物技术通讯，2017，28（02）：149-151.

[20] Hill W，Stead L，Rosenstein M，et al. Recommending and evaluating choices in a virtual community of use[P]. Human Factors in Computing Systems，1995，194-201.

[21] 杨春玲. 国内外慢性病健康管理进展 [J]. 齐鲁护理杂志，2009，15（015）：40-41.

[22] 胡振明. 基于劝导理论的糖尿病人自我健康管理服务设计研究 [D]. 徐州：中国矿业大学，2017.

[23] Dou Kaili，Yu Ping，Deng Ning，et al. Patients' acceptance of smartphone health technology for chronic disease management：a theoretical model and empirical test[J].JMIR mHealth and uHealth，2017，5（12）.

[24] Tinetti M E，Speechley M，Ginter S F. Risk factors for falls among elderly persons living in the community[J]. New England Journal of Medicine，1988，319（319）：1701-7.

[25] Carole M，Jaime B，Eda P，et al. Community-based therapy for multidrug-resistant tuberculosis in Lima，Peru.[J]. New England Journal of Medicine，2003，348（2）：119-28.

[26] Arthur Armstrong，John Hagel III. Chapter 5-The Real Value of On-Line Communities[J]. Strategic Management of Intellectual Capital，1998，63-71.

[27] 李颖，孙长学. "互联网＋医疗"的创新发展 [J]. 宏观经济管理，2016，387（03）：35-37.

[28] 王婧婷，王园园，刘砚燕，等. 智能手机应用程序在慢性病患者健康管理中的应用及展望 [J]. 中华护理杂志，2014，49（08）：994-997.

[29] Cialdini R B.Influence：the psychology of persuasion，revised edition[M]. New York：Harper Business，2006.

[30] Fratiglioni L，Wang H X，Ericsson K，et al. Influence of social network on occurrence of community-based longitudinal study[J]. Lancet，2000，355（9212）：1315-9.

[31] 谭志，蒋晓. 基于 FBM 行为模型的在线学习平台交互设计研究 [J]. 包装工程，2020，41（04）：189-194.

[32] 周逸沁. Fogg 行为模型在移动互联网产品设计中的应用研究 [D]. 杭州：浙江工业大学，2017.

[33] 洪翔. 青年糖尿病健康管理劝导式设计研究 [D]. 无锡：江南大学，2018.

[34] 辛向阳. 交互设计：从物理逻辑到行为逻辑 [J]. 装饰，2015（01）：58-62.

[35] 高颖，许晓峰.服务设计：当代设计的新理念 [J].文艺研究，2014（06）：140-147.

[36] 周雁.基于服务接触点的慢病管理应用设计研究 [D].济南：山东大学，2019.

[37] Martinengo Laura，et al. Digital education for the management of chronic wounds in health care professionals：protocol for a systematic review by the digital health education collaboration[J].JMIR research protocols，2019，8（3）：e12488.

[38] Lars Osterberg，Terrence Blaschke. Adherence to Medication [J] . The New England Journal of Medicine，2005，353.

[39] 辛向阳，曹建中.服务设计驱动公共事务管理及组织创新 [J].设计，2014（05）：124-128.

[40] 罗仕鉴，胡一.服务设计驱动下的模式创新 [J].包装工程，2015，36（12）:1-4+28.

[41] 辛向阳，曹建中.定位服务设计 [J].包装工程，2018，39（18）：43-49.

[42] 王展.基于服务蓝图与设计体验的服务设计研究及实践 [J].包装工程，2015，36（12）：41-44+53.

[43] 罗仕鉴，邹文茵.服务设计研究现状与进展 [J].包装工程，2018，39（24）：43-53.

[44] 何人可,胡莹.服务设计概念衍生阶段的设计模式与策略研究 [J].设计,2015(01)：40-49.

[45] Oinas-Kukkonen H，Harjumaa M. Persuasive systems design：key issues，process model，and system features[J]. Communications of the Association for Information Systems，2009，24（1）.

[46] Wright P，Wallace J，Mccarthy J. Aesthetics and experience-centered design[J]. ACM Transactions on Computer-Human Interaction（TOCHI）,2008,15（4）:1-21.

[47] 新型冠状病毒肺炎诊疗方案 [J].试行 8 版.中华临床感染病杂志，2020，13（05）：321-328.

[48] 叶江.新冠肺炎疫情对现代世界体系的影响——兼谈中国在全球治理体系重塑中的新作用 [J].国际展望，2021，13（01）：48-66+154-155.

[49] 李君，支锦亦，李然，等.基于认知任务分析的智能系统交互设计路径研究 [J].包装工程，2020，41（18）：29-37.

[50] Garner Julia S，Jarvis William R，Emori T.Grace，et al. CDC definitions for nosocomial infections，1988[J]. Mosby，1988，16（3）：128-140.

[51] 巩志业.美国医院感染控制的管理现状 [J].中国感染控制杂志，2003（03）：228-230.

[52] Dudeck M A，Horan T C，Peterson K D，et al. Edwards. National Healthcare Safety Network（NHSN）report，data summary for 2009，device-associated module[J]. AJIC：American Journal of Infection Control，2011，39（5）：349-367.

[53] 马小军,王爱霞.解读美国国家医疗安全网络数据 谈医疗相关感染诊治与控制 [J].协和医学杂志，2010，1（01）：44-48.

[54] 吴杨昊天，沈燕飞，韩雪梅．突发公共卫生事件背景下中外医院感染管理体系的比较研究 [J]. 医学与法学，2020，12（05）：85-88.

[55] 张春蕾．基于案例的防疫产品设计研究 [J]. 池州学院学报，2020，34（04）：103-106.

[56] 李燕，刘元寅．防疫产品设计中的人性化关怀 [J]. 设计，2020，33（06）：88-91.

[57] 高慧敏，皮永生．基于民间智慧的公共防疫产品升级设计研究与实践 [J]. 设计，2020，33（06）：82-84.

[58] 医疗机构内新型冠状病毒感染预防与控制技术指南 [J]. 中国感染控制杂志，2020，19（02）：189-191.

[59] 马晓丽，郝婉婷，赵荣．火神山医院新冠肺炎感染病房感控管理措施 [J]. 中国卫生质量管理，2020，27（05）：13-15.

[60] 孟钰，刘作业．加强医务人员的个人防护 [J]. 中华医院感染学杂志，2009，19（06）：662.

[61] 余彬．个人防护用品概述 [J]. 现代预防医学，2009，36（01）：34-37.

[62] WS/T 313-2009，医务人员手卫生规范 [S]. 北京：人民卫生出版社，2009，1.

[63] 姚宏武，索继江，杜明梅，等．新型冠状病毒肺炎流行期间医院感染防控难点与对策 [J]. 中华医院感染学杂志，2020，30（06）：806-810.

[64] 魏秋华，任哲．2019新型冠状病毒感染的肺炎疫源地消毒措施 [J]. 中国消毒学杂志，2020，37（01）：59-62.

[65] 李爱菊，马丽琼，胡晓燕．提高清洁卫生人员的消毒灭菌意识预防医院感染 [J]. 中华医院感染学杂志，2004（08）：50.

[66] Laura G. Militello, Robert R. Hoffman. The forgotten history of cognitive task analysis[J]. human factors & ergonomics society annual meeting proceedings, 2008, 52（4）：383-387.

[67] Gallagher J P . Cognitive/information processing psychology and instruction：Reviewing recent theory and practice[J]. Instructional Science, 1979, 8（4）：393-414.

[68] 邵志芳，余岚．试题难度的事前认知任务分析 [J]. 心理科学，2008，031（003）：696-698.

[69] 李三山．脑力劳动工作分析中 CTA 方法综述及展望 [J]. 人力资源管理，2010（03）：30+32.

[70] 张骏，杨彦春．认知任务分析方法及其在医学领域的应用 [J]. 医学与哲学（人文社会医学版），2009，30（03）：51-53.

[71] 刘继海．基于认知任务分析的急诊信息系统设计与实施 [D]. 北京：北京协和医学院，2013.

[72] 吕臣，刘春茂．基于认知任务分析理论的网站测评方法的认识[J]. 情报理论与实践，2011，34（10）：85-88.